U0923386

物联网技术与应用

刘丽军 邓子云 主编

清华大学出版社

北 京

内 容 简 介

本书主要介绍物联网基础知识与应用，内容丰富，论述全面，图文并茂，可读性、知识性和系统性强。本书客观地描述了物联网的产生和发展，分析了物联网的体系架构，重点介绍了支撑物联网的 RFID 技术、传感器、无线通信等关键技术，深入探讨了物联网技术在智能物流、智能家居、智能交通等众多重点生产与生活领域中的应用，由浅入深，兼顾理论与实际。本书能让学习者初步了解运用物联网基本知识和技术解决各类实际问题的思路与方法，向读者展示了物联网高科技的巨大魅力，为初学者打开了一扇深入学习物联网技术的大门。

本书可作为应用型本科、高等职业院校物联网及相关专业的物联网基础教材，也适合对物联网感兴趣的读者自学使用。

本书配有课件，下载地址为：http://www.tupwk.com.cn/downpage。

图书在版编目(CIP)数据

物联网技术与应用/刘丽军，邓子云　主编. —北京：清华大学出版社，2012.7（2022.9 重印）

ISBN 978-7-302-28683-7

Ⅰ. ①物… Ⅱ. ①刘… ②邓… Ⅲ. ①互联网络—应用—高等职业教育—教材 ②智能技术—应用—高等职业教育—教材 Ⅳ. ①TP393.4 ②TP18

中国版本图书馆 CIP 数据核字(2012)第 084469 号

责任编辑：施　猛
装帧设计：牛艳敏
责任校对：蔡　娟
责任印制：宋　林

出版发行：清华大学出版社
网　　址：http://www.tup.com.cn，http://www.wqbook.com
地　　址：北京清华大学学研大厦 A 座　　邮　　编：100084
社 总 机：010-83470000　　邮　　购：010-62786544
投稿与读者服务：010-62776969，c-service@tup.tsinghua.edu.cn
质 量 反 馈：010-62772015，zhiliang@tup.tsinghua.edu.cn
课 件 下 载：http://www.tupwk.com.cn，010-62794504

印 装 者：涿州市京南印刷厂
经　　销：全国新华书店
开　　本：185mm×260mm　　印　张：16.75　　字　数：367 千字
版　　次：2012 年 7 月第 1 版　　印　次：2022 年 9 月第14次印刷
定　　价：45.00 元

产品编号：045457-02

前言

“物联网”是近几年才开始火起来的，也被公认为是继计算机、互联网和移动通信网之后的世界第三次信息技术革命。计算机的出现改变了传统的计算方式，互联网的出现改变了人们的学习和生活方式，物联网的出现并最终应用将彻底颠覆人们的日常生活。其应用将深入到物流、家居、交通、环境监测、军事等人类生活的各个方面。

目前，世界各国都将物联网的发展提升至国家战略层面，是公认的新的经济增长点，其中典型代表有美国的“智慧地球”、中国的“感知中国”、欧盟的物联网行动计划、日本的“i-Japan”战略和韩国的“U-Korea”。虽然各有侧重，但共同点是一样的，主要表现在三个方面：①融合各种信息技术，突破互联网的限制，将物体接入信息网络，实现“物联网”；②在网络泛在的基础上，将信息技术应用到各个领域，从而影响国民经济和社会生活的方方面面；③未来信息产业的发展将由信息网络向全面感知和智能应用两个方向拓展、延伸和突破。

物联网技术的发展为计算机技术、通信技术、智能技术的发展提供了广阔的空间。美国权威咨询机构 Forrester Research(弗雷斯特研究公司)预测，到 2020 年，世界上物物互联的业务，跟人与人通信的业务相比，将达到 30 比 1。在国内市场，仅“产业排头兵”RFID(无线射频识别)领域，2011 年中国内地市场规模就已超过 150 亿元，预计 2012 年中国内地 RFID 市场规模将突破 200 亿元，物联网产业链创造的价值将超过 1 000 亿元，物联网产业也将成为下一个万亿级信息产业。

物联网技术为高等教育开拓了新的方向，为应用型人才的培养开辟了新的道路。其带来的产业规模是互联网的 30 倍，对物联网的人才需求每年也将在百万人的量级。为支持国家战略性新兴产业的发展，从政府到各个高校都在积极开展物联网人才的培养工作。2010 年 7 月和 2011 年 1 月，教育部分别批准 30 所本科学校和 27 所专科学校开设战略性新兴产业相关专业——物联网工程专业和物联网应用技术专业，要求各培养学校要从国家发展战略的高度来看待专业建设和发展，着眼于未来，前瞻性地培养物联网专门人才。本书正是基于此出发，兼顾理论与实际，通过实际案例进行分析，以期授人以渔。本书能让学习者全面、实际地学到运用物联网基本知识和技术解决各类实际问题的思路与方法，向读者展示了物联网高科技的巨大魅力，为初学者打开了一扇深入学习物联网技术的大门。

本书共分 8 章。第 1 章为初识物联网，介绍物联网概念的起源和发展；第 2 章描述物联网的体系结构，介绍了物联网感知层、网络层、应用层的功能和关键技术；第 3 章为物联网感知技术，重点介绍了 RFID、传感器和嵌入式系统相关技术；第 4 章为物联网通信技术，重点分析了互联网、3G 和短距离无线通信技术；第 5 章为物联网支撑技术，主要讲解了与物联网发展密切相关的云计算、中间件和数据融合技术；第 6 章为物联网应用，结合实际案例重点介绍了物联网技术在物流、交通、家居等领域的应用；第 7 章为物联网安全，重点分析了 RFID、无线传感网等面临的安全威胁和采取的安全机制；第 8 章为物联网相应的实训，通过简单易学的物联网实训项目，使读者加深理解并激发他们对物联网的学习兴趣。全书编排思路清晰，由浅入深，兼顾理论与实际，具有可读性、知识性和系统性。

本书由刘丽军、邓子云担任主编。广州远望谷有限公司的祁勇、上海浦东软件有限公司的邵凯、广州飞瑞敖有限公司的邹聪等同志在本书编写过程中提出了很好的建议并提供了一些实际应用案例，在此一并表示感谢。本书在写作过程中，参考了大量的文献，我们尽可能地标明了文献的出处，但仍会挂一漏万，在此向那些我们引用过却未能或者无法明确标明文献出处的作者深表歉意、谢意和敬意。在编写过程中，编者尽可能把物联网技术发展的最新方向和进展传递给读者，争取信息最新和最准确。但由于编者水平有限，书中难免存在错误或不足之处，敬请读者批评指正，反馈邮箱：aoron@126.com。

编　者

2012 年 5 月

目录

第 3 章　物联网感知技术 \ 39

第 4 章　物联网通信技术 \ 85

第 7 章 物联网安全 \217

第 8 章 物联网实验 \239

参考文献 \257

第 1 章 初识物联网

物联网是近几年迅速发展并为人们所熟知的概念，被公认为是继计算机、互联网、移动通信后世界信息产业革命的新一次浪潮，被认为是下一个万亿级产业。其市场前景预期将远远超过计算机、互联网和移动通信，必将成为世界经济的新增长点，为未来社会经济发展、社会进步和科技创新提供最重要的基础设施保障，也必将彻底改变人们的生活方式。本章着重介绍物联网的起源、发展现状与趋势等，使读者建立起对物联网的初步认识，为后续学习打下坚实的基础。

本章主要内容

- 物联网的定义
- 物联网国内外发展现状
- 物联网的应用
- 物联网的发展趋势
- 物联网相关概念梳理

【引导——物联网生活畅想】

对于物联网时代，人们寄予了很多期待。根据欧洲智能系统集成技术平台(EPoSS)对未来物联网发展的分析预测，在2020年后，物体将会进入全智能化时代，人、物、服务网络全面融合，人们的日常生活将会发生翻天覆地的变化。下面，我们简单看看物联网生活的一天是怎么过的。

当你早晨准备起床时，窗帘会按设定时间自动打开，房间里开始播放优美的背景音乐。当你开始洗漱时，房间的智能设备(比如手机)会统计你牙膏、洗面奶的剩余量。智能冰箱会告诉你冰箱里还剩多少食物，并能根据现存的食物为你推荐菜单，还能自动与附近超市联系补充食物。当你准备出门时，智能设备能根据天气情况和你的心情指数为你准备衣服、饰品，也会根据当时的交通状况，为你精确定位出行路线，甚至可以告诉你楼下等待你出行的出租车车牌号。当你到超市购物时，你随身的智能设备会提醒你哪些区域有你需要的商品。当你拿起一盒牛奶时，智能设备会忽然提醒：“这盒牛奶即将过期，请另行选择。”当你为自己选择了一款洁面乳时，可能会收到这样的提示：“你是油性皮肤，这款产品不适合你。”当你去购买衣服时，商店会自动根据你的身形、尺寸及喜好为你推荐最合适的款式。当你准备付款时无须排队，你随身携带的智能设备将自动结账。当你辛苦了一天准备下班回家时，只要通过手机简单地发出指令，就能指挥停在室外的汽车化雪解冻、家里的电饭煲开始煮饭、空调也自动开启并调节到人体舒适温度等。当你准备洗衣服时，智能洗衣机能根据衣服的多少、颜色、面料来选择最合适的水量、洗涤剂，甚至还能提供天气预报，从而决定什么时候洗衣服最合适……

国际电信联盟(ITU)在 2005 年发布的“物联网”报告中，也描绘了与前面所述类似的 2020 年日常生活的一天，其实，这一切已不再是梦想，正逐渐进入普通百姓的生活。这一天的到来可能也不用等到 2020 年了。物联网可以帮助人们更好地实现对一切“智能物件”的远程管理，真正做到“运筹帷幄之中，决胜千里之外”。它将使我们的生活更加智能化、智慧化，使我们的社会成为一个“高效、节能、安全、环保”的和谐社会。

1.1　物联网的定义

物联网的概念最早可追溯到已故的施乐公司首席科学家 Mark Weiser，这位全球知名的计算机学者于 1991 年在权威杂志《科学美国》上发表了《The computer of the 21st Century》一文，对计算机的未来发展进行了大胆的预测。他认为计算机将最终“消失”，演变为在人们没有意识到其存在时，它们就已融入人们的生活中的境地，即人们不再要为使用计算机而去学习软件、硬件和网络等专业知识，而只要想用时就能直接使用。Weiser 的观点极具革命性，它昭示着计算机将发展到与普通事物无法分辨为止，从形态上计算机将向“普物化”发展，从功能上计算机将发展到“泛在计算”的境地，人们已不再意识到网络的存在，却能随时随地通过任何智能设备上网享受各项服务。

1995 年，比尔·盖茨在其著作《未来之路》中开始提及物物互联——“当袖珍个人计算机普及之后，困扰着机场终端、剧院以及其他需要排队出示身份证或票据等的瓶颈路段就会消失了。比如，当你走进机场大门时，你的袖珍个人计算机与机场的计算机相联就会证实你已经买了机票；你也无需用钥匙或磁卡开门，你的袖珍个人计算机会向控制锁的计算机证实你的身份；而你所遗失或遭窃的照相机将自动发回信息，告诉用户它现在所处的具体位置，甚至当它已经身处不同的城市的时候……”只是当时受限于无线网络、硬件及传感设备的发展，他的话并未引起人们的重视。

1998 年，美国麻省理工学院(MIT)创造性地提出了当时被称做 EPC 系统的物联网构想。1999 年，在美国召开的移动计算和网络国际会议上，MIT Auto-ID 中心的

Ashton 教授在研究射频识别(RFID)技术时结合物品编码、RFID 和互联网技术的解决方案首先提出了物联网的概念。

2005 年 11 月 17 日，在突尼斯举行的信息社会世界峰会(WSIS)上，国际电信联盟(ITU)发布《ITU 互联网报告 2005：物联网》，引用了“物联网”的概念。报告指出，无所不在的“物联网”通信时代即将来临，世界上所有的物体从轮胎到牙刷、从房屋到纸巾都可以通过互联网主动进行信息交换。射频识别技术、传感器技术、纳米技术、智能嵌入技术将得到更加广泛的应用。物联网概念由此正式兴起。

2008 年，欧洲智能系统集成技术平台(EPoSS)在《物联网 2020》(《Internet of Things in 2020》)报告中分析预测了未来物联网的发展阶段。2009 年 1 月 28 日，奥巴马就任美国总统后，与美国工商业领袖举行了一次“圆桌会议”，作为仅有的两名代表之一，IBM 首席执行官彭明盛首次提出“智慧地球”这一概念，建议新政府投资新一代的智慧型基础设施。当年，美国将新能源和物联网列为振兴经济的两大重点。2009 年，欧盟执委会发表题为《Internet of Things-An action plan for Europe》的物联网行动方案，描绘了物联网技术应用的前景。韩国通信委员会于 2009 年也出台了《物联网基础设施构建基本规划》，要在已有的 RFID/USN(无线射频识别/无所不在的传感网络)应用和实验网条件下构建世界最先进的物联网基础设施、发展物联网服务、研发物联网技术、营造物联网推广环境等。2009 年，日本政府 IT 战略本部制定了日本新一代的信息化战略《i-Japan 战略 2015》，该战略旨在到 2015 年让数字信息技术如同空气和水一般融入每一个角落。该战略聚焦电子政务、医疗保健和教育人才三大核心领域，主要目标是激活产业和地域的活性，培育新产业，整顿数字化基础设施。2009 年 8 月 7 日，温家宝总理在无锡考察时提出了“感知中国”的战略构想，表示中国要抓住机遇，大力发展物联网技术，并将物联网的发展提升到国家战略层面。

发展至今，物联网的定义和范围已经发生了变化，覆盖范围也有了较大的拓展，已经超越了 1999 年 Ashton 教授和 2005 年 ITU 报告所指的范围，也不再单纯只是指基于 RFID 的物联网，不管是从技术层面上，还是从应用层面上都有了更进一步的发展。

但是目前，物联网还没有一个精确且被公认的定义。由于物联网与互联网、移动通信网、传感网等都有密切关系，不同领域的研究者研究物联网时所基于的出发点不同，短期内还没达成共识。目前，物联网的定义总体上可分为五大类，代表五类产业集团。第一是以国际电联为代表的互联网企业，称物联网就是互联网的应用与延伸，就是互联网应用到物体，物物相连接到互联网；第二是以美国 IBM 公司为代表的“智慧地球”理念，IBM 的目的是要推广它服务的理念；第三是 EPCgloba(全球电子代码管理中心)，称 RFID 就是物联网，很多地方都认可这个概念；第四是以中国科学院微电子研究所为代表，目前在国内炒得比较热的，称传感网就是物联网；

第五是以电信运营商为代表，称无线互联无处不在就是物联网。

不管哪一种定义，都代表了物联网的典型功能和应用特点。从广义上讲，物联网是一个未来发展的愿景，等同于“未来的互联网”，或者是“泛在网络”，能够实现人在任何时间、地点，使用任何网络与任何人与物的信息交换。从狭义上讲，物联网是物品之间通过传感器连接起来的局域网，不论接入互联网与否，都属于物联网的范畴，这个网络可以不接入互联网，但如果有需要，随时能够接入互联网。

欧盟委员会信息和社会媒体司 RFID 部门负责人 Lorent Ferderix 博士 2009 年 9 月在北京举办的“物联网与企业环境中欧研讨会”上，给出了欧盟对物联网的定义：物联网是一个动态的全球网络基础设施，它具有基于标准和互操作通信协议的自组织能力，其中物理的和虚拟的“物”具有身份标识、物理属性、虚拟的特性和智能的接口，并与信息网络无缝整合。物联网将与媒体互联网、服务互联网和企业互联网一道，构成未来互联网。

综上所述，物联网是指通过各种信息传感设备，如传感器、射频识别技术、全球定位系统、红外感应器、激光扫描器、气体感应器等各种装置与技术，实时监测任何需要监控、连接、互动的物体或过程，采集其声、光、热、电、力学、化学、生物、位置等各种需要的信息，与互联网结合形成的一个巨大网络。其目的是实现物与物、物与人、所有的物品与网络的连接，方便识别、管理和控制。其基本特点如下。

(1) 全面感知：利用 RFID、传感器、二维码及其他各种感知设备随时随地采集各种动态对象信息，全面感知世界。

(2) 可靠传送：利用以太网、无线网、移动网将感知的信息进行实时的传送。

(3) 智能控制：对物体实现智能化的控制和管理，真正达到了人与物的沟通。

1.2 物联网国内外发展现状

近年来，各国政府纷纷提出未来的信息化战略。但战略侧重点有所不同：美国强调对任何地点任何物体具有强大的感知能力，汇集信息，建立智慧型基础设施；欧盟强调信息安全，制定了关于信息安全和信息共享的政策；日本强调对信息的充分挖掘和在社会、政府等领域的深度整合和应用。

1.2.1 智慧地球——美国

2008 年，IBM 提出了“智慧地球(Smarter Planet)”发展战略。2009 年 IBM 首席执行官彭明盛在美国总统奥巴马与美国工商业领袖“圆桌会议”上，首次提出“智慧地球”这一概念，建议新政府投资新一代的智慧型基础设施。奥巴马对此给予了积极的回应："经济刺激资金将会投入到宽带网络等新兴技术中去，毫无疑问，这就是美国在 21 世纪保持和夺回竞争优势的方式。"此概念一经提出，即得到美国各界的高度关注，甚至有分析认为，IBM 公司的这一构想极有可能上升至美国的国家战略，并在世界范围内引起轰动。

"智慧地球"是以一种更智慧的方法通过利用新一代信息技术来改变政府、公司和人们相互交互的方式，以便提高交互的明确性、效率、灵活性和响应速度。如今信息基础架构与高度整合的基础设施的完美结合使得政府、企业和市民可以做出更明智的决策。智慧方法具有以下三个方面特征：更透彻的感知、更全面的互联互通、更深入的智能化。

按照 IBM 的定义，"智慧地球"包括三个维度：第一，能够更透彻地感应和度量世界的本质和变化；第二，促进世界更全面地互联互通；第三，在上述基础上，所有事物、流程、运行方式都将实现更深入的智能化，企业因此获得更智能的洞察。

"智慧地球"的核心是：无处不在的智能对象被无处不达的网络与人连接在一起，再被无所不能的超级计算机调度和控制。与这一战略相关的前所未有的"智慧"的基础设施，为创新提供了无穷无尽的空间。

1.2.2　感知中国——中国

2009 年 8 月 7 日温家宝总理在无锡视察时指出，"当计算机和互联网产业大规模发展时，我们因为没有掌握核心技术而走过一些弯路。在传感网发展中，要早一点谋划未来，早一点攻破核心技术，要在激烈的国际竞争中，迅速建立中国的传感信息中心或'感知中国'中心"。

2009 年 11 月 3 日，温家宝总理在《让科技引领中国可持续发展》讲话中强调：信息网络产业是世界经济复苏的重要驱动力。全球互联网正在向下一代升级，传感网和物联网方兴未艾。科学选择新兴战略性产业非常重要，选对了就能跨越发展，选错了将会贻误时机。要着力突破传感网、物联网关键技术，及早部署后 IP 时代相关技术研究，使信息网络产业成为推动产业升级、迈向信息社会的"发动机"。

2009 年 11 月 12 日，中国科学院、江苏省和无锡市签署合作协议成立中国物联网研发中心。此前的 11 月 1 日，集聚产业链上 40 余家机构的中关村物联网产业联盟成立。一南一北，由政府大力推动，具备产学研结合特征的两个实体，都意在打造中国的物联网产业中心。

实现"感知中国"，智能改变生活。自 2009 年 8 月温家宝总理提出"感知中国"以来，物联网被正式列为国家五大新兴战略性产业之一，写入"政府工作报告"，物联网在中国受到了全社会极大的关注，其受关注程度是在美国、欧盟以及其他各国不可比拟的。物联网这个词在中文习惯里比"感知中国"更朗朗上口，而且与互联网很对应，所以成了更被大众接受的说法。

1.2.3 物联网行动计划——欧盟

2009 年 6 月 18 日，欧盟委员会向欧盟议会、理事会、欧洲经济和社会委员会和地区委员会递交了《欧盟物联网行动计划》(Internet of Things-An action plan for Europe)(以下简称《行动计划》)，希望通过构建新型物联网管理框架，让欧洲来引领世界物联网发展。《行动计划》的制定，标志着欧盟已经将物联网的实现提上日程。

《行动计划》首先指出了物联网的三方面特性及三个结论。

1. 物联网特性

(1) 它不应该被仅仅看做今天互联网的延伸，而是一种新的、具有自己独立架构的物联网基础设施(部分依赖于现有的互联网基础设施)；

(2) 物联网将与新服务共同发展；

(3) 物联网包含不同的通信模式。

在全面分析了欧洲物联网发展要素的基础上，《行动计划》重点阐述了 14 点计划和部署。如表 1-1 所示。

2.《行动计划》得出三个结论

(1) 物联网还未成型，而是一个技术远景，在未来 5～15 年将改变社会运作方式；

(2) 欧洲可以在物联网方面发挥主导作用；

(3) 欧盟委员会将通过《行动计划》推动物联网的发展。

表 1-1 欧盟物联网行动计划

行动计划	主　题	近 期 部 署
1	管理	讨论和决定以下议题：物联网管理原则，分散管理层次的“体系结构”
2	监测隐私和个人数据保护问题	监测数据保护条例在物联网中的应用
3	芯片沉默	应有个人能够在任何时候都能断开的网络环境
4	对新出现风险的识别	采取监管和非监管措施，以提供一个满足“信任、接受和安全”的政策框架
5	物联网是重要的经济和社会资源	密切跟踪物联网基础设施的发展

(续表)

行动计划	主　　题	近 期 部 署
6	标准的任务	评估进一步启动必要的额外标准任务的程度，继续监测欧洲标准组织的发展状态，对国际伙伴采取公开参与、透明和协商一致的方式
7	研究与发展	继续资助物联网领域的“第七框架”计划的研究项目
8	公共——私人伙伴关系	筹备建立 4 个物联网可以发挥重要作用的公共——私人伙伴关系：“绿色汽车”、“节能建筑”、“未来工厂”、“未来互联网”
9	创新和试验性项目	启动实验性项目以推广物联网应用程序的部署，如电子保健、气候变化等
10	制度意识	定期向欧洲议会、理事会等有关物联网发展的利益相关者报告
11	国际对话	加强与国际合作伙伴对话，以实现联合行动，分享最优方法
12	RFID 回收生产线	发起标签回收的研究，使标签的存在可用于物体的重新利用
13	测量推行程度	公布 RFID 技术使用的统计数字，提供关于其渗透程度的信息，并允许评估其对经济和社会以及相关的社区政策的有效性的影响
14	评估进展度	建立具有欧洲水平的多方利益相关者机制

1.2.4　i-Japan 战略——日本

日本 IT 战略本部于 2009 年 7 月 6 日正式推出至 2015 年的中长期信息技术发展战略，该战略命名为“i-Japan 战略 2015”(以下简称为“i-Japan”)。

“i-Japan”中的“i”有两层意思，一层是指像水和空气那样的应用信息技术(Inclusion)，数字化技术将如同空气和水一般融入日本社会的每一个角落，由此实现安全、稳定、公平、易用的信息使用环境，从而打造国民生活丰富多彩、人与人关系更加和谐的社会。另一层意思是指创新(Innovation)，能够使企业积极自主地创新，使企业向低成本高收益转型，创造一个经济可持续发展的、与国际社会协调合作的社会环境。

“i-Japan”战略描述了 2015 年将会实现的日本数字化社会蓝图，阐述了实现数字化社会的战略。其要点为大力发展电子政府和电子地方自治体，推动医疗、健康和教育的电子化。该战略本部认为，日本的通信基础设施已在世界领先，然而各公共部门利用信息技术的进程缓慢。通过执行该战略，日本的信息技术将使全体国民的生活更加便利，实现理想中的数字化社会。

日本旨在通过数字化社会的实现，提升国家的竞争力，参与解决全球性的重大问题，确保日本在全球的领先地位。通过数字化技术与其他产业的融合，从根本上提升效率，产生新的附加值。

“i-Japan”战略包含三大核心领域。

(1) 电子政府和电子自治体。完善电子政务推进体制，延续过去的计划并确立PDCA(计划-执行-检查-行动)体制。广泛普及并落实“国民电子个人信箱”，使国民可经由各种渠道轻松享受一站式的行政服务，参与电子政务。在政府层面，首次设立了首席信息技术长官(CIO，副首相级)的职位。该 CIO 将监督日本信息技术战略的执行，提高各级领导和具体执行人员对行政、医疗和教育的电子化的认识，推进以国民利用信息技术的便利性为首要战略的新的信息技术计划的落实。

(2) 医疗保健。通过使用远程医疗技术，应对某些区域医生短缺等当前的医疗问题，使偏远地区的患者在家里便可以享受到高质量的医疗服务。通过在医疗机构中建设数字化基础设施，使诊断业务更加高效，从而减轻医务工作者的负担，完善医院的经营管理。同时，实现区域性的医疗机构合作。通过电子保健记录，个人可将从医疗机构获取的保健信息提交给医务人员，从而减少误诊的概率，而且基于过去的诊断记录可避免不必要的检查，并且通过处方的电子交付以及配药信息的电子化，可对处方信息或配药信息进行跟踪反馈，从而可实现更加安全、便利和高质量的医疗服务。

(3) 教育与人才。推广数字化技术与信息化教育的应用，提高学生的学习能力与应用信息的能力，强化对教职员工应用数字化技术的指导，建立稳定、长期的高级数字化人才的培育体制。在充实大学等信息化教育与数字基础设施建设的同时，促进基于数字化技术的远程教育与在线教学系统的应用。

1.2.5 U-Korea——韩国

U 是英文单词“Ubiquitous”的缩写，来源于拉丁语，意为“普遍存在的，无所不在的”。Mark Weiser 1988 年第一次提出 Ubiquitous Computing 的概念，认为“电脑在我们没有意识到它存在的时候，已经融入了我们的生活中”。其后，日本学者衍生出了 Ubiquitous Network(无所不在的网络)的概念，认为人们在没有意识到网络存在的情况下，却能随时随地地通过适合的终端设备上网并享受服务。

2005 年 3 月，韩国信息及通讯部(MIC)主导成立 U-Korea 策略规划小组，同年 9 月完成 U-Korea 政策草案。历经半年跨部会的讨论与修正，在 2006 年 3 月确立 U-Korea 总体政策规划。U-Korea 旨在建立无所不在的社会(Ubiquitous Society)，也就是在民众的生活环境里，布建智能型网络(如 IPv6、BcN、USN)、最新的技术应用(如 DMB、Telematics、RFID)等先进的信息基础建设，让民众可以随时随地享有科技智能服务。其最终目的，除运用 IT 科技为民众创造衣、食、住、行、娱乐等各方面无所不在的便利生活服务，亦希望扶植 IT 产业发展新兴应用技术，强化产业优势与国家竞争力。

U-Korea 主要分为发展期与成熟期两个执行阶段。

1. 发展期(2006—2010 年)

该阶段重点任务为基础设施的建置、技术的应用以及 U 化社会制度的建立。除发展 U 化物流配销体系、U 化健康照护等无所不在服务(Ubiquitous Service)，扶植 U 化产业与新兴市场，还将完成无所不在网络基础设施的建置、IT 技术在生物科技与纳米科技等领域的应用、建立 U 化社会规范等工作。该阶段预期达到的目标包括：成为全球最具有竞争力的 15 个国家之一，成为全球生活水准最高的 25 个国家之一，国民年收入达到 22 000 美元。

2. 成熟期(2011—2015 年)

该阶段重点任务为扩散 U 化服务，除将 U 化服务扩散应用于国内各个产业外，核心任务是将国内 U 化服务扩散至海外市场。另外，将相关电子对象嵌入智能芯片、生物科技与纳米科技 IT 技术的运用、稳定 U 化社会文化也是此阶段发展的重要任务。该阶段预定达成的目标包括：成为全球最具竞争力的 10 个国家之一，成为全球生活水准最高的 25 个国家之一，国民年收入提高至 30 000 美元。

为落实上述目标，U-Korea 提出了四项关键建设和五大社会应用。四项关键建设为：生态工业建设、现代化社会建设、透明化技术建设、平衡全球领导地位。五大应用范畴为：亲民政府、智慧科技园区、再生经济、安全社会环境、U 化服务。

总之，不管是智慧地球，还是感知中国，虽然各有侧重，但共同点是一样的，主要表现在三个方面。

(1) 融合各种信息技术，突破互联网的限制，将物体接入信息网络，实现“物物互联”。

(2) 在网络泛在的基础上，将信息技术应用到社会各个领域，从而影响到国民经济和社会生活的方方面面。

(3) 未来信息产业的发展会由信息网络向全面感知和智能应用两个方向拓展、延伸和突破。

1.3　物联网的应用

物联网技术可以应用到社会生活的各个领域，从而给未来的工作和生活带来不可思议的变化，其主要应用领域包括如下几个方面。

1. 智能物流

2010 年物流企业在 GDP 中占的比例，中国为 18%，日本为 11%，美国为 8%，欧盟为 7%。目前全球零售订货时间为 6～10 个月，在供应链上的商品库存积压价值为 1.2 万亿美元，零售商每年因错失交易遭受的损失高达 930 亿美元，其主要原因是没有合适的库存产品来满足消费者的需求。基于物联网的智能供应链技术是对现有信息网和物流网技术的有力补充，应用到整个零售系统，零售商、制造商和供应商可以提高供应链各个步骤的效率，同时还可减少浪费。该技术充分利用互联网和无线射频识别(RFID)网络设施支撑整个物流体系，从而使物流行业发生颠覆性的变化，可以使客户在任何地方、任何时间以最便捷、最高效、最可靠、成本最低的方式享受到物流服务。

2. 智能交通

现有的城市交通管理基本是自发进行的，每个驾驶者根据自己的判断选择行车路线，交通信号标志仅仅起到静态的、有限的指导作用。这导致城市道路资源未能得到最高效率的运用，由此产生不必要的交通拥堵甚至瘫痪。据统计，目前我国交通拥堵造成的损失占 GDP 的 1.7%左右。美国每年因交通堵塞而损失的燃料可装载 58 个超大型油轮，每年的损失高达 780 亿美元。

物联网技术的发展为智能交通提供了更透彻的感知，道路基础设施中的传感器和车载传感设备能够实时临近交通流量和车辆状态，通过泛在移动通信网络将信息传送至管理中心；遍布于道路基础设施和车辆中的无线和有线通信技术的有机整合为移动用户提供了泛在的网络服务，使人们在旅途中能够随时获得实时的道路和周边环境咨询甚至在线收看电视节目；通过智能的交通管理和调度机制充分发挥道路基础设施的效能，最大化交通网络流量并提高安全性，优化人们的出行体验。展望一下未来的交通，所有的车辆都能够预先知道并避开交通堵塞，沿最快捷的路线到达目的地，减少二氧化碳的排放，拥有实时的交通和天气信息，能够随时找到最近的停车位，甚至在大部分的时间内车辆可以自动驾驶而乘客们可以在旅途中欣赏在线电视节目。

3. 智能楼宇

应用物联网技术，智能楼宇具有人员实时管理，能耗数据实时采集，设备自动控制，室内环境舒适度调整，能源状态显示、统计、分析和预警等功能，从而实现建筑的节能降耗。思科(CISCO)新兴技术集团高级副总裁 Marthin De Beer 这样解释智能楼宇：员工刷卡进入了智能互联的建筑时，通过读取这个卡片，这个建筑会非常智能地把该员工所在办公室的空调、照明灯打开；当该员工离开这个建筑物时，办公室的空调和灯又会自动关闭。更复杂一点的例子包括，利用网络技术，在一个统一的平台上，对成百上千个房间里的电器设备进行统一的管理。绿色建筑的真正魅力在于“智能互联”，所实现的并非只对一个房间电器设备的智能管理，而是对整个建筑或者多个建筑中所有房间中的电器设备的协调统一和智能管理。与智能建筑相关联的智能家居、智能办公室以及智能社区等应用也成为物联网技术的重要市场。

4. 智能电网

现有的电力输送网络缺少动态调度，从而导致电力输送效率低下。据美国能源部的统计，使用传统电网，大部分上网电力被消耗在输送途中。而智能电网通过先进信息系统与电网的整合，把过去静态、低效的电力输送网络转变为动态可调整的智能网络，对能源系统进行实时监测，根据不同时段的用电需求，将电力按最优方案予以分配。

5. 环境监测

环境监测是指通过检测对人类和环境有影响的各种物质的含量、排放量以及各种环境状态参数，跟踪环境质量变化，确定环境质量水平，为环境管理、污染治理、防灾减灾等工作提供基础信息、方法指引和质量保证。传统的以人工为主的环境监测模式受测量手段、采样频率、取样数量、分析效率、数据处理诸方面的限制，不能及时地反映环境变化，预测变化趋势，更不能根据监测结果及时采取有关应急措施。

进入 21 世纪以来，以传感网为代表的自主监测方式逐渐发展起来。大量低成本、小型无线传感器被部署在被监控区域，传感器节点包含感知、计算、通信和电池四大模块，能长期准确地监测环境。节点间通过无线信道构成自组织网络，将感知数据及时有效地传送至汇聚节点，汇聚节点进一步将数据提交到互联网，供上层应用使用。同时，来自互联网的命令也可通过汇聚节点传达到网络中的每个传感器。如今，传感网已应用于污染监测、海洋环境监测、森林生态监测、火山活动监测等重要领域。传感网的出现使长期、连续、大规模、实时的环境监测变为可能，为实现物联网时代对物理世界更全面的感知奠定了坚实的技术基础。

1.4　物联网的发展趋势

1.4.1　国外物联网技术的研究与发展

目前，国外对物联网的研发、应用主要集中在美、欧、日、韩等少数国家，其最初的研发方向主要是条形码、RFID 等技术在商业零售、物流领域的应用。随着 RFID、传感器技术、短距离通信以及计算技术等的发展，近年来其研发、应用开始拓展到环境监测、生物医疗、智能基础设施等领域。

对于未来物联网的发展，欧洲智能系统集成技术平台(EPoSS)在《Internet of Things in 2020》报告中分析预测，未来物联网的发展将经历四个阶段，如表 1-2 所示。

表 1-2　未来物联网发展的四个阶段

项目	2010 年之前	2010—2015 年	2015—2020 年	2020 年后
技术愿景	单个物体间互联；低功耗、低成本	物与物之间联网；无所不在的标签和传感器网络	半智能化；标签、物件可执行指令	全智能化
标准化	RFID 安全及隐私标准；确定无线频带；分布式控制处理协议	针对特定产业的标准；交互式协议和交互频率；电源和容错协议	网络交互标准；智能器件间系统	智能响应行为标准；健康安全
产业化应用	RFID 在物流、零售、医药产业应用；建立不同系统间交互的框架(协议和频率)	增强互操作性；分布式控制及分布式数据库；特定融合网络；恶劣环境下应用	分布式代码执行；全球化应用；自适应系统；分布式存储、分布式处理	人、物、服务网络的融合；产业整合；异质系统间应用
器件	更小、更廉价的标签、传感器、主动系统；智能多波段射频天线；高频标签；小型化、嵌入式读取终端	提高信息容量、感知能力；拓展标签、读取设备、高频传输速度；片上集成射频；与其他材料整合	超高速传输；具有执行能力标签；智能标签；自主标签；协同标签；新材料	更廉价材料；新物理效应；可生物降解器件；纳米功率处理组件
功耗	降低能源消耗；低功耗芯片组；超薄电池；电源优化系统(能源管理)	改善能量管理；提高电池性能；能量捕获(储能、光伏)；印刷电池；超低功耗芯片组	可再生能源；多种能量来源；能量捕获(生物、化学、电磁感应)；恶劣环境下发电；能量循环利用	能量捕获生物降解电池；无线电力传输

概括来说就是：

(1) 2010 年之前 RFID 被广泛应用于物流、零售和制药领域；

(2) 2010—2015 年物体互联；

(3) 2015—2020 年物体进入半智能化；

(4) 2020 年之后物体进入全智能化。

就目前而言，许多物联网相关技术仍在开发测试阶段，离不同系统之间融合、物与物之间全面连接的远期目标还存在一定差距。

1.4.2　我国物联网技术的研究与发展

我国政府极为重视物联网的发展。温家宝总理在 2010 年和 2011 年政府工作报告中明确提出："要大力培育战略性新兴产业……加快物联网的研发应用，加大对战略性新兴产业的投入和政策支持"，"积极发展新一代信息技术产业，建设高性能宽带信息网，加快实现'三网融合'，促进物联网示范应用"。

与此同时，我国物联网技术研究取得了一些突破性进展。2010 年，物联网技术发展已被列入中国国家级重大科技专项，与新能源、绿色制造等并列为国家五大新兴战略性产业。在"物联网"这个全新学科领域中，我国的技术研发水平正处于世界前列，中科院早在 1999 年就启动了传感网研究，这将彻底改变中国在前两次信息革命浪潮中落后的局面。

目前，物联网关键技术在我国城市的安全监控系统、轨道交通、机场、医疗、物流等领域都已有了实际的应用，如 RFID 在电子票证、门禁管理、仓库、运输、物流、车辆管理、工业生产线管理、动物识别等领域中的应用，目前世界上最大的 RFID 项目(第二代居民身份证)和各地积极实施的交通一卡通、校园一卡通、电子身份证、动物管理电子购票防伪系统等项目。在汶川大地震中，堰塞湖的实时动态信息，是通过"网络＋传感技术"，借助于传感网传递到相关决策部门的，避免了人员实地观测可能遭遇的伤亡风险。

1.4.3　物联网发展面临的问题

物联网作为一个新兴产业，有广阔的市场前景，但其发展也面临着诸多因素的制约，需要高度关注，主要有以下几方面问题。

1. 知识产权

在物联网技术发展产品化的过程中，我国一直没有掌握部分关键技术，所以产品档次上不去，价格下不来。缺乏 RFID 等关键技术的自主知识产权是限制中国物联网发展的关键因素之一。

2. 技术标准

目前行业技术主要缺乏以下两个方面标准：接口的标准化和数据模型的标准化。虽然我国早在 2005 年 11 月就成立了 RFID 产业联盟，次年又发布了《中国射频识别(RFID)技术政策白皮书》，指出应当集中开展 RFID 核心技术的研究，制定符合中国国情的技术标准。但是，目前来看，中国的 RFID 产业仍是一片混乱。技术强度固然在增强，但是技术标准却还如镜中之月。

3. 产业链条

和美国相比，国内在物联网产业链完善度上还存在着较大差距。虽然目前国内三大运营商和中兴华为这一类的系统设备商都已是世界级水平，但是其他环节相对欠缺。物联网的产业化必然需要芯片商、传感设备商、系统解决方案厂商、移动运营商等上下游厂商通力配合，加快电信网、广电网、互联网三网融合的进程。产业链的合作需要兼顾各方的利益，而在各方利益机制及商业模式尚未成型的背景下，物联网普及之路仍相当漫长。

4. 行业协作

物联网应用领域十分广泛，遍布众多行业但这些行业分属于不同的政府职能部门，要发展物联网这种以传感技术为基础的信息化应用，在产业化过程中必须加强各行业主管部门的协调与互动，以开放的心态展开通力合作，打破行业、地区、部门之间的壁垒，促进资源共享，加强体制优化改革，才能有效地保障物联网产业的顺利发展。

5. 盈利模式

物联网分为感知、网络、应用三个层次，在每一个层面上，都将有多种选择去开拓市场。这样，在未来生态环境的建设过程中，商业模式变得异常关键。对于任何一次信息产业的革命来说，出现一种新型而且成熟的商业盈利模式是必然的结果，可是这一点至今还没有在物联网的发展中体现出来，也没有任何产业可以在这一点上统一引领物联网的发展浪潮。目前物联网发展直接带来的一些经济效益主要集中在与物联网有关的电子元器件领域，如射频识别装置、感应器等。而庞大的数据传输给网络运营商带来的机会以及对最下游的如物流及零售等行业所产生的影响还需要相当长时间。

6. 使用成本

物联网产业需要将物与物连接起来并且进行更好的控制管理。这一特点决定了其必将会随着经济发展和社会需求变化而催生出更多的应用。所以，在物联网传感技术推广的初期，功能单一、价位高是很难避免的问题。因为，电子标签贵，读写设备贵，所以，很难形成大规模的应用。

而由于没有大规模的应用，电子标签和读写器的成本问题始终没有达到人们的预期。成本高，就没有大规模的应用，而没有大规模的应用，成本高的问题就更难以解决。如何突破初期的用户在成本方面的壁垒成了打开这一片市场的首要问题。所以在成本尚未降至能普及的前提下，物联网的发展将受到限制。

7. 安全问题

在物联网中，传感网的建设要求 RFID 标签预先被嵌入任何与人息息相关的物品中。可是人们在观念上似乎很难接受自己周围的生活物品甚至包括自己时刻都处于一种被监控的状态，这直接导致嵌入标签势必会使个人的隐私权受到侵犯。因此，如何确保标签物的拥有者个人隐私不受侵犯，便成为射频识别技术以及物联网推广的关键问题。而且如果政府在这方面和国外的大型企业合作，如何确保企业商业信息、国家机密等不会泄露也至关重要。所以说在这一点上，物联网的发展不仅仅是一个技术问题，更有可能涉及政治法律和国家安全问题。

1.5　物联网相关概念

1.5.1　物联网与互联网

物联网的英文名称是“Internet of Things”。由该名称可见，物联网就是“物物相连的互联网”。这有两层意思：一是物联网的核心和基础仍然是互联网，是在互联网基础之上的延伸和扩展的一种网络；二是其用户端延伸和扩展到了任何物品与物品之间的信息交换和通信。两者的主要区别如表 1-3 所示。

表 1-3　物联网与互联网对比

对比内容	互 联 网	物 联 网
起源点在哪里	(1) 计算机技术的出现； (2) 技术的传播速度加快	(1) 传感技术的创新； (2) 云计算
面向的对象是谁	人	人和物质
怎么样发展的过程	技术的研究到人类的技术共享使用	芯片多技术的平台和应用过程
谁是使用者	所用的人	人和物质，人即信息体，物即信息体
核心的技术在谁手里	主流的操作系统和语言开发商	芯片技术开发商和标准制定者
创新的空间	主要内容的创新和体验的创新	技术就是生活，想象就是科技，让一切事物都有智能
什么样的文化属性	精英文化，无序世界	草根文化，“活信息”世界
技术手段	网络协议，web2.0	数据采集，传输介质，后台计算

从这个比较中可以看到，人类是从对于信息积累搜索的互联网方式逐步地向对信息智能判断的物联网方式前进。而且这样的信息智能是结合不同的信息载体进

行的。

1.5.2 物联网与传感网

传感器网可以看成是传感模块加组网模块共同构成的一个网络。传感器仅仅感知到信号，并不强调对物体的标识。例如可以让温度传感器感知到森林的温度，但并不一定需要标识哪根树木。

物联网的概念相对比传感器网大一些。这主要是因为人感知物、标识物的手段，除了有传感器网，还可以有二维码、RFID 等。如用二维码、RFID标识桌椅之后，就可以形成物联网，但二维码、RFID并不在此传感器网络的范畴(除非将传感器网络广义化，而传感器网络广义化意义不大，如广义之后，手机也可以是传感器网，电话也可以是传感器网)。

1.5.3 物联网与泛在网

泛在网是指基于个人和社会的需求，利用现有的和新的网络技术，实现人与人、人与物、物与物之间按需进行的信息获取、传递、存储、认知、决策、使用等服务，泛在网网络具备超强的环境感知、内容感知及智能性，为个人和社会提供泛在的、无所不含的信息服务和应用。泛在网络的概念反映了信息社会发展的远景和蓝图，具有比“手机也可以是物联网”更广泛的内涵。物联网、泛在网概念的出发点和侧重点不完全一致，但其目标都是突破人与人通信的模式，建立物与物、物与人之间的通信。而对物理世界的各种感知技术，即传感器技术、RFID技术、二维码、摄像等，是构成物联网、泛在网的必要条件。

一、单项选择题

1. 物联网的概念最早是由(　　)正式提出的。

   A. MIT Auto-ID 中心的 Aston 教授　　B. 比尔・盖茨

   C. 奥巴马　　D. 温家宝

2. 2009 年 8 月 7 日温家宝总理在江苏无锡调研时提出了(　　)的概念。

   A. 智慧地球　　B. 感知中国　　C. 物联网行动计划　　D. 车联网

3. “智慧地球”的概念是由(　　)提出的。

   A. 奥巴马　　B. 彭明盛　　C. 比尔・盖茨　　D. 乔布斯

4. 关于物联网的发展，各国都提出了自己的信息化发展战略，选项(　　)的描述是错误的。

A. 智慧地球——美国　　B. 感知中国——中国

C. U-Korea——韩国　　D. 智慧地球——日本

5. 根据欧洲智能系统集成技术平台(EPoSS)在《Internet of Things in 2020》报告中分析预测，到 2020 年后，物联网的发展将进入(　　)时代。

A. 单个物体互联　　B. 物与物之间联网

C. 半智能化　　D. 全智能化

6. 2009 年创建的国家传感网创新示范区设在(　　)。

A. 无锡　　B. 上海　　C. 北京　　D. 深圳

7. “物联网就是物物互联的无所不在的网络，因此物联网是空中楼阁，是不可实现的技术。”这句话是(　　)。

A. 正确的　　B. 错误的

8. “物联网的基础仍然是互联网，是在互联网基础上延伸和扩展的网络。”这句话是(　　)。

A. 正确的　　B. 错误的

9. “能够互动、通信的产品都可以看做物联网的应用。”这句话是(　　)。

A. 正确的　　B. 错误的

10. “电子不停车收费系统(ETC)是物联网技术的典型应用之一”。这句话是(　　)。

A. 正确的　　B. 错误的

二、简答题

1. 什么是物联网？有何基本特点？
2. 智慧地球、感知中国、U-Korea、i-Japan 的共同点是什么？
3. 简要描述物联网技术的应用领域。
4. 物联网的发展面临哪些问题？
5. 简述物联网与互联网的关系。

第 2 章

物联网的体系结构

网络体系结构主要研究网络的组成部件以及这些部件之间的关系，物联网体系结构与传统网络体系结构一样，也可采用分层网络体系结构来进行描述。本章从感知层、网络层和应用层三个方面来详细描述物联网体系结构及关键技术。

本章主要内容

- □ 感知层功能及关键技术
- □ 网络层功能及关键技术
- □ 应用层功能及关键技术

物联网的技术复杂、形式多样，通过对物联网多种应用需求的分析，目前都比较认可的是把物联网分为三个层次：感知层、网络层和应用层，如图 2-1 所示。

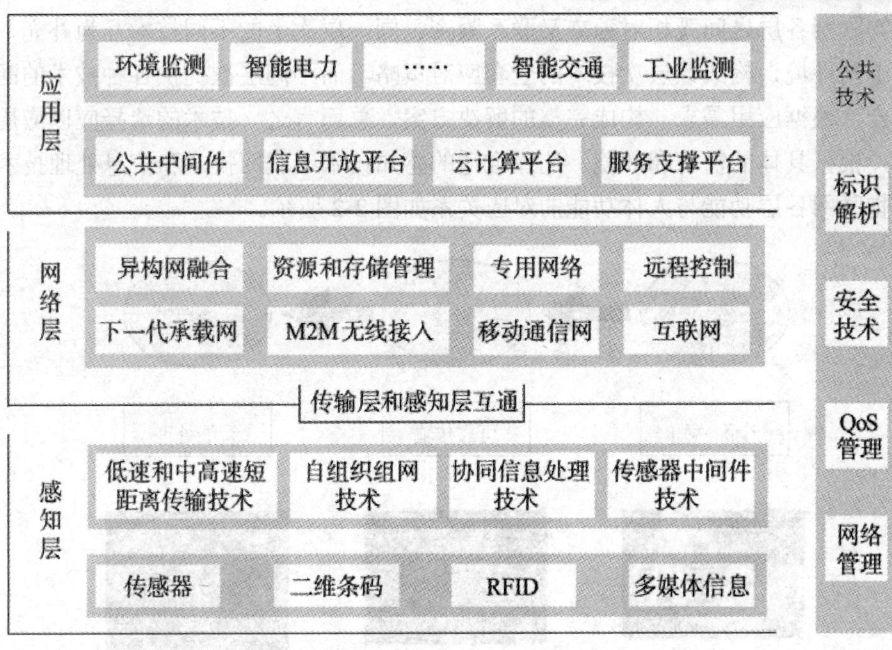

图 2-1　物联网技术体系框架

1. 感知层

感知识别是物联网的核心技术。感知层由各种传感器以及传感器网关构成，主要用于采集物理世界中发生的物理事件和数据，包括各类物理量、标识、音频、视频数据。物联网的数据采集涉及传感器、RFID、多媒体信息采集、二维码和实时定位等技术。感知层的作用相当于人的眼耳鼻喉和皮肤等神经末梢，它是物联网识别物体、采集信息的来源，其主要功能是识别物体、采集信息。

2. 网络层

网络层由各种私有网络、互联网、有线和无线通信网、网络管理系统和云计算平台等组成，能够把感知到的信息无障碍、高可靠性、高安全性地进行传送，需要将传感器网络与移动通信技术、互联网技术相融合。网络层相当于人的神经中枢，负责传递和处理感知层获取的信息。

3. 应用层

应用层是物联网和用户(包括人、组织和其他系统)的接口，它与行业需求结合，实现物联网的智能应用，支撑跨行业、跨应用、跨系统的信息协同、共享、互通的功能。

标识与解析、安全技术、网络管理和服务质量(QoS)管理等公共技术，则不属于物联网技术的某个特定层面，而是与物联网技术架构的三层都有关系。

物联网各层之间既相对独立又联系紧密。同一层次上的不同技术互为补充，适用于不同环境，构成该层次技术的全套应对策略。而不同层次提供各种技术的配置和组合，根据应用需求，构成完整的解决方案。总而言之，技术的选择应以应用为导向，根据具体的需求和环境，选择合适的感知技术、联网技术和信息处理技术。

物联网各层功能与人体功能的对应关系如图 2-2 所示。

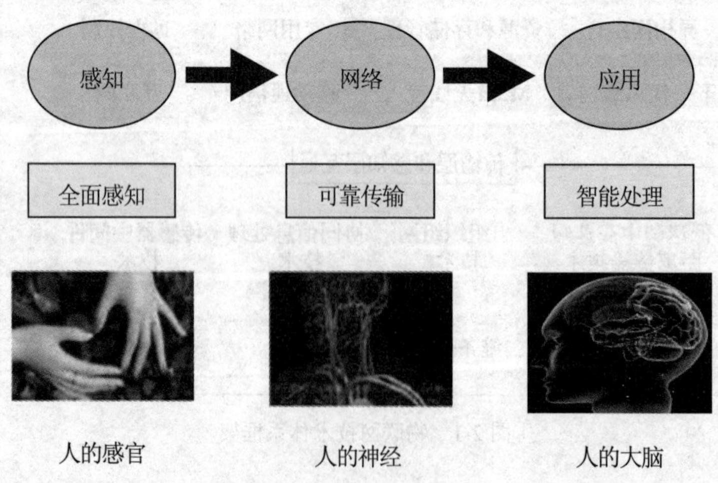

图 2-2　物联网各层功能与人体功能对应关系图

2.1　感知层

2.1.1　感知层功能

感知层包括各种信息传感设备和智能感知系统，如各种传统的无线传感器网络(WSN)、无线多媒体传感器网络(WMSN)、射频识别(RFID)、全球定位系统(GPS)等。感知层的这些设备采用了各种发展成熟度差异性很大的技术，如在物流管理方面得到大量应用的射频识别技术和新兴的无线多媒体传感器网络技术。

传感器网络的感知主要通过各种类型的传感器对物体的物质属性、环境状态、行为态势等静、动态的信息进行大规模、分布式的信息获取与状态辨识，针对具体感知任务，通常采用协同处理的方式对多种类、多角度、多尺度的信息进行在线或实时计算，并与网络中的其他单元共享资源，进行交互与信息传输。甚至可以通过执行器对感知结果做出反应，对整个过程进行智能控制。由于在网络层采用 IPv6 技术，具有 2^{128} 的地址空间，因此，完全有能力为任何一个物体赋予一个 IP 地址，以方便对物品的跟踪、查询、监控和处理。

在感知层，主要采用的设备是装备了各种类型传感器(或执行器)的传感网节点和其他短距离组网设备(如路由节点设备、汇聚节点设备等)。一般这类设备的计算能力都有限，主要的功能和作用是完成信息采集和信号处理工作，这类设备中多采用嵌入式系统软件与之适应。由于需要感知的地理范围和空间范围比较大，包含的信息也比较多，该层中的设备还需要通过自组织网络技术，以协同工作的方式组成一个自组织的多节点网络进行数据传递。

2.1.2　感知层关键技术

感知层涉及的技术有很多，本书主要讲解 RFID、传感器和嵌入式系统相关知识，详细内容见第 3 章。

1. RFID 技术

无线射频识别技术(Radio Frequency Identification，RFID)，又称电子标签，是一种通信技术，可通过无线电讯号识别特定目标并读写相关数据，而无需在识别系统与特定目标之间建立机械或光学接触。射频识别技术是 20 世纪 90 年代开始兴起的一种自动识别技术，是一种非接触式的自动识别技术，它通过射频信号自动识别目标对象并获取相关数据，识别工作无须人工干预，可工作于各种恶劣环境。RFID 技术可识别高速运动物体并可同时识别多个标签，操作快捷方便。

RFID 是一种简单的无线系统，只有两个基本器件，该系统用于控制、检测和跟踪物体。系统由一个询问器(或阅读器)和很多应答器(或标签)组成。其基本组成如图 2-3 所示。

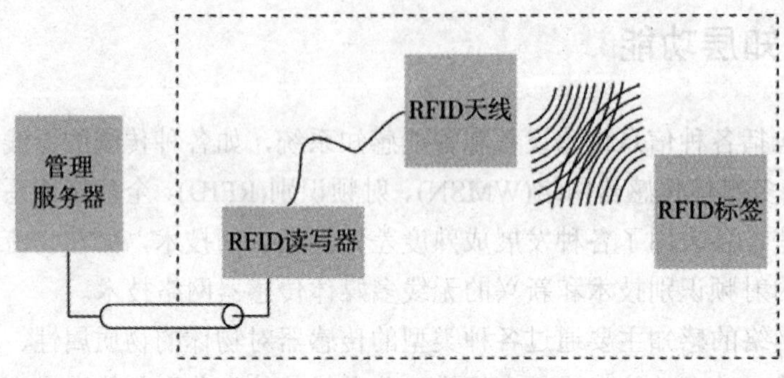

图 2-3　RFID 系统的组成

(1) 标签(Tag)：由耦合元件及芯片组成，每个标签具有唯一的电子编码，附着在物体上标识目标对象；

(2) 阅读器(Reader)：读取(有时还可以写入)标签信息的设备，可设计为手持式或固定式；

(3) 天线(Antenna)：在标签和读取器间传递射频信号。

目前，RFID 产品有低频、高频和超高频频率范围内符合不同标准的不同产品，而且不同频段的 RFID 产品会有不同的特性。其中感应器有无源和有源两种方式。

RFID 技术的基本工作原理并不复杂：标签进入磁场后，接收解读器发出的射频信号，凭借感应电流所获得的能量发送出存储在芯片中的产品信息(Passive Tag，无源标签或被动标签)，或者主动发送某一频率的信号(Active Tag，有源标签或主动标签)；解读器读取信息并解码后，送至中央信息系统进行有关数据处理。

如今，射频识别技术的理论日益丰富和完善。单芯片电子标签、多电子标签识读、无线可读可写、无源电子标签的远距离识别、适应高速移动物体的射频识别技术与产品正在成为现实并走向应用。

2. 传感器技术

传感器是指能感受规定的被测量件，并按照一定的规律转换成可用输出信号的器件或装置。

新技术革命到来以后，世界开始进入信息时代。在利用信息的过程中，首先要解决的就是如何获取准确可靠的信息，而传感器是获取自然和生产领域中信息的主要途径与手段。人们为了从外界获取信息，必须借助于感觉器官。而单靠人们自身的感觉器官已不能满足人们研究自然现象和生产活动规律的需要了。为适应这种情况，就需要传感器。因此可以说，传感器是人类五官的延长，又称为电五官。

在现代工业生产尤其是自动化生产过程中，要用各种传感器来监视和控制生产过程中的各个参数，使设备工作在正常状态或最佳状态，并使产品达到最好的质量。因此可以说，没有众多的优良的传感器，现代化生产也就失去了基础。

在基础学科研究中，传感器更具有突出的地位。现代科学技术的发展，进入了许多新领域，例如在宏观上要观察上千光年的茫茫宇宙，微观上要观察小到纳米的粒子世界，纵向上要观察长达数十万年的天体演化，横向上要观察短到秒的瞬间反应。此外，还出现了对深化物质认识、开拓新能源、新材料等具有重要作用的各种极端技术研究，如超高温、超低温、超高压、超高真空、超强磁场、超弱磁场等。显然，要获取大量人类感官无法直接获取的信息，没有相适应的传感器是不可能的。许多基础科学研究的障碍，首先就在于对象信息的获取存在困难，而一些新机理和高灵敏度的检测传感器的出现，往往会导致该领域内的突破。一些传感器的发展，往往是一些边缘学科开发的先驱。

传感器早已渗透到诸如工业生产、宇宙开发、海洋探测、环境保护、资源调查、医学诊断、生物工程甚至文物保护等极其广泛的领域。可以毫不夸张地说，从茫茫的太空，到浩瀚的海洋，以及各种复杂的工程系统，几乎每一个现代化项目，都离不开各种各样的传感器。

由此可见，传感器技术在发展经济、推动社会进步方面的重要作用，是十分明显的。世界各国都十分重视这一领域的发展。相信不久的将来，传感器技术将会出现一个飞跃，达到与其重要地位相称的新水平。

3. 嵌入式系统

虽然嵌入式系统是近几年才风靡起来的，但是这个概念并非新近才出现。从 20 世纪 70 年代单片机的出现到今天各式各样的嵌入式微处理器、微控制器的大规模应用，嵌入式系统已经有了近 30 年的发展历史。嵌入式系统有如下特点：

(1) 嵌入式系统是面向用户、面向产品、面向应用的，它必须与具体应用相结合才会具有生命力、才更具有优势。即嵌入式系统是与应用紧密结合的，它具有很强的专用性，必须结合实际系统需求进行合理利用。

(2) 嵌入式系统是将先进的计算机技术、半导体技术、电子技术与各个行业的具体应用相结合后的产物，这一点就决定了它必然是一个技术密集、资金密集、高度分散、不断创新的知识集成系统。

(3) 嵌入式系统必须根据应用需求对软硬件进行选择，以满足应用系统的功能、可靠性、成本、体积等要求。所以，如果能建立相对通用的软硬件基础，然后在其上开发出适应各种需要的系统，是一个比较好的发展模式。

物联网与嵌入式系统密不可分，无论是智能传感器、无线网络，还是计算机技术中信息显示和处理，都包含了大量嵌入式系统技术和应用。对比传统的嵌入式系统应用，物联网应用的层次更加丰富和复杂，既有表现在传感层上的实时应用，还有在计算和网络应用层上的海量的数据处理和分析工作。

4. 微机电系统(MEMS)

微机电系统是指可批量制作的，集微型机构、微型传感器、微型执行器以及信号处理和控制电路，直至接口、通信和电源等于一体的微型器件或系统。

微机电系统基本上是指尺寸在几厘米以下乃至更小的小型装置，是一个独立的智能系统，主要由传感器、作动器(执行器)和微能源三大部分组成。微机电系统涉及物理学、化学、光学、医学、电子工程、材料工程、机械工程、信息工程及生物工程等多种学科和工程技术，目前在系统生物技术的合成生物学与微流控技术等领域开拓了广阔的用途。

MEMS 是随着半导体集成电路微细加工技术和超精密机械加工技术的发展而发展起来的。MEMS 的特点是：

(1) 微型化：MEMS 器件体积小、重量轻、耗能低、惯性小、谐振频率高、响应时间短。

(2) 以硅为主要材料，机械电器性能优良：硅的强度、硬度与铁相当，密度类似铝，热传导率接近钼和钨。

(3) 批量生产：用硅微加工工艺在一片硅片上可同时制造成百上千个微型机电装置或完整的 MEMS。批量生产可大大降低生产成本。

(4) 集成化：可以把不同功能、不同敏感方向或移动方向的多个传感器或执行器集成于一体，或形成微传感器阵列、微执行器阵列，甚至把多种功能的器件集成在一起，形成复杂的微系统。微传感器、微执行器和微电子器件的集成可制造出可靠性、稳定性很高的 MEMS。

(5) 多学科交叉：MEMS 涉及电子、机械、材料、制造、信息与自动控制、物理、化学和生物等多种学科，并集合了当今科学技术发展的许多尖端成果。

MEMS 发展的目标在于，通过微型化、集成化来探索新原理、新功能的元件和系统，开辟一个新技术领域和产业。MEMS 可以完成大尺寸机电系统所不能完成的任务，也可嵌入大尺寸系统中，把自动化、智能化和可靠性水平提高到一个新的水平。21 世纪 MEMS 将逐步从实验室走向实用化，将对工农业、信息、环境、生物工程、医疗、空间技术、国防和科学发展产生重大影响。

5. GPS 技术

GPS 是英文 Global Positioning System(全球定位系统)的简称，是 20 世纪 70 年代由美国陆海空三军联合研制的新一代空间卫星导航定位系统。其主要目的是为陆、海、空三大领域提供实时、全天候和全球性的导航服务，并用于情报收集、核爆监测和应急通讯等一些军事目的，是美国独霸全球战略的重要组成部分。经过 20 余年的研究实验，耗资 300 亿美元，到 1994 年 3 月，全球覆盖率高达 98%的 24 颗 GPS 卫星星座布设完成。

GPS 功能必须具备 GPS 终端、传输网络和监控平台三个要素，这三个要素缺一不可。通过这三个要素，可以提供车辆防盗、反劫、行驶路线监控及呼叫指挥等功能。

GPS 由空间部分、地面控制系统和用户设备部分组成。

(1) 空间部分。GPS 的空间部分由 24 颗工作卫星组成，它位于距地表 20 200km 的上空，均匀分布在 6 个轨道面上(每个轨道面 4 颗)，轨道倾角为 55°。此外，还有 3 颗有源备份卫星在轨运行。卫星的分布使得在全球任何地方、任何时间都可观测到 4 颗以上的卫星，并能使用在卫星中预存的导航信息。GPS 的卫星因为大气摩擦等问题，随着时间的推移，导航精度会逐渐降低。

(2) 地面控制系统。地面控制系统由监测站(Monitor Station)、主控制站(Master Monitor Station)、地面天线(Ground Antenna)所组成，主控制站位于美国科罗拉多州春田市(Colorado Spring)。地面控制站负责收集由卫星传回的讯息，并计算卫星星历、相对距离、大气校正等数据。

(3) 用户设备部分。用户设备部分即 GPS 信号接收机。其主要功能是能够捕获到按一定卫星截止角所选择的待测卫星，并跟踪这些卫星的运行。当接收机捕获到跟踪的卫星信号后，就可测量出接收天线至卫星的伪距离和距离的变化率，解调出卫星轨道参数等数据。根据这些数据，接收机中的微处理计算机就可按定位解算方法进行定位计算，计算出用户所在地理位置的经纬度、高度、速度、时间等信息。接收机硬件和机内软件以及 GPS 数据的后台处理软件包构成完整的 GPS 用户设备。GPS 接收机的结构分为天线单元和接收单元两部分。接收机一般采用机内和机外两种直流电源。设置机内电源的目的在于更换外电源时不中断连续观测。在用机外电源时机内电池自动充电。关机后，机内电池为RAM(随机存取)存储器供电，以防止数据丢失。目前各种类型的接收机体积越来越小，重量越来越轻，便于野外观测使用。其次则为使用者接收器，现有单频与双频两种，但由于价格因素，一般使用者所购买的多为单频接收器。

6. GIS 技术

GIS(Geographic Information System，地理信息系统)是以测绘测量为基础，以数据库作为数据储存和使用的数据源，以计算机编程为平台的全球空间分析即时技术。

物质世界中的任何事物都被牢牢地打上了时空的烙印。人们的生产和生活中百分之八十以上的信息和地理空间位置有关。地理信息系统作为获取、存储、分析和管理地理空间数据的重要工具、技术和学科，近年来得到了广泛关注和迅猛发展。由于信息技术的发展，数字时代的来临，理论上来说，GIS 可以运用于现阶段任何行业。从技术和应用的角度，GIS 是解决空间问题的工具、方法和技术。

GIS 经过了 40 年的发展，到今天已经逐渐成为一门相当成熟的技术，并且得到了极广泛的应用。尤其是近些年，GIS 更以其强大的地理信息空间分析功能，在 GPS 及路径优化中发挥着越来越重要的作用。GIS 具有以下特点：

(1) GIS 的物理外壳是计算机化的技术系统，它由若干个相互关联的子系统构成，如数据采集子系统、数据管理子系统、数据处理和分析子系统、图像处理子系统、数据产品输出子系统等，这些子系统的优劣、结构直接影响着 GIS 的硬件平台、功能、效率、数据处理的方式和产品输出的类型。

(2) GIS 的操作对象是空间数据和属性数据，即点、线、面、体这类有三维要素的地理实体。空间数据的最根本特点是每一个数据都按统一的地理坐标进行编码，实现对其定位、定性和定量的描述，这是 GIS 区别于其他类型信息系统的根本标志，也是其技术难点之所在。

(3) GIS 的技术优势在于它的数据综合、模拟与分析评价能力，可以得到常规方法或普通信息系统难以得到的重要信息，实现地理空间过程演化的模拟和预测。

(4) GIS 与测绘学和地理学有着密切的关系。大地测量、工程测量、矿山测量、地籍测量、航空摄影测量和遥感技术为 GIS 中的空间实体提供各种不同比例尺和精度的定位数；电子速测仪、GPS 全球定位技术、解析或数字摄影测量工作站、遥感图像处理系统等现代测绘技术的使用，可直接、快速和自动地获取空间目标的数字信息产品，为 GIS 提供丰富和更为实时的信息源，并促使 GIS 向更高层次发展。

2.2 网络层

2.2.1 网络层功能

网络层的主要功能是直接通过现有互联网(IPv4/IPv6 网络)、移动通信网(如 GSM、TD-SCDMA、WCDMA、CDMA2000、无线接入网、无线局域网等)、卫星通信网等基础网络设施，对来自感知层的信息进行接入和传输。传输层主要利用了现有的各种网络通信技术，实现对信息的传输功能。

网络层主要采用能够接入各种异构网的设备，例如接入互联网的网关、接入移动通信网的网关等。由于这些设备具有较强的硬件支撑能力，因此可以采用相对复杂的软件协议进行设计。其功能主要包括：网络接入、网络管理和网络安全等。

目前的接入设备多为传感网与公共通信网(如有线互联网、无线互联网、GSM 网、3G 网、卫星网等)的联通。

2.2.2　网络层关键技术

网络层涉及的相关技术也有很多，本节主要讲解互联网、3G 技术和无线短距离通信技术，详细内容见第 4 章。

1. 互联网

互联网始于1969 年，是美军在 ARPA(美国国防部高级计划研究署)制定的协定下将美国西南部的大学 UCLA(加利福尼亚大学洛杉矶分校)、Stanford Research Institute(史坦福大学研究学院)、UCSB(加利福尼亚大学)和 University of Utah(犹他州大学)的四台主要的计算机连接起来。1983 年，美国国防部将阿帕网分为军网和民网，渐渐扩大为今天的互联网。之后有越来越多的公司加入。

互联网是一个由各种不同类型和规模的、独立运行和管理的计算机网络组成的世界范围的巨大计算机网络——全球性计算机网络，它的英文名字叫 Internet。组成互联网的计算机网络包括小规模的局域网(LAN)、城市规模的城域网(MAN)以及大规模的广域网(WAN)等。这些网络通过普通电话线、高速率专用线路、卫星、微波和光缆等线路把不同国家的大学、公司、科研部门以及军事和政府等组织的网络连接起来。然而，只用计算机网络或者计算机网络的网络来描述互联网是不恰当的。原因在于，计算机网络仅仅是传输信息的媒介，而互联网的精华是它能够为你提供有价值的信息和令人满意的服务。可以说，互联网是一个世界规模的巨大的信息和服务资源。它不仅为人们提供了各种各样的简单而且快捷的通信与信息检索手段，更重要的是为人们提供了巨大的信息资源和服务资源。通过使用互联网，全世界范围内的人们既可以互通信息、交流思想，又可以获得各个方面的知识、经验和信息。互联网也是一个面向公众的社会性组织。世界各地数以万计的人们可以利用互联网进行信息交流和资源共享。而又有成千上万的人自愿花费自己的时间和精力蚂蚁般地辛勤工作，构造出全人类所共同拥有的互联网，并允许他人去共享自己的劳动果实。互联网反映了人类的无私精神，互联网也使人们学会如何更好地和平共处。互联网是人类社会有史以来第一个世界性的图书馆和第一个全球性论坛。任何人，无论来自世界的任何地方，在任何时候，他(她)都可以参加，互联网永远不会关闭。而且，无论你是谁，你永远是受欢迎的。你不会由于不同的肤色、不同的穿戴、不同的宗教信仰而被排挤在外。在当今的世界里，唯一没有国界、没有歧视、没有政治的生活圈属于互联网。通过网络信息的传播，全世界任何人，不分国籍、种族、性别、年龄、贫富，互相传送经验与知识，发表意见和见解。互联网是人类历史发展中的一个伟大的里程碑，它正在对人类社会的文明悄悄地起着越来越大的作用。

2. 移动通信网

移动通信使电话摆脱了电缆的束缚，让人们可以以更加灵活方便的方式进行交流。我国的移动通信产业发展迅速。截至 2010 年 4 月份，我国电话用户的数量已经达到 10.94 亿，其中移动电话用户已经达到 7.9 亿。与此同时，第三代移动通信网络 3G 也同样保持快速的发展势头。截至 2009 年底，我国 3G 用户总数为 1 325 万，而到了 2010 年第一季度结束，这个数字达到了 1 900 万，其中中国移动 TD-SCDMA 用户数为 770 万，中国电信 CDMA2000 用户数为 557 万，中国联通 WCDMA 用户数达到 550.5 万。基站的建设也随之快速跟进，截止到 2010 年 3 月底，三大运营商已累计建成 36.7 万个基站。

特别是在物联网时代，移动通信将发挥更大的作用。一个完整的物联网系统由前端信息生成、中间传输网络以及后端的应用平台构成。如果将信息终端，通常是 RFID、传感器以及各种智能信息设备，局限在固定网络中，期望中无所不在的感知识别将无法实现。而移动通信，特别是 3G，将成为“全面、随时、随地”传输信息的有效平台。3G 以其高速、实时、高覆盖率、多元化的特点，对多媒体数据信息的高效处理，为“物品触网”、“用户上网”创造了得天独厚的条件。

“我们梦想，有哪一天人出去了，什么都可以不拿，钱包可以不拿， 钥匙可以不拿，钱也可以不拿，任何东西都不用拿，你只要有个手机，所有问题都可以解决”，中国移动集团总裁王建宙如是说。移动通信则是实现这个梦想的坚实基础。

除了 WCDMA、CDMA2000 和 TD-SCDMA，还有一种 3G 技术，那就是 WiMax，WiMax 是一种无线城域网(MAN)接入技术，其信号传输半径可以达到 50 公里，基本上能覆盖到城郊。正是由于这种远距离传输特性，WiMax 不仅能解决无线接入问题，还能作为有线网络接入(Cable、DSL)的无线扩展，方便地实现边远地区的网络连接。

企业或政府机构可以在城市中架设 WiMax基站，所有在基站覆盖范围内的移动设备均可通过基站接入 Internet。由于 WiMax 只能提供数据业务，因此话音业务的提供需要借助 VoIP 技术来实现。WiMax网络建设与 3G 网络一样，均需要架设大型基站。但由于它只需要实现城域覆盖，因此网络建设成本相对 3G 网络比较低。

3. 无线短距离通信技术

(1) ZigBee

ZigBee 是 IEEE 802.15.4 协议的代名词。根据这个协议规定的技术是一种短距离、低功耗的无线通信技术。这一名称来源于蜜蜂的八字舞，由于蜜蜂(Bee)是靠飞翔和“嗡嗡”(Zig)地抖动翅膀的“舞蹈”来与同伴传递花粉所在方位信息，也就是说蜜蜂依靠这样的方式构成了群体中的通信网络。其特点是近距离、低复杂度、自组织、低功耗、低数据速率、低成本。主要适合用于自动控制和远程控制领域，可以嵌入各种设备。简而言之，ZigBee 就是一种便宜的、低功耗的近距离无线组网通讯技术。

与移动通信的 CDMA 网或 GSM 网不同的是，ZigBee 网络主要是为工业现场自动化控制数据传输而建立，因而，它必须具有简单，使用方便，工作可靠，价格低的特点。而移动通信网主要是为语音通信而建立，每个基站价值一般都在百万元人民币以上，而每个 ZigBee“基站”却不到 1 000 元人民币。每个 ZigBee 网络节点不仅本身可以作为监控对象，例如其所连接的传感器直接进行数据采集和监控，还可以自动中转其他的网络节点传过来的数据资料。除此之外，每一个 ZigBee 网络节点还可在自己信号覆盖的范围内，和多个不承担网络信息中转任务的孤立的子节点无线连接。

ZigBee 的主要优势如下：

① 低功耗。在低耗电待机模式下，2 节 5 号干电池可支持 1 个节点工作 6～24 个月，甚至更长，这是 ZigBee 的突出优势。相比较，蓝牙能工作数周、Wi-Fi可工作数小时。

② 低成本。通过大幅简化协议(不到蓝牙的 1/10)，降低了对通信控制器的要求，按预测分析，以 8051 的 8 位微控制器测算，全功能的主节点需要 32KB 代码，子功能节点少至 4KB 代码，而且 ZigBee 免协议专利费。

③ 低速率。ZigBee 工作在 20～250Kbps 的较低速率，分别提供 250Kbps(2.4GHz)、40Kbps(915MHz)和 20Kbps(868MHz)原始数据吞吐率，满足低速率传输数据的应用需求。

④ 近距离。传输范围一般介于 10～100m 之间，在增加 RF 发射功率后，亦可增加到 1～3km。这指的是相邻节点间的距离。如果通过路由和节点间通信的接力，传输距离将可以更远。

⑤ 短时延。ZigBee 的响应速度较快，一般从睡眠转入工作状态只需 15ms，节点连接进入网络只需 30ms，进一步节省了电能。相比较，蓝牙需要 3～10s、Wi-Fi 需要 3s。

⑥ 高容量。ZigBee 可采用星状、片状和网状网络结构，由一个主节点管理若干子节点，最多一个主节点可管理 254 个子节点；同时主节点还可由上一层网络节点管理，最多可组成 65 000 个节点的大网。

⑦ 高安全。ZigBee 提供了三级安全模式，包括无安全设定、使用接入控制清单(ACL)防止非法获取数据以及采用高级加密标准(AES 128)的对称密码，以灵活确定其安全属性。

⑧ 免执照频段。采用直接序列扩频工作方式在工业科学医疗(ISM)的频段包括：2.4GHz(全球)、915MHz(美国)和 868MHz(欧洲)。

(2) 蓝牙(Bluetooth)

蓝牙的创始人是瑞典爱立信公司，爱立信早在1994年就已进行研发。1997年，爱立信与其他设备生产商联系，并激发了他们对该项技术的浓厚兴趣。1998年2月，5个跨国大公司，包括爱立信、诺基亚、IBM、东芝及Intel组成了一个特殊兴趣小组SIG(Special Interest Group，蓝牙技术联盟)，他们共同的目标是建立一个全球性的小范围无线通信技术，即现在的蓝牙。

蓝牙，是一种支持设备短距离通信(一般10m内)的无线电技术。能在包括移动电话、PDA、无线耳机、笔记本电脑、相关外设等众多设备之间进行无线信息交换。利用“蓝牙”技术，能够有效地简化移动通信终端设备之间的通信，也能够成功地简化设备与互联网Internet之间的通信，从而使数据传输变得更加迅速高效，为无线通信拓宽道路。蓝牙采用分散式网络结构以及快跳频和短包技术，支持点对点及点对多点通信，工作在全球通用的2.4GHz ISM(即工业、科学、医学)频段。其数据速率为1Mbps。采用时分双工传输方案实现全双工传输。

蓝牙技术是一种无线数据与语音通信的开放性全球规范，它以低成本的近距离无线连接为基础，为固定与移动设备通信环境建立一个特别连接。其程序写在一个9×9 mm的微芯片中。

蓝牙技术主要优势如下：

① 全球可用

Bluetooth技术规格供全球的成员公司免费使用。许多行业的制造商都积极地在其产品中实施此技术，以减少使用零乱的电线，实现无缝连接，传输数据或进行语音通信。Bluetooth技术在2.4GHz波段运行，该波段是一种无需申请许可证的工业、科技、医学(ISM)无线电波段。正因如此，除了设备费用外，不需要为使用Bluetooth技术再支付任何费用。

② 设备范围广

Bluetooth技术得到了空前广泛的应用，集成该技术的产品从手机、汽车到医疗设备，使用该技术的用户从消费者、工业市场到企业等，不一而足。低功耗，小体积以及低成本的芯片解决方案使得Bluetooth技术甚至可以应用于极微小的设备中。

③ 易于使用

Bluetooth技术是一项即时技术，它不要求固定的基础设施，且易于安装和设置。您不需要电缆即可实现连接。新用户使用亦不费力，您只需拥有Bluetooth品牌产品，检查可用的配置文件，将其连接至使用同一配置文件的另一Bluetooth设备即可。后续的PIN码流程就如同您在ATM机器上操作一样简单。外出时，您可以随身带上您的个人局域网(PAN)，甚至可以与其他网络连接。

④ 全球通用的规格

Bluetooth无线技术是当今市场上支持范围最广泛，功能最丰富且安全的无线标准。全球范围内的资格认证程序可以测试成员的产品是否符合标准。自 1999 年发布 Bluetooth 规格以来，总共有超过 4 000 家公司成为 Bluetooth 特别兴趣小组(SIG)的成员。同时，市场上 Bluetooth 产品的数量也成倍地迅速增长。

(3) Wi-Fi

Wi-Fi 是一个无线网路通信技术的品牌，由 Wi-Fi 联盟(Wi-Fi Alliance)所持有。目的是改善基于 IEEE 802.11 标准的无线网路产品之间的互通性。Wi-Fi 联盟成立于 1999 年，当时的名称叫做 Wireless Ethernet Compatibility Alliance(WECA)。在 2002 年 10 月，正式改名为 Wi-Fi Alliance。

Wi-Fi 原先是无线保真的缩写，Wi-Fi 的英文全称为 Wireless Fidelity，在无线局域网的范畴是指“无线相容性认证”，实质上是一种商业认证，同时也是一种无线联网的技术，以前通过网线连接电脑，而现在则是通过无线电波来连网。常见的就是一个无线路由器，那么在这个无线路由器的电波覆盖的有效范围都可以采用 Wi-Fi 连接方式进行联网，如果无线路由器连接了一条 ADSL 线路或者别的上网线路，则又被称为“热点”。

Wi-Fi 是一种无线局域网接入技术，其信号传输半径只有几百米远。Wi-Fi 的目的是使各种便携设备(手机、笔记本电脑、掌上电脑等)能够在小范围内通过自行布设的接入设备接入局域网，从而实现与 Internet 的联接。Wi-Fi 网络使用无绳电话等设备所使用的公用信道，只要有一个“热点”和一个高速互联网连接，就可在其周围数百米的距离内架设一个 Wi-Fi 网络。

随着“热点”的增加，Wi-Fi 网络所覆盖的面积就像蜘蛛网一样不断扩大延伸。Wi-Fi 的传输速度可以达到每秒 11M，属于宽带范畴，可以满足个人和社会信息化的需求。Wi-Fi 网络的架构十分简单，厂商在机场、车站、咖啡店、图书馆等人员较密集的地方设置“热点”后，用户只需要将支持 Wi-Fi 的设备拿到该区域内，便可以接收其信号，高速接入 Internet。

现在市面上常见的无线路由器多为 54M 速度以及 108M 的速度，另有 300M 速度的 Wi-Fi 路由器正在逐步普及。Wi-Fi 下一代标准制定启动，最高传输速率可达 6.7G。当然这个速度并不是上互联网的速度，上互联网的速度主要是取决于 Wi-Fi 热点的互联网线路。

2.3　应用层

2.3.1　应用层功能

应用层包括各类用户界面显示设备以及其他管理设备等，这也是物联网体系结构的最高层。应用层根据用户的需求可以面向各类行业实际应用的管理平台和运行平台，并根据各种应用的特点集成相关的内容服务，如智能交通系统、环境监测系统、远程医疗系统等。

为了更好地提供准确的信息服务，在应用层必须结合不同行业的专业知识和业务模型，同时需要集成和整合各种各样的用户应用需求并结合行业应用模型(如水灾预测、环境污染预测等)，构建面向行业实际应用的综合管理平台，以便完成更加精细和准确的智能化信息管理。例如，当对自然灾害、环境污染等进行检测和预警时，需要相关生态、环保等各种学科领域的专门知识和行业专家的经验。

在应用层建立的诸如各种面向生态环境、自然灾害监测、智能交通、文物保护、文化传播、远程医疗、健康监护、智能社区等应用平台，一般以综合管理中心的形式出现，并可按照业务分解为多个子业务中心。

2.3.2 应用层关键技术

应用层涉及的相关技术也有很多，本节主要讲解云计算、中间件技术，详细内容见第5章。

1. 云计算

云计算概念是由Google提出的，是网格计算(Grid Computing)、分布式计算(Distributed Computing)、并行计算(Parallel Computing)、效用计算(Utility Computing)、网络存储(Network Storage Technologies)、虚拟化(Virtualization)、负载均衡(Load Balance)等传统计算机技术和网络技术发展融合的产物。它旨在通过网络把多个成本相对较低的计算实体整合成一个具有强大计算能力的完美系统，并借助SaaS、PaaS、IaaS等先进的商业模式把这强大的计算能力分布到终端用户手中。云计算的一个核心理念就是通过不断提高“云”的处理能力，进而减少用户终端的处理负担，最终使用户终端简化成一个单纯的输入输出设备，并能按需享受“云”的强大计算处理能力。

云计算的核心思想，是将大量用网络连接的计算资源统一管理和调度，构成一个计算资源池向用户提供相应服务。

2. 中间件

物联网产业发展的重心是能够带来实际效果的应用，而软件是做好应用的关键。物联网软件包括服务器端的应用软件和中间件以及数据挖掘和分析软件，还有传输层和末端的嵌入式软件。如果说软件是物联网的关键和灵魂，那么中间件(Middleware)就是这个灵魂的核心。

中间件是一类连接软件组件和应用的计算机软件，它包括一组服务，以便运行在一台或多台机器上的多个软件通过网络进行交互。也有人将中间件定义为分布式系统中位于操作系统和应用软件间的软件层。尽管对中间件的定义有多种，但各类定义对中间件内涵的描述是一致的，即“连接”。中间件是位于不同软件之间的，能够在各类软件间起到连接作用的软件组件，这里描述的软件既包括操作系统，也包括应用程序及其他可复用的软件模块。中间件技术所提供的互操作性，推动了分布式体系架构的演进。

最早具有中间件技术思想及功能的软件是IBM的CICS，但由于 CICS 不是分布式环境的产物，因此人们一般把 Tuxedo 作为第一个严格意义上的中间件产品。Tuxedo 是 1984 年在当时属于 AT&T 的贝尔实验室开发完成的，但由于分布式处理当时并没有在商业应用上获得像今天一样的成功，Tuxedo 在很长一段时期里只是实验室产品，后来被Novell收购，在经过 Novell 并不成功的商业推广之后，1995 年被现在的 BEA 公司收购。尽管中间件的概念很早就已经产生，但中间件技术的广泛运用却是在最近 10 年之中。其他许多中间件产品也都是最近几年才成熟起来。

3. 人工智能

人工智能(Artificial Intelligence，简称 AI)是研究人类智能活动的规律，构造具有一定智能的人工系统，研究如何让计算机去完成以往需要人的智力才能胜任的工作，也就是研究如何应用计算机的软硬件来模拟人类某些智能行为的基本理论、方法和技术。

人工智能是计算机学科的一个分支，20 世纪 70 年代以来被称为世界三大尖端技术之一(空间技术、能源技术、人工智能)，也被认为是 21 世纪三大尖端技术(基因工程、纳米科学、人工智能)之一。这是因为近 30 年来它获得了迅速的发展，在很多学科领域都获得了广泛应用，并取得了丰硕的成果，人工智能已逐步成为一个独立的分支，无论在理论和实践上都已自成一个系统。

“人工智能”一词最初是在 1956 年美国达特茅斯学院学会上提出的。从那以后，研究者们发展了众多理论和原理，人工智能的概念也随之扩展。人工智能是一门极富挑战性的科学，从事这项工作的人必须懂得计算机知识、心理学和哲学。人工智能是内容十分广泛的科学，它由不同的领域组成，如机器学习、计算机视觉等。总的说来，人工智能研究的一个主要目标是使机器能够胜任一些通常需要人类智能才能完成的复杂工作。但不同的时代、不同的人对这种“复杂工作”的理解是不同的。例如繁重的科学和工程计算本来是要人脑来承担的，现在计算机不但能完成这种计算，而且能够比人脑做得更快、更准确，因此当代人已不再把这种计算看做是“需要人类智能才能完成的复杂任务”，可见复杂工作的定义是随着时代的发展和技术的进步而变化的，人工智能这门科学的具体目标也自然随着时代的变化而发展。它一方面不断获得新的进展，一方面又转向更有意义、更加困难的目标。目前能够用来研究人工智能的主要物质手段以及能够实现人工智能技术的机器就是计算机，人工智能的发展历史是和计算机科学技术的发展史联系在一起的。除了计算机科学以外，人工智能还涉及信息论、控制论、自动化、仿生学、生物学、心理学、数理逻辑、语言学、医学和哲学等多门学科。人工智能学科研究的主要内容包括：知识表示、自动推理和搜索方法、机器学习和知识获取、知识处理系统、自然语言理解、计算机视觉、智能机器人、自动程序设计等方面。

人工智能在计算机上实现时有两种不同的方式。一种是采用传统的编程技术，使系统呈现智能的效果，而不考虑所用方法是否与人或动物机体所用的方法相同。这种方法叫工程学方法(Engineering Approach)，它已在一些领域内进行了成功的应用，如文字识别、电脑下棋等。另一种是模拟法(Modeling Approach)，它不仅要看效果，还要求实现方法也和人类或生物机体所用的方法相同或类似。如遗传算法(Generic Algorithm，GA)和人工神经网络(Artificial Neural Network，ANN)。遗传算法模拟人类或生物的遗传-进化机制，人工神经网络则是模拟人类或动物大脑中神经细胞的活动方式。为了得到相同智能效果，两种方式通常都可使用。采用前一种方法，需要人工详细规定程序逻辑，如果系统简单，还是方便的。如果系统复杂，角色数量和活动空间增加，相应的逻辑就会很复杂(按指数式增长)，人工编程就非常繁琐，容易出错。而一旦出错，就必须修改原程序，重新编译、调试，最后为用户提供一个新的版本或提供一个新补丁，非常麻烦。采用后一种方法时，编程者要为每一角色设计一个智能系统(一个模块)来进行控制，这个智能系统(模块)开始什么也不懂，就像初生婴儿那样，但它能够学习，能渐渐地适应环境，应付各种复杂情况。这种系统开始也常犯错误，但它能吸取教训，下一次运行时就可能改正，至少不会永远错下去，不用发布新版本或打补丁。利用这种方法来实现人工智能，要求编程者具有生物学的思考方法，入门难度大一点。但一旦入了门，就可得到广泛应用。由于用这种方法编程时无须对角色的活动规律做详细规定，应用于复杂问题，通常会比前一种方法更省力。

4. 数据挖掘

数据挖掘(Data Mining)，就是从存放在数据库、数据仓库或其他信息库中的大量的数据中获取有效的、新颖的、潜在有用的、最终可理解的模式的非平凡过程。

在人工智能领域，习惯上又称为数据库中的知识发现(Knowledge Discovery in Database，KDD)，也有人把数据挖掘视为数据库中知识发现过程的一个基本步骤。知识发现过程由以下三个阶段组成：①数据准备；②数据挖掘；③结果表达和解释。数据挖掘可以与用户或知识库交互。

并非所有的信息发现任务都被视为数据挖掘。例如，使用数据库管理系统查找个别的记录，或通过互联网的搜索引擎查找特定的Web页面，则是信息检索(Information

Retrieval)领域的任务。虽然这些任务是重要的，可能涉及使用复杂的算法和数据结构，但是它们主要依赖传统的计算机科学技术和数据的明显特征来创建索引结构，从而有效地组织和检索信息。尽管如此，数据挖掘技术也已用来增强信息检索系统的能力。

(1) 数据挖掘的功能与结构

- 分类(Classification)
- 估计(Estimation)
- 预测(Prediction)
- 相关性分组或关联规则(Affinity Grouping or Association Rules)
- 聚类(Clustering)
- 描述和可视化(Description and Visualization)
- 复杂数据类型挖掘(Text，Web，图形图像，视频，音频等)

(2) 数据挖掘分类

前面七种数据挖掘的分析方法可以分为两类：直接数据挖掘和间接数据挖掘。

① 直接数据挖掘

目标是利用可用的数据建立一个模型，这个模型对剩余的数据，对一个特定的变量(可以理解成数据库中表的属性，即列)进行描述。

② 间接数据挖掘

目标中没有选出某一具体的变量用模型进行描述，而是在所有的变量中建立起某种关系。

分类、估计、预测属于直接数据挖掘，后三种属于间接数据挖掘。

5. 专家系统

专家系统是一个智能计算机程序系统，其内部含有大量的某个领域专家水平的知识与经验，能够利用人类专家的知识和解决问题的方法来处理该领域问题。也就是说，专家系统是一个具有大量的专门知识与经验的程序系统，它应用人工智能技术和计算机技术，根据某领域一个或多个专家提供的知识和经验，进行推理和判断，模拟人类专家的决策过程，以便解决那些需要人类专家处理的复杂问题，简而言之，专家系统是一种模拟人类专家解决某领域问题的计算机程序系统。

最初的专家系统是人工智能的一个应用，但由于其重要性及相关应用系统迅速发展，它已是信息系统的一种特定类型。

专家系统通常由人机交互界面、知识库、推理机、解释器、综合数据库、知识获取等 6 个部分构成。

知识库用来存放专家提供的知识。专家系统的问题求解过程是通过知识库中的知识来模拟专家的思维方式的，因此，知识库是专家系统质量是否优越的关键所在，即知识库中知识的质量和数量决定着专家系统的质量水平。一般来说，专家系统中的知识库与专家系统程序是相互独立的，用户可以通过改变、完善知识库中的知识内容来提高专家系统的性能。

人工智能中的知识表示形式有产生式、框架、语义网络等，而在专家系统中运用得较为普遍的知识是产生式规则。产生式规则以 IF…THEN…的形式出现，就像 BASIC 等编程语言里的条件语句一样，IF 后面跟的是条件(前件)，THEN 后面的是结论(后件)，条件与结论均可以通过逻辑运算 AND、OR、NOT 进行复合。在这里，产生式规则的理解非常简单：如果前提条件得到满足，就产生相应的动作或结论。

推理机针对当前问题的条件或已知信息，反复匹配知识库中的规则，获得新的结论，以得到问题求解结果。在这里，推理方式可以有正向和反向推理两种。正向推理是从前件匹配到结论，反向推理则先假设一个结论成立，看它的条件有没有得到满足。由此可见，推理机就如同专家解决问题的思维方式，知识库就是通过推理机来实现其价值的。

人机界面是系统与用户进行交流时的界面。通过该界面，用户输入基本信息、回答系统提出的相关问题，并输出推理结果及相关的解释等。

综合数据库专门用于存储推理过程中所需的原始数据、中间结果和最终结论，往往是作为暂时的存储区。解释器能够根据用户的提问，对结论、求解过程做出说明，因而使专家系统更具有人情味。

知识获取是专家系统知识库是否优越的关键，也是专家系统设计的“瓶颈”问题，通过知识获取，可以扩充和修改知识库中的内容，也可以实现自动学习功能。

课后练习

一、单项选择题

1. (　　)不属于物联网的层次结构。

A. 感知层　　B. 网络层　　C. 应用层　　D. 会话层

2. 传感器属于物联网的(　　)。

A. 网络层　　B. 感知层　　C. 应用层　　D. 支撑层

3. RFID 属于物联网的(　　)。

A. 网络层　　B. 感知层　　C. 应用层　　D. 支撑层

4. RFID 标签由耦合元件与(　　)组成。

A. 天线　　B. 阅读器　　C. 芯片　　D. 应用系统

5. 下列关于嵌入式系统的描述，(　　)是不正确的。

A. 嵌入式系统是与应用紧密结合的，它具有很强的专用性，必须结合实际

系统需求进行合理利用

B. 嵌入式系统是将先进的计算机技术、半导体技术和电子技术与各个行业的具体应用相结合后的产物

C. 物联网与嵌入式系统密不可分

D. 物联网与嵌入式系统没有关系

6. 微机电系统(MEMS)主要由(　　)、执行器和微能源三大部分组成。

A. 传动器　　B. 传感器　　C. 转换电路　　D. 天线

7. 由于 GPS 卫星数目(共有 24 颗)较多且分布合理，所以在地球上任何地点均可连续同步地观测到至少(　　)颗卫星，从而保障了全球、全天候连续实时导航与定位的需要。

A. 1　　B. 2　　C. 4　　D. 8

8. (　　)不是 GIS 的特点。

A. GIS 的物理外壳是计算机化的技术系统，它又由若干个相互关联的子系统构成

B. GIS 的操作对象是空间数据和属性数据，即点、线、面、体这类有三维要素的地理实体

C. GIS 与测绘学和地理学有着密切的关系

D. GIS 由空间部分、地面控制系统和用户设备部分组成

9. 互联网起源于(　　)。

A. 1967 年　　B. 1968 年　　C. 1969 年　　D. 1970 年

10. 中国移动、中国联通和中国电信采用的 3G 标准分别是(　　)。

A. CDMA2000、WCDMA、TD-SCDMA

B. WCDMA、TD-SCDMA、CDMA2000

C. TD-SCDMA、WCDMA、CDMA2000

D. CDMA2000、TD-SCDMA、WCDMA

11. (　　)不是 ZigBee 技术的优势。

A. 低功耗　　B. 低成本　　C. 低速率　　D. 远距离

12. 蓝牙的技术标准为(　　)。

A. IEEE802.15　　B. IEEE802.2　　C. IEEE802.3　　D. IEEE802.16

13. “传感器是指能感受规定的被测量，并按照一定的规律转换成可用输出信号的器件或装置。”这句话是(　　)。

A. 正确的　　B. 错误的

14. ZigBee 技术是一种无线短距离通信技术。这句话是(　　)。

A. 正确的　　B. 错误的

15. “人工智能是研究如何应用计算机的软硬件来模拟人类某些智能行为的基本理论、方法和技术。”这句话是(　　)。

A. 正确的　　B. 错误的

二、简答题

1. 简述物联网的技术体系框架和实现步骤。
2. 感知层、网络层、应用层的功能分别是什么？
3. 简述物联网感知层、网络层和应用层分别有哪些关键技术。

第 3 章 物联网感知技术

物联网是一个以感知物理世界为目的的物物互联的综合信息系统，感知是物联网的核心。与传统网络相比，物联网的通信范围从人与人的通信扩展到人与物、物与物的通信，如何识别物体、采集信息，实现对物的全面感知，这就是物联网感知技术需要解决的问题。

本章主要内容

- □ RFID 技术
- □ 传感器技术
- □ 嵌入式系统

3.1 RFID 技术

RFID 是一种非接触式的自动识别技术，在了解 RFID 之前，先来了解一下自动识别技术。

3.1.1 常见自动识别技术

自动识别技术就是应用一定的识别装置，通过被识别物品和识别装置之间的接近活动，自动地获取被识别物品的相关信息，并提供给后台的计算机处理系统来完成相关后续处理的一种技术。商场的条形码扫描系统就是一种典型的自动识别技术。售货员通过扫描仪扫描商品的条码，获取商品的名称、价格，输入数量，后台 POS 系统即可计算出该批商品的价格，从而完成结算。在信息系统早期，相当部分数据都是通过人工手工录入，这样，不仅数据量十分庞大，劳动强度大，而且数据误码率较高，也失去了实时的意义。为了解决这些问题，人们就研究和发展了各种各样的自动识别技术，将人们从繁重的重复的但又十分不精确的手工劳动中解放出来，提高了系统信息的实时性和准确性，从而为生产的实时调整，财务的及时总结以及决策的正确制定提供正确的参考依据。

完整的自动识别计算机管理系统包括自动识别系统(Auto Identification System，AIDS)，应用程序接口(Application Interface，API)或者中间件(Middleware)和应用系统软件(Application Software)。自动识别系统完成数据的采集和存储工作，应用系统软件对自动识别系统所采集的数据进行应用处理，而应用程序接口软件则提供自动识别系统和应用系统软件之间的通讯接口包括数据格式，将自动识别系统采集的数据信息转换成应用软件系统可以识别和利用的信息并进行数据传递。

自动识别技术近几十年在全球范围内得到了迅猛发展，初步形成了一个包括条码技术、磁卡技术、光学字符识别、声音识别及视觉识别等集计算机、光、磁、物理、机电、通信技术为一体的高新技术学科。

1. 条码技术(Barcode)

条形码是日常生活中经常会看到的一种自动识别技术，也是迄今为止最经济、实用的一种自动识别技术。条形码技术是随着计算机与信息技术的发展和应用而诞生的，它是集编码、印刷、识别、数据采集和处理于一身的新型技术。

条形码可以标出物品的生产国、制造厂家、商品名称、生产日期、图书分类号、邮件起止地点、类别、日期等许多信息，因而在商品流通、图书管理、邮政管理、银行系统等许多领域都得到了广泛的应用。各种条形码如图 3-1 所示。

图 3-1　各种条形码

条码可分为一维条码和二维条码。一维条码按照应用可分为商品条码和物流条码。商品条码包括 EAN 码和 UPC 码，物流条码包括 128 码、ITF 码、39 码、库德巴码等。两者的区别如表 3-1 所示。

表 3-1　商品条码与物流条码的区别

名　称	应用对象	数字构成	包装形式	应用领域
商品条码	向消费者销售的商品	13 位数字	单个商品包装	POS 系统、补充、订货管理
物流条码	物流过程中的商品	标准 14 位数字	集体包装	运输、仓储、分拣等

二维条码根据构成原理、结构形状的差异，可分为行排式二维条码(2D stacked bar code)和矩阵式二维条码(2D matrix bar code)。

行排式二维条码编码建立在一维条码基础之上，按需要堆积成二行或多行。它在编码设计、校验原理、识读方式等方面继承了一维条码的一些特点，识读设备与条码印刷与一维条码技术兼容。但由于行数的增加，需要对行进行判定，其译码算法与软件也不完全与一维条码相同。有代表性的行排式二维条码有：Code 16K、Code 49、PDF417 等。

矩阵式二维条码是在一个矩形空间通过黑、白像素在矩阵中的不同分布进行编码。在矩阵相应元素位置上，用点(方点、圆点或其他形状)的出现表示二进制“1”，点的不出现表示二进制的“0”，点的排列组合确定了矩阵式二维条码所代表的意义。矩阵式二维条码是建立在计算机图像处理技术、组合编码原理等基础上的一种新型图形符号自动识读处理码制。具有代表性的矩阵式二维条码有 Code One、Maxi Code、QR Code、Data Matrix 等。一维条码与二维条码的比较如表 3-2 所示。

表 3-2　一维条码与二维条码的比较

名称 比较内容	一维条形码	二维条形码
资料密度与容量	密度低，容量小	密度高，容量大
错误侦测及自我纠正能力	可以进行错误侦测，但没有错误纠正能力	有错误检验及错误纠正能力，并可根据实际应用设置不同的安全等级
垂直方向的资料	不储存资料，垂直方向的高度是为了识读方便，并弥补印刷缺陷或局部损坏	携带资料，可以纠正印刷缺陷或局部损坏等，并能恢复资料
主要用途	主要用于对物品的标识	用于对物品的描述
资料库与网络依赖性	多数场合需依赖资料库及通讯网络	可不依赖资料库及通讯网络而单独使用
识读设备	可用线型扫描器识读，如光笔、线型 CCD 等	对于堆叠式可用线型扫描器，或图像扫描仪识读，对于矩阵式则只能用图像扫描仪识读

条形码的最大优势是成本低，其缺点是只读的，且需要对准、一次只能读一个、容易破损、易仿冒。而 RFID 是可擦写的、使用时不需对准、同时可读取多个、不容易损坏、使用寿命长、不易仿冒，可以不用人工操作。从长远看，条形码技术将逐步被 RFID 技术所取代。

2. 光学字符识别(OCR)

光学字符识别(Optical Character Recognition，OCR)是指对文本资料进行扫描，然后对图像文件进行分析处理，获取文字及版面信息的过程。光学字符识别已有 30 多年历史，近几年又出现了图像字符识别(Image Character Recognition，ICR)和智能字符识别(Intelligent Character Recognition，ICR)，实际上这三种自动识别技术的基本原理大致相同。

光学字符识别技术有三个重要的应用领域：办公自动化中的文本输入、邮件自动处理、与自动获取文本过程相关的其他领域。这些领域包括：零售价格识读，订单数据输入，单证、支票和文件识读，微电路及小件产品的状态及批号特征识读及在手迹分析及鉴定签名方面的应用。

3. 卡识别技术

(1) 磁条(卡)技术

磁条技术应用了物理学和磁力学的基本原理。对自行识别设备制造商来说，磁条就是一层薄薄的由定向排列的铁性氧化粒子组成的材料(也称为涂料)，用树脂粘合在一起并粘在诸如纸或者塑料这样的非磁性基片上。

磁条技术的优点是数据可读写，即具有现场改写数据的能力；数据存储量能满足大多数需求，便于使用，成本低廉，还具有一定的数据安全性，能粘附于许多不同规格和形式的基材上。这些优点，使之在很多领域得到了广泛应用，如信用卡、银行 ATM 卡、机票、公共汽车票、自动售货卡、会员卡、现金卡(如电话磁卡)、地铁 AFC 等。

磁条技术是接触识读，它与条码有三点不同：一个是其数据可做部分读写操作，另一个是给定面积编码容量比条码大，还有就是对于物品逐一标识成本比条码高。接触性识读最大的缺点就是灵活性太差。磁卡的价格也很便宜，但是很容易磨损，磁条不能折叠、撕裂，数据量较小。

(2) IC 卡识别技术

IC(Integrated Card)卡是 1970 年由法国人 Roland Moreno 发明的，他第一次将可编程设置的 IC 芯片放于卡片中，使卡片具有更多功能。通常说的 IC 卡多数是指接触式 IC 卡。

IC 卡(接触式)和磁卡比较有以下特点：

- 安全性高；
- IC 卡的存储容量大，便于应用，方便保管；
- IC 卡防磁、防一定强度的静电，抗干扰能力强，可靠性比磁卡高，使用寿命长，一般可重复读写 10 万次以上；
- IC 卡的价格稍高些；
- 由于它的触点暴露在外面，有可能因人为的原因或静电损坏。

在日常生活中，IC 卡的应用也比较广泛，我们接触得比较多的有电话 IC 卡、购电(气)卡、手机 SIM 卡等。

4. 生物特征识别

生物识别技术(Biometric Identification Technology)是指利用人体生物特征进行身份认证的一种技术。更具体一点，生物特征识别技术就是通过计算机与光学、声学、生物传感器和生物统计学原理等高科技手段，利用人体固有的生理特性和行为特征来进行个人身份的鉴定。其具体应用如指纹识别器，如图 3-2 所示。

图 3-2　指纹识别器

生物识别系统是指对生物特征进行取样，提取其唯一的特征并且转化成数字代码，并进一步将这些代码组合而成的特征模板。人们同识别系统交互进行身份认证时，识别系统获取其特征并与数据库中的特征模板进行比对，以确定是否匹配，从而决定接受或拒绝该人。

在目前的研究与应用领域中，生物特征识别主要包括计算机视觉、图像处理与模式识别、计算机听觉、语音处理、多传感器技术、虚拟现实、计算机图形学、可视化技术、计算机辅助设计、智能机器人感知系统等相关技术。已被用于生物识别的生物特征有手形、指纹、脸形、虹膜、视网膜、脉搏、耳廓等，行为特征有签字、声音、按键力度等。基于这些特征，生物特征识别技术在过去的几年中已取得了长足的进展。各种常见的自动识别技术的主要特征如表 3-3 所示。

表 3-3 各种常见自动识别技术比较

系统参数	条形码	光学字符识别	IC 卡识别	生物识别	射频识别 RFID
数据密度	低	低	很高	高	很高
数据载体	纸、塑料或金属表面	物体表面	EEPROM	生物本身	EEPROM
读取方式	CCD 或激光扫描	光电转换	电擦写	机器识读	无线方式
人工读取	受限	简单	不可	不可	不可
遮盖的影响	完全失效	完全失效	—	依赖于具体的实现技术	不影响
方向和位置的影响	很小	很小	单向	—	不影响
退化和磨损	有限	有限	有(接触)	—	不影响
购买成本	很低	中	低	很高	中
运行成本	低	低	有(接触)	无	无
安全性能	无	无	好	好	好
阅读、读取速度	慢，约 4s	慢，约 3s	较慢	较慢	快，约 0.5s
阅读器、读写器、扫描器和载体之间的最大距离	0～50cm	小于 1cm	直接接触	0～50cm	0～5m，微波频段更远
多对象同时识别	不能	不能	不能	不能	能

3.1.2 RFID 技术概述

RFID 即无线射频识别，俗称电子标签。是一种非接触式的自动识别技术，它通过射频信号自动识别目标对象并获取相关数据，识别工作无须人工干预，可工作于各种恶劣环境。RFID技术可识别高速运动物体并可同时识别多个标签，操作快捷方便。

射频技术的历史可以追溯到 20 世纪 30 年代，RFID 技术的物理原理与 19 世纪发明的无线电广播的原理是相同的。在 20 世纪 30 年代，美国的陆军和海军都面临着在地面、海上和空中识别目标的问题。美国海军研究实验室(Naval Research Laboratory，NRL)在 1937 年开发了敌我识别系统(Identification Friend-or-Foe，IFF)，它能识别友军和敌军的飞机。这个技术在 20 世纪 50 年代后期成为世界空中交通控制系统的基础。但由于成本高、设备体积大，一般只用于军事上或者实验室和大的商业企业。

当体积更小、成本更低的技术出现后，如集成电路、可编程存储器芯片、微处理器以及现代的软件应用程序和编程语言技术发展起来后，射频识别才逐渐成为广大商业应用的主流。

20 世纪 60 年代，一些公司引入了无线射频识别技术，开始开发电子商品监视设备来保护财产，如商店的衣服、图书馆的书等。早期的无线射频识别系统只有 1bit 的标签系统，易于建立，使用便宜。标签不需要电池，简单地附加在商品上，一旦靠近一个识读器就会触发报警。识读器通常放在门口，用于探测标签的存在。

20 世纪 70 年代，制造业、畜牧业、运输业倡导研究和开发基于集成电路(Integrated Circuit，IC)的无线射频识别系统，用于工业自动化、动物识别、车辆跟踪等。在这个时期，基于集成电路的标签不断发展，并且具有可写的内存，读取速度更快，识别的范围更远。

20 世纪 80 年代，无线射频识别技术更为成熟。从美国的铁路车辆识别到欧洲的跟踪家畜，都使用了无线射频识别系统。无线射频识别系统也用于野生动物的研究，用 RFID 标签跟踪罕见的或濒危的物种，能最少地影响它们的自然习惯。

20 世纪 90 年代，电子收费系统在大西洋两岸流行起来。在意大利、法国、西班牙和美国的纽约、新泽西等都得到应用，这些系统具有更为成熟的访问控制，因为要通过它们付费。其中比较典型的应用是美国的 E-ZPass Interagency Group，由美国东北的几个地区性的收费机构联合形成，并兼容各地的收费系统。E-ZPass 使得一个 RFID 标签对应于每辆汽车的一个交费账户。于是，带有 RFID 标签的车辆能够在公路上经过多个收费机构而不需在收费站停车，它使得交通通行更为方便，并大大减少了用于收费的人力和对现金的处理工作。

到了 20 世纪末，许多无线射频识别应用系统开始在全球扩展，具体应用包括门禁控制系统、航班行李识别、汽车防盗、电子付费等。

进入了 21 世纪，RFID 所具备的远距及一对多的读取、轻薄及小型化、讯号的穿透性及抗污性、可重复使用、高储存量等特性，让这项技术在自动化管理的应用领域日渐受到瞩目。

对于物流业与零售业者而言，他们期盼能经由此项技术强化商品的自动化管理流程，提高供应链(Supply Chain)运作的整体效率。全球百货零售业龙头沃尔玛(Wal-Mart)要求旗下前一百大供货商采用 RFID 系统，更让这个小小的芯片瞬间成为炙手可热的明星。根据 Wal-Mart 的估计，倘若所有的供货商和所有 Wal-Mart 分店全面采用 RFID 的标签，每年将可节省 84 亿美元，削减 5%的公司存货以及降低 7%管理仓库的人事成本。

与其他自动识别技术相比，RFID 的主要特性包括以下 4 个方面。

(1) 数据的读写(Read Write)机能

只要通过 RFID Reader 即可不需接触，直接将讯息读取至数据库内，且可一次处理多个标签，并可以将处理的状态写入标签，供下一阶段数据处理的读取判断之用。

(2) 小型化和多样化的形状

RFID 在读取上并不受尺寸大小和形状的限制，不需为了读取精确度而配合纸张的固定尺寸和印刷质量。此外，RFID 标签也可往小型化与多样形态发展，以应用在不同产品上。

(3) 耐环境性

纸张一受到脏污就会看不到，但 RFID 对水、油和药品等物质具有很强的抗污性。RFID 在黑暗或脏污的环境中，也可以读取数据。

(4) 可重复使用

由于 RFID 的数据为电子数据，可以反复被覆写，因此可以回收标签重复使用。如被动式 RFID，不需要电池就可以使用，没有维护保养的需要。

3.1.3 RFID 分类

依据电子标签供电方式的不同，电子标签可以分为有源电子标签(Active Tag，也称主动式标签)、无源电子标签(Passive Tag，也称被动式标签)和半无源电子标签(Semi-Passive Tag，也称半主动式标签)。有源电子标签有内装电池，无源电子标签没有内装电池，半无源电子标签部分依靠电池工作。依据频率的不同，电子标签又可分为低频电子标签、高频电子标签、超高频电子标签和极高频/微波电子标签。依据封装形式的不同，电子标签还可分为信用卡标签、线形标签、纸状标签、玻璃管标签、圆形标签及特殊用途的异形标签等。

1. 按供电方式不同的分类

(1) 有源电子标签

标签自身带有电池，利用自有电子主动侦测周围有无读写器发射的呼叫信号，并将自身的资料传送给读写器。有源标签一般具有较远的阅读距离，记忆空间也较大，不足之处是电池不能长久使用，读写距离较远时体积较大，能量耗尽后需更换电池。

(2) 无源电子标签

无源电子标签在接收到阅读器发出的电波或磁场信号后，将部分能量转化为直流电供自己工作，一般可做到免维护，成本很低并具有很长的使用寿命，比有源电子标签更小也更轻，不足之处是通信距离较短，且记忆空间不大。

(3) 半无源电子标签

标签内置电池用于内部其他感测元件以监测周围环境，如环境温度、振荡情况等。至于资料的传输，还是会等待读写器发出射频唤醒，才回送信号。

2. 按使用频率不同的分类

(1) 低频(Low Frequency，LF)

RFID 技术首先在低频得到广泛的应用和推广。该频率主要是通过电感耦合的方式进行工作，也就是在读写器线圈和感应器线圈间存在着变压器耦合作用。通过读写器交变场的作用在感应器天线中感应的电压被整流，可作供电电压使用，磁场区域能够很好地被定义，但是场强下降得太快。

低频的主要特点包括如下几点。

① 工作在低频的感应器的一般工作频率从 120kHz 到 134kHz，TI 的工作频率为 134.2kHz，该频段的波长大约为 2 500m；

② 除了金属材料影响外，一般低频能够穿过任意材料的物品而不降低它的读取距离；

③ 工作在低频的读写器在全球没有任何特殊的许可限制；

④ 低频产品有不同的封装形式，好的封装形式价格太贵，但是有 10 年以上的使用寿命；

⑤ 虽然该频率的场强下降很快，但是能够产生相对均匀的读写区域；

⑥ 相对于其他频段的 RFID 产品，该频段数据传输速率比较慢；

⑦ 感应器的价格相对于其他频段来说更贵。

低频主要应用在如下几个方面。

① 畜牧业的管理系统；

② 汽车防盗和无钥匙开门系统的应用；

③ 马拉松赛跑系统的应用；

④ 自动停车场收费和车辆管理系统；

⑤ 自动加油系统的应用；

⑥ 酒店门锁系统的应用；

⑦ 门禁和安全管理系统。

与低频相关的国际标准包括：

① ISO 11784：RFID 在畜牧业中的应用——编码结构；

② ISO 11785：RFID 在畜牧业中的应用——技术理论；

③ ISO 14223-1：RFID 在畜牧业中的应用——空气接口；

④ ISO 14223-2：RFID 在畜牧业中的应用——协议定义；

⑤ ISO 18000-2：定义低频的物理层、防冲撞和通讯协议；

⑥ DIN 30745 主要是欧洲对垃圾管理应用定义的标准。

(2) 高频(High Frequency，HF)

在该频率的感应器不再需要线圈进行绕制。感应器一般通过负载调制的方式进行工作。也就是通过感应器上的负载电阻的接通和断开促使读写器天线上的电压发生变化，实现用远距离感应器对天线电压进行振幅调制。如果人们通过数据控制负载电压的接通和断开，那么这些数据就能够从感应器传输到读写器。

高频的主要特点包括如下几点。

① 工作频率为 13.56MHz，该频率的波长大概为 22m；

② 除了金属材料外，该频率的波长可以穿过大多数的材料，但是往往会降低读取距离，感应器需要离开金属一段距离；

③ 该频段在全球都得到认可并没有特殊的限制；

④ 感应器的形式一般为电子标签；

⑤ 该系统具有防冲撞特性，可以同时读取多个电子标签；

⑥ 可以把某些数据信息写入标签中；

⑦ 数据传输速率比低频要快，价格不是很贵。

高频主要应用在如下几个方面。

① 图书管理系统的应用；

② 瓦斯钢瓶的管理应用；

③ 服装生产线和物流系统的管理和应用；

④ 三表(水电气表)预收费系统；

⑤ 酒店门锁的管理和应用；

⑥ 大型会议人员通道系统；

⑦ 固定资产的管理系统；

⑧ 医药物流系统的管理和应用；

⑨ 智能货架的管理。

与高频相关的国际标准包括：

① ISO/IEC 14443：近耦合 IC 卡，最大的读取距离为 10cm;

② ISO/IEC 15693：疏耦合 IC 卡，最大的读取距离为 1m;

③ ISO/IEC 18000-3：该标准定义了 13.56MHz 系统的物理层、防冲撞算法和通讯协议;

④ 13.56MHz ISM Band Class 1：定义 13.56MHz 符合 EPC 的接口定义。

(3) 超高频(Ultra High Frequency，UHF)

超高频系统通过电场来传输能量。电场的能量下降得不是很快，但是对读取的区域不是很好进行定义。该频段读取距离比较远，无源可达 10m 左右，主要是通过电容耦合的方式来实现。

超高频的主要特点包括如下几点。

① 在该频段，世界各地定义的频率不是很相同。欧洲和部分亚洲定义的频率为 868MHz，北美定义的频段为 902MHz 到 905MHz 之间，在日本建议的频段为 950MHz 到 956MHz 之间。该频段的波长为 30cm 左右。

② 该频段功率输出目前没有统一的定义：美国定义为 4W，欧洲定义为 500mW。

③ 超高频频段的电波不能通过许多材料，特别是水、灰尘、雾等悬浮颗粒物质。相对于高频的电子标签来说，该频段的电子标签不需要和金属分开。

④ 电子标签的天线一般是长条和标签状。天线有线性和圆极化两种设计，满足不同应用的需求。

⑤ 该频段有好的读取距离，但是对读取区域很难进行定义。

⑥ 有很高的数据传输速率，在很短的时间可以读取大量的电子标签。

超高频主要应用在如下几个方面。

① 供应链上的管理和应用；

② 生产线自动化的管理和应用；

③ 航空包裹的管理和应用；

④ 集装箱的管理和应用；

⑤ 铁路包裹的管理和应用；

⑥ 后勤管理系统的应用。

与超高频相关的国际标准包括：

① ISO/IEC 18000-6 定义了超高频的物理层和通讯协议；空气接口定义了 Type A 和 Type B 两部分，支持可读和可写操作。

② EPCglobal 定义了电子物品编码的结构和超高频的空气接口以及通讯的协议。例如：Class 0，Class 1，UHF Gen2。

③ Ubiquitous ID Center，定义了 UID 编码结构和通信管理协议。

目前，超高频的产品得到大量的应用。例如 Wal-Mart、Tesco、美国国防部和麦德龙超市都会在它们的供应链上应用 RFID 技术。

(4) 微波(Microwave)

微波的特性与应用和超高频相似，但是对环境的敏感性较高，如易被水吸收等，实施较复杂，未完全标准化，普及率待观察，一般应用于行李追踪、物品管理、供应链管理等。其主要规格为 2.4GHz 和 5.8GHz。

根据以上叙述，各种频率区别如表 3-4 所示。

表 3-4　各种频率 RFID 比较

工作频率	协　议	最大读写距离	受方向影响	芯片价格（相对）	数据传输速率（相对）	目前使用情况
125kHz	ISO11784/11785 ISO18000-2	10cm	无	一般	慢	大量使用
13.56MHz	ISO/IEC14443	10cm	无	一般	较慢	大量使用
	ISO/IEC15693	单向 180cm 全向 100cm	无	低	较快	大量使用
860～930MHz	ISO/IEC18000-6 EPCx	10m	一般	一般	读快 写较慢	大量使用
2.45GHz	ISO/IEC18001-3	10m	一般	较高	较快	可能大量使用
5.8GHz	ISO/IEC18001-5	10m 以上	一般	较高	较快	可能大量使用

3.1.4　RFID 系统的组成和原理

RFID 系统的基本工作原理是：由读写器通过发射天线发送特定频率的射频信号，当电子标签进入有效工作区域时产生感应电流，从而获得能量被激活，使得电子标签将自身编码信息通过内置天线发射出去；读写器的接收天线接收到从标签发送来的调制信号，经天线的调制器传送到读写器信号处理模块，经解调和解码后将有效信息送到后台主机系统进行相关处理；主机系统根据逻辑运算识别该标签的身份，针对不同的设定做出相应的处理和控制，最终发出信号控制读写器完成不同的读写操作。RFID 工作原理如图 3-3 所示。

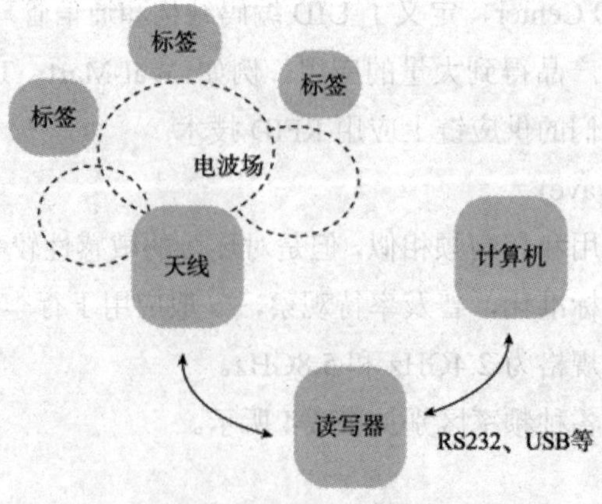

图 3-3　RFID 工作原理

RFID 系统可分为硬件和软件两大部分，硬件组件包括电子标签、读写器、天线和主机。主机用于处理数据的应用软件程序，并连接网络。RFID 系统的软件组件可分 RFID 系统软件、RFID 中间件和主机应用程序。

1. RFID 的硬件组成

1) 电子标签

电子标签也称应答器，是一个微型的无线收发装置，主要由内置天线和芯片组成。芯片中存储能够识别目标的信息，当读写器查询时它会发射数据给读写器。RFID 标签具有持久性、信息接收传播穿透性强、存储信息容量大、种类多等特点。根据电子标签组成原理和工作方式不同，可分为被动式、主动式、半主动式电子标签。

(1) 被动式电子标签

被动式电子标签无板载电源，其电源由读写器供给。电子标签必须利用读写器的载波来调制自身的信号，标签产生电能的装置是天线和线圈。标签进入 RFID 系统工作区后，天线接收特定的电磁波，线圈产生感应电流供给标签工作。被动式电子标签与读写器之间的通信，总是由读写器发起，标签响应，然后由读写器接收标签发出的数据，被动式电子标签的读写距离小于主动式和半主动式标签，一般在 3cm～900cm。

被动式电子标签由微芯片和天线组成，如图 3-4 所示。

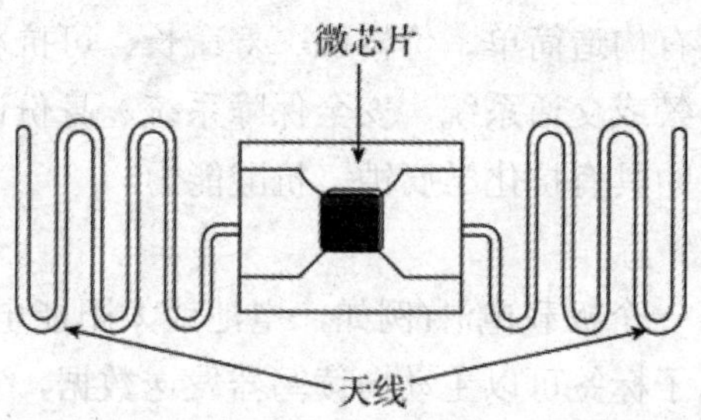

图 3-4　被动式电子标签组成原理示意图

① 微芯片。微芯片主要由数字电路及存储器组成。电源控制/整流器模块将读写器发出的天线电磁波交流信号经过整流转换为直流电源，为微芯片及其组件工作供电；时钟提取器从读写器的天线信号中提取时钟信号；调制器调制接收到的读写器信号，标签对接收的调制信号作出响应，然后传回读写器；逻辑单元负责标签和读写器之间通信协议的实施。存储器用于存储微处理器记忆数据，记忆体一般是分段的(分块或字段)，寻址能力就是地址读写范围，不同的分块可以存储不同的数据类型(例如部分标记标签对象的标识数据)，数据校验(循环冗余校验(CRC))保证发送数据的准确性，等等。近年来随着技术的进步，可以将小规模的微芯片做得很小，当然，一个标签的物理尺寸不仅取决于它的芯片的大小，还与其天线有关。

② 标签天线。标签天线是电子标签与读写器的空中接口，不管是何种电子标签读写设备均少不了天线或耦合线圈。标签天线用于接收读写器的射频能量和相关的指令信息，发射带有标签信息的反射信号。标签天线设计与标签相关，天线长度与标签波长成正比。一个偶极子天线由直线电导体组成，总长度是半个波长。双偶极子天线由两个偶极子组成，大大降低了标签的敏感性。因此，读写器可以在不同的标签环境下读标签。叠偶天线由两个或两个以上的直电导体并联在一起构成，每个导体半个波长。当两个导体折叠时称为两线折叠偶极子天线，由三个导体折叠的偶极子称为三线折叠偶极子天线。

一个标签天线长度远超过标签微芯片大小，因此最终由天线尺寸决定一个标签的物理尺寸。天线设计可以基于如下几个因素：标签同读写器之间的距离；标签同读写器之间的方位和角度；产品类型；标签的运动速度；读写器天线极化类型。微芯片和天线之间的连接点是标签最薄弱的地方，如果这些连接点受损，标签可能失效或性能显著下降。

目前，标签天线是采用薄带的金属(如铜、银或铝)构成。然而，在未来，有可能会直接使用导电油墨、碳或铜镍将天线印刷在标签标识、容器、产品的包装上。是否将这种印刷技术也用于微芯片正在研究中。未来这些先进的技术可能使制作一个 RFID 电子标签就像用计算机打印一个条形码和物品的包装条一样容易。这样，RFID 标签价格可能会大幅下降。

被动式电子标签具有构造简单、价格低、寿命长、可抗恶劣环境等特点，可广泛用于各种场合，如门禁或交通系统、安全保障系统、身份证、消费卡等，有些标签可以在水下工作，有的具有抗化学腐蚀、抗酸能力。

(2) 主动式电子标签

主动式电子标签有一个板载电源(例如，电池或太阳能电池)为标签电子电路工作提供能量。主动式电子标签可以主动向读写器发送数据，它不需要读写器发射来激活数据传输。板载电路包括微处理器、传感器、输入/输出端口和电源电路等。因此，这类电子标签可以测量环境温度和生成平均温度数据，然后将这些数据、当时日期和唯一标识符等发送到读写器。

主动式电子标签同读写器之间的通信始终都是由标签主动发起的，读写器作出响应。这类标签中，不管读写器是否存在，标签都能够连续发送数据。另外，这类标签在读写器没有询问时，可以进入休眠状态或低功耗状态，从而可以节省电池能量。另外，读写器可以通过发出适当的命令唤醒休眠的电子标签。因此，与主动连续发送数据的电子标签相比，这类标签通常具有较长的生存时间。标签仅在读写器询问时发送数据，可以减少大量的电磁射频噪声。

主动式电子标签的阅读距离一般可以在 30m 以上。主动式电子标签通常包括：

① 微芯片；

② 天线，以射频组件的形式发送标签信号和接收读写器的信号响应，对于半主动式标签，一般由铜薄带金属组成；

③ 板载电源；

④ 板载电子电路等组成部分。主动式电子标签的微芯片和天线构成与被动式电子标签相同，它们的区别在于板载电源和板载电子电路部分。

所有的主动式电子标签都有板载电源(电池)为板载电子提供能量和发送数据。根据电池的使用寿命，一般主动式电子标签寿命为 2～7 年，决定寿命的因素之一是电子标签发送数据的时间间隔，间隔越长，电池持续时间越长，标签的寿命越长。例如，标签由每隔几秒钟发送一次，增加到每分钟发送一次或每小时发送一次，这样会增加电池的寿命。另外，板载传感器和处理器也会消耗电能，缩短电池寿命。当电池消耗完后，标签就停止发送数据，即使标签在读写器的读取范围内，读写器也无法读取标签信号，除非标签向读写器发送了电池状态信息。

板载电子可以使标签主动发送数据和完成一项特殊任务，如计算、显示某种参数值、执行传感器感知等。板载电子还可以提供同外部传感器的连接。因此根据传感器的类型，这类标签可以完成各种各样的感知任务。换句话说，这个元件的功能是无限的。但是其功能和物理大小是成比例的，功能越强，物理大小越大，不过只要标签易于部署并且没有硬件大小的限制，这种增长是可以接受的。

(3) 半主动式电子标签

半主动式电子标签也有板载电源和完成特殊任务的电子元件，板载电源仅仅为标签的运算操作提供能量，其发送信号由读写器提供电源。半主动式电子标签也称为电池辅助电子标签。标签和读写器通信时，读写器是主动发起方，标签被动式响应。为什么使用半主动式电子标签而不用被动式电子标签？因为半主动式电子标签不像被动式电子标签那样由读写器来激活，它可以读取一个更远距离的读写器信号。在读写器区域内，由于无须通电激活，标签有充分的时间被读写器读取数据。因此，即使标签目标在高速移动，它仍可被可靠地读取数据。最后，半主动式电子标签通过使用透明和吸附性材料的射频使其具有更好的可读性。在理想条件下，半主动标签使用反向散射调制技术，其读写器距离大约在 30m 以内。

2) 读写器

读写器是一个捕捉和处理 RFID 标签数据的设备，它可以是单独的个体，也可以嵌入到其他系统之中。读写器也是构成 RFID 系统的重要部件之一，由于它能够将数据写到 RFID 标签中，因此称为读写器，但早期由于功能单一，在许多文献中称之为阅读器、查询器等。读写器还负责与主机接口，通过计算机软件来读取或写入标签内的数据信息。由于标签是非接触式的，因此必须借助读写器来实现标签和应用系统之间的数据通信。

(1) 读写器的组成结构

读写器的硬件部分通常由收发机、微处理器、存储器、外部传感器/执行器/报警器的输入/输出接口、通信接口以及电源等部件组成，如图 3-5 所示。

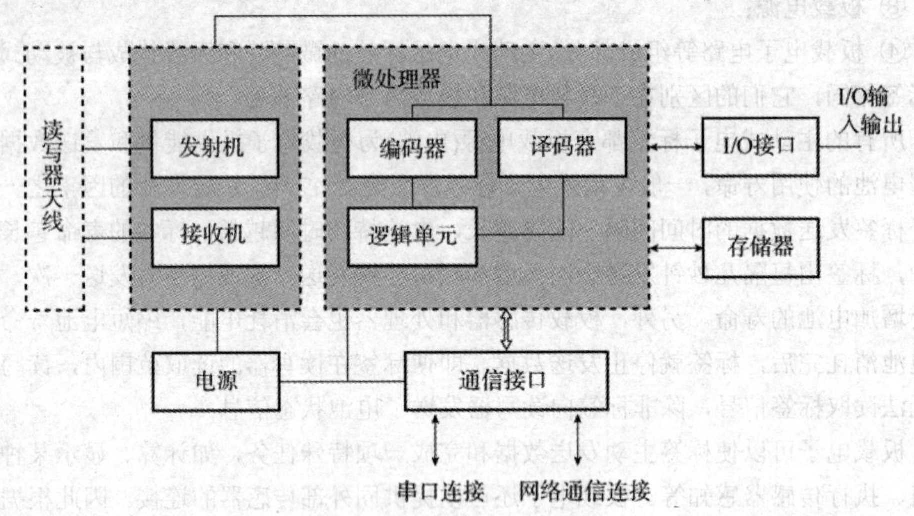

图 3-5 读写器组成示意图

① 收发机。收发机包含发射机和接收机两个部分，通常由收发模块组成。发射机在读写器的读写区域内发送电磁波功率信号，接收机负责接收标签返回读写器的数据信号，并传送给微处理器。收发模块同天线模块相连接。目前，有的读写器收发模块可以同时连接 4 个天线。

② 微处理器。微处理器是实现读写器和电子标签之间通信协议的部件，同时完成接收数据信号的译码和数据纠错功能。另外，微处理器还有低级数据滤波和逻辑处理功能。

③ 存储器。存储器用于存储读写器的配置参数和阅读标签的列表。因此，如果读写器与控制器/软件系统之间的通信中断，所有阅读标签数据会丢失。存储容量的大小受实际应用情况限制。

④ 外部传感器/执行器/报警器的输入/输出接口。为了降低能耗，读写器不能始终处于开启状态。因此，读写器需要一个能够在工作周期内开启和关闭读写器的控制机制。输入/输出端口提供了这种机制，使读写器依靠外部事件开启和关闭读写器工作。

⑤ 通信接口。通信接口为读写器和外部实体提供通信指令，通过控制器传输数据和接收指令并作出响应。一般通信接口可以根据通信要求分为串行通信接口和网络接口。

串行通信接口是目前读写器普遍的接口方式。读写器同计算机通过串行端口

RS-232 或 RS-485 连接。因此，串行通信被推荐为 RFID 最小系统的首选方式。串行通信的缺点包括：通信受电缆长度的限制，通信数据速率较低，更新维护成本较高。

网络通信接口，通过有线或无线方式连接网络读写器和主机。读写器就像一台网络设备，其优点是同主机的连接不受电缆线的限制，维护更新容易。缺点是网络连接可靠性不如串行接口，一旦网络通信链路失败，就无法读取标签数据。随着物联网技术的应用推广，网络通信接口将作为一个标准逐渐成为主流。网络读写器可以根据应用自动发现读取目标，嵌入式服务器允许读写器接收命令，并通过标准浏览器显示读取结果。

(2) 读写器的功能

读写器可将主机的读写命令传送到电子标签，再把从主机发往电子标签的数据加密，电子标签返回的数据经解密后送到主机。读写器和标签的所有行为均由应用软件来控制完成。在系统中，应用软件作为主动方对读写器发出读写指令，而读写器则作为被动方只对应用软件的读写指令作出回应。读写器接收到应用软件的动作指令后，回应的结果就是对电子标签作出相应的动作，建立某种通信关系。电子标签响应读写器的指令，因此，相对于标签来讲，读写器就是指令的主动方。在 RFID 系统的工作程序中，应用软件向读写器发出读取命令，作为响应，读写器和标签之间就会建立特定的通信，读写器触发标签工作，并对所触发的标签进行身份验证，然后标签开始传送所要求的数据信息。具体说来，读写器具有以下功能：

① 在规定的技术条件下，读写器可与电子标签进行通信；

② 通过标准接口，如 RS-232 等，读写器可以与计算机网络连接，实现多读写器的网络通信；

③ 读写器能在读写区域内查询多标签，并能正确识别各个标签，具备防碰撞功能；

④ 能够校验读写过程中的错误信息；

⑤ 对于有源标签，读写器能够识别有源标签的电池信息，如电池的总电量、剩余电量等。

综上所述，读写器的功能包括三个主要部分，一是发送和接收功能，用来与标签和分离的单个物品进行通信；二是对接收信息进行初始化处理；三是连接主机网络将信息传送到数据交换与管理系统。

3) 控制器

控制器是读写器芯片有序工作的指挥中心，主要功能是：与应用系统软件进行通信；执行从应用系统软件发来的动作指令；控制与标签的通信过程；基带信号的编码与解码；执行防碰撞算法；对读写器和标签之间传送的数据进行加密和解密；进行读写器与电子标签之间的身份认证；对键盘、显示设备等其他外部设备的控制。

其中，最重要的是对读写器芯片的控制操作。

4) 读写器天线

天线是一种以电磁波形式把前端射频信号功率接收或辐射出去的设备，是电路与空间的界面器件，用来实现导行波与自由空间波能量的转化。在 RFID 系统中，天线分为电子标签天线和读写器天线两大类，分别承担接收能量和发射能量的作用。

在确定的工作频率和带宽条件下，天线发射射频载波，并接收从标签发射或反射回来的射频载波。目前，RFID 系统主要集中在 LF(135kHz)、HF(13.56MHz)、UHF(860～960 MHz)和微波频段(2.45GHz)，不同工作频段的 RFID 系统天线的原理和设计有着根本上的不同。RFID 读写器天线的增益和阻抗特性会对 RFID 系统的作用距离等产生影响，RFID 系统的工作频段反过来对天线尺寸以及辐射损耗有一定要求。所以 RFID 天线设计的好坏关系到整个 RFID 系统的成功与否。

RFID 系统读写器天线的特点是：①足够小以至于能够贴到需要的物品上；②有全向或半球覆盖的方向性；③能够给标签的芯片提供最大可能的信号；④无论物品什么方向，天线的极化都能与读卡机的询问信号相匹配；⑤价格便宜。

在选择读写器天线时应考虑的主要因素有：①天线的类型；②天线的阻抗；③应用到物品上的电磁频率的性能；④在有其他物品围绕贴标签物品时电磁频率的性能。

RFID 系统的大线类型主要有偶极子天线、微带贴片天线、线圈天线等。偶极子天线辐射能力强，制造工艺简单，成本低，具有全向方向性，通常用于远距离 RFID 系统；微带贴片天线的方向图是定向的，但工艺较复杂，成本较高。线圈天线用于电感耦合方式，适合于近距离的 RFID 系统。

5) 通信设施

通信设施为不同的 RFID 系统管理提供安全通信连接，是 RFID 系统的重要组成部分。通信设施包括有线或无线网络和读写器或控制器与计算机连接的串行通信接口。无线网络可以是个域网(PAN)(如蓝牙技术)、局域网(如 802.11x、Wi-Fi)，也可以是广域网(如 GPRS、3G 技术)或卫星通信网络(如同步轨道卫星 L 波段的 RFID 系统)。

2. RFID 系统中的软件组件

RFID 系统中的软件组件主要完成数据信息的存储、管理以及对 RFID 标签的读写控制，是独立于 RFID 硬件之上的部分。RFID 系统归根结底是为应用服务的，读写器与应用系统之间的接口通常由软件组件来完成。一般 RFID 软件组件包括：①边沿接口系统；②中间件，为实现所采集信息的传递与分发而开发的中间件；③企业应用接口，为企业前端软件，如设备供应商提供的系统演示软件、驱动软件、接口软件、集成商或者客户自行开发的 RFID 前端操作软件等；④应用软件，主要指企业后端软件，如后台应用软件、管理信息系统(MIS)软件等。

(1) 边沿接口系统

边沿接口系统完成 RFID 系统硬件与软件之间的连接，通过使用控制器实现同 RFID 硬软件之间的通信。边沿接口系统的主要任务是从读写器中读取数据和控制读写器的行为，激励外部传感器、执行器工作。此外，边沿接口系统还具有以下功能：①从不同读写器中过滤重复数据；②允许设置基于事件方式触发的外部执行机构；③提供智能功能，选择发送到软件系统；④远程管理功能。

(2) RFID 中间件

RFID 系统中间件是介于读写器和后端软件之间的一组独立软件，它能够与多个 RFID 读写器和多个后端软件应用系统连接。应用程序使用中间件所提供的通用应用程序接口(API)，就能够连接到读写器，读取 RFID 标签数据。即中间件屏蔽了不同读写器和应用程序后端软件的差异，从而减少了多对多连接的设计与维护的复杂性。使用 RFID 中间件有 3 个主要目的：①隔离应用层和设备接口；②处理读写器和传感器捕获的原始数据，使应用层看到的都是有意义的高层事件，大大减少所需处理的信息；③提供应用层接口用于管理读写器和查询 RFID 观测数据。目前，大多数可用的 RFID 中间件都有这些特性。

(3) 企业应用接口

企业应用接口是 RFID 前端操作软件，主要是提供给 RFID 设备操作人员使用的，如手持读写设备上使用的 RFID 识别系统、超市收银台使用的结算系统和门禁系统使用的监控软件等，此外还应当包括将 RFID 读写器采集到的信息向软件系统传送的接口软件。

前端软件最重要的功能是保障电子标签和读写器之间的正常通信，通过硬件设备的运行和接收高层的后端软件控制来处理和管理电子标签和读写器之间的数据通信。前端软件完成的基本功能有：

① 读/写功能：读功能就是从电子标签中读取数据，写功能就是将数据写入电子标签。这中间涉及编码和调制技术的使用，例如采用 FSK(频移键控)还是 ASK(幅移键控)方式发送数据。

② 防碰撞功能：很多时候不可避免地会有多个电子标签同时进入读写器的读取区域，要求同时识别和传输数据，这时，就需要前端软件具有防碰撞功能。具有防碰撞功能的 RFID 系统可以同时识别进入识别范围内的所有电子标签，其并行工作方式大大提高了系统的效率。

③ 安全功能：确保电子标签和读写器双向数据交换通信的安全。在前端软件设计中可以利用密码限制读取标签内信息、读写一定范围内的标签数据以及对传输数据进行加密等措施来实现安全功能，也可以使用与硬件结合的方式来实现安全功能。标签不仅提供了密码保护，而且能对数据从标签传输到读取器的过程进行加密，而

不仅是对标签上的数据进行加密。

④ 检/纠错功能：由于使用无线方式传输数据很容易被干扰，使得接收到的数据产生畸变，从而导致传输出错。前端软件可以采用校验的方法，如循环冗余校验(Cyclic Redundance Check，CRC)、纵向冗余校验(Longitudinal Redundance Check，LRC)、奇偶校验等检测错误，也可以结合自动重传请求技术重传有错误的数据来纠正错误，当然，以上功能也可以通过硬件来实现。

(4) 应用软件

由于信息是为生产决策服务的，因此，RFID 系统所采集的信息最终要向后端应用软件传送，应用软件系统需要具备相应的处理 RFID 数据的功能。应用软件的具体数据处理功能需要根据客户的具体需求和决策的支持度来进行软件的结构与功能设计。

应用软件也是系统的数据中心，它负责与读写器通信，将读写器经过中间件转换之后的数据，插入到后台企业仓储管理系统的数据库中，对电子标签管理信息、发行电子标签和采集的电子标签信息集中进行存储和处理。一般说来，后端应用软件系统需要完成以下功能：

① RFID 系统管理：系统设置以及系统用户信息和权限；

② 电子标签管理：在数据库中管理电子标签序列号和每个物品对应的序号及产品名称、型号规格，芯片内记录的详细信息等，完成数据库内所有电子标签的信息更改；

③ 数据分析和存储：对整个系统内的数据进行统计分析，生成相关报表，对采集到的数据进行存储和管理。

3.1.5 RFID 技术的应用

1. 应用领域

目前，RFID 技术被广泛应用于多种领域，如：电视、广播、移动电话、雷达、自动识别系统等。专用词 RFID(射频识别)即指应用射频识别信号对目标物进行识别。RFID 的应用包括以下几方面：

- 门禁管制：人员出入门禁监控管理；
- 动物监控：畜牧动物管理、宠物识别、野生动物追踪；
- 交通运输：高速公路的收费系统；
- 物流管理：航空运输的行李识别，存货、物流运输管理；
- 自动控制：汽车、家电、电子业的分类和组装生产线管理；
- 医疗应用：医院的病历系统、仪器仪表设备管理；
- 物料管控：工厂物料的自动化盘点及控制系统；

- 质量追踪：成品质量追踪、回馈；
- 资源回收：栈板、可回收容器等的管理；
- 防盗应用：超市、图书馆或书店的防盗管理；
- 防伪假冒：名牌烟酒及贵重物品的打假防伪；
- 废物处理：垃圾回收处理、废弃物管控系统；
- 联合票证：多种用途的智能型储值卡、一卡通等；
- 危险物品：军械枪支、雷管炸药管制。

下面介绍几个经典应用案例。

(1) 沃尔玛

2003 年 6 月 19 日，在美国芝加哥召开的“零售业系统展览会”上，沃尔玛宣布将采用 RFID 技术以最终取代目前广泛使用的条形码，成为第一个公布正式采用该技术时间表的企业。如果供应商们在 2008 年还达不到这一要求，就可能失去为沃尔玛供货的资格，而沃尔玛的供应商大约有 70%来自中国。

能坐上零售业的头把交椅，沃尔玛的成功宝典上写满了有关搭建高效物流体系的密技，以保证竞争中的成本优势。可以看出，所有技术无一例外地都是围绕着改善供应链与物流管理这个核心竞争能力展开的。

作为沃尔玛历史上最年轻的首席信息官凯文·特纳，曾说服了公司创始人山姆·沃顿建立了全球最大的移动计算网络，并推动沃尔玛引进电子标签。

如果 RFID 计划成功实施，沃尔玛闻名于世的供应链管理将朝前迈进一大步。一方面，该计划可以帮助沃尔玛及时获得准确的信息流，完善物流过程中的监控，减少物流过程中不必要的环节及损失，降低在供应链各个环节上的安全存货量和运营资本；另一方面，通过对最终销售实现的监控，把消费者的消费偏好及时地报告出来，以帮助沃尔玛调整优化商品结构，进而获得更高的顾客满意度和忠诚度。

(2) 铁道部车辆调度系统

在 20 世纪 90 年代中期，国内有多家研究机构参与了该项技术的研究，在多种实现方案中最终确定了 RFID 技术为解决“货车自动抄车号”的最佳方案。

过去，国内铁路车头的调度都是依靠手工统计来进行的，浪费人力、浪费时间还不够准确，造成资源极大浪费。我国铁路的车辆调度系统是应用 RFID 最成功的案例。铁道部在中国铁路车号自动识别系统建设中，推出了完全拥有自主知识产权的远距离自动识别系统。在采用 RFID 技术以后，实现了统计的实时化、自动化，降低了管理成本，提高了资源利用率。据统计，每年的直接经济效益可以达到 3 亿多元。这是国内采用 RFID 唯一的全国性网络，但是美中不足的是，这个系统目前还是封闭的，无法和其他系统连接。如果这个系统开放，将有利于推动整个物流行业的信息化和标准化，有利于使 RFID 这样的技术得到更有效地应用，有利于物流全流通的整合。

(3) 新加坡交通系统

新加坡所有公交车全部采用了 RFID 技术，大部分新加坡人都有一张 ez-Link 卡，在地铁站就可以买到这样的卡。该卡采用 RFID 技术，可以在地铁或公交车转换站充值，公交车内前后门各安装两个读写器。

乘客上车时只需将放有 ez-Link 卡的钱包在 READER 上晃动一下，到达目的地下车时也要晃一下，以便系统能计算出乘客搭乘站数或距离，从 ez-Link 卡中扣取相应的价钱。当然，公交车也接受传统的现金支付方式，但是同样距离的价钱要比用卡时的价钱高。

新加坡的每辆汽车内都有一个可插入类似 ez-Link 卡的装置，在很多的道路上都有一个大型的 READER，上面写着大大的 ERP。该 ERP 系统放在高速路的入口或管辖路段，当汽车通过时即扣掉相应的金额。据介绍，如果司机没有插入储值卡，或卡中没钱，ERP 上面的照相机将拍下车号，并对该车进行处罚。另外，该系统在车速为 120km/h 的情况下读取信息没有任何障碍。

另外，新加坡的地铁系统世界闻名，除了拥有先进的列车、优美的乘车环境外，其 RFID 检票系统在世界上也是首屈一指的。乘客来到入口的自动售票机前，选择目的地，根据提示放入相应的现金，即可购买到一张采用 RFID 的乘车卡。该卡可循环使用，当乘客不再需要时交到回收处，换取买卡时的 1 新币押金。

(4) 美国邮政服务公司(USPS)

USPS 为全国 38 000 个邮局的邮递员们配备了 30 万只 Dolphin 数据采集器。该设备用于邮件投递过程中扫描邮件上的条码。通过这个条码，USPS 的客户能够查询到特快专递和加快邮件、包裹、国际货运以及挂号信件的投递状态。每天工作结束后，邮递员将采集器放在通讯座上，数据将自动上传到主计算机系统。

USPS 用了数月时间，测试了来自世界各地的各种便携数据采集器，对 Dolphin 数据采集器坚固耐用的结构，舒适、可单手操作的设计感到特别满意。

USPS 新的投递确认系统是该公司投资二十亿美元努力提高服务质量和满足不断扩展的客户需求的计划的一部分。USPS 主管中心邮政服务的副总裁 Jlhn Kclly 宣称:“我希望给我们的新老客户们一个有力的、明确的表示，我们正在积极地想办法通过提供他们需要的服务来帮助他们的业务。”他还说，这个投递确认系统是为了响应客户的要求，测量、改善服务性能而建立的。

(5) 英国用标签识别囚犯

英格兰和威尔士拥有的 135 间监狱现在在押囚犯已经达到 73 000 人，比监狱额定囚犯人数超过了 7 000 人。当局允许释放那些罪行较轻、危害性不大的囚犯(大约 3 000 人)，但是这些被释放的囚犯需要佩戴电子标签识别装置，以便于监控和检查。

另外，英国“MaxIMT”公司和警方合作研制出名为“犯罪现场再现”的数码图像处理程序，以帮助办案人员更直观、周密地分析案情。与该程序相匹配的数码相机能够在三脚架上旋转 360 度拍摄犯罪现场。之后，程序将把拍下的图像在笔记本电脑屏幕上拼接成一个完整的场景。操作人员可以在屏幕上从不同角度反复观看案发现场的某一个地点，或“停留”在某个地点观察四周的场景。也可用“工具”程序使画面上较暗的部分变亮，用特殊的标志标出案发现场的指纹、脚印和其他罪证。此外，办案人员还可使上述场景和犯罪嫌疑人的相片、录像资料一同出现在电脑屏幕上，以便直观地综合分析案情。

2. RFID 发展面临的难题

尽管人们对 RFID 的发展寄予厚望，RFID 所面临的重重难题仍令人不能轻松，而一旦这些问题有了明确的答案，RFID 在各个地区、各个行业的全面启动则指日可待。

(1) 成本的下降

对 RFID 系统来说，成本仍是首要的问题。对 RFID 技术进行试点的 METRO 集团也认为，要在其连锁店内进一步普及，还有待成本的进一步降低，通过 RFID 进行连锁店的内部联网，才能够真正实现其技术价值。

随着技术的不断提升和在各大行业的日益推广，RFID 的各个组成部分，包括卷标、读写器和天线，制造成本都有望大幅降低。此外，著名顾问公司麦肯锡也指出，厂商不能仅仅对于 RFID 未来可能出现的价格下跌翘首以待，事实上，要应用这项技术，还需要对企业资源规划(ERP)进行软件方面的升级，而这部分也很有可能花费不菲。

(2) 国际标准的制定与推行

标准化是推动产品在市场上广泛适用的一条必经之路，然而，射频识别读取机与标签的技术却迟迟难以统一，不同制造商所开发的卷标通信协议，适用于不同的频率，且封包格式不一。就目前看来，现在普遍使用的 134kHz 和 13.56MHz 因传输距离不够长而限制了阅读器和 RFID 标签间的传输距离，使得若干标签不能有效地被读取，而跨越特高频频段的最大问题是既有绝大多数的 RFID 系统和卷标供货商以及设备无法支持特高频频段。因此，各公司、自动识别中心与国际标准组织都致力于制订射频识别标签的标准，以求所有的标签能与任何读取机兼容。

(3) 可能引起隐私权的问题

根据 RFID Journal 和市场研究机构 ABI 共同进行的一项名为“RFID Journal Live”的调查，采用 RFID 技术最大的好处是可以对企业的供应链进行透明管理，有效降低成本。但是，RFID 的安全性也非常令人关注。很多公司推出了增强安全性能的 RFID 产品。因为没有人会因为它使用起来方便而自愿让个人隐私曝光。

3.2 传感器技术

3.2.1 传感器的作用和重要性

传感器是获取自然领域中信息的主要途径与手段。人通过五官(视、听、嗅、味、触)接受外界的信息，经过大脑的思维(信息处理)，做出相应的动作。而用计算机控制的自动化装置来代替人的劳动，则可以说电子计算机相当于人的大脑(一般俗称电脑)，而传感器则相当于人的五官部分(“电五官”)。如图 3-6 所示。

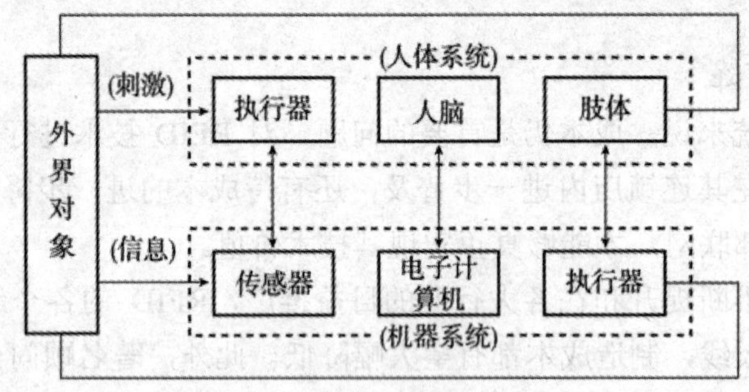

图 3-6 人体系统与机器系统的对比

作为人脑的一种模拟的电子计算机的发展极为迅速，可是起五种感觉模拟作用的传感器却发展很慢，因而如果不进行传感器的开发，现在的电子计算机将不能适应实际需要。这样，传感器就成了现代科学的中枢神经系统，它日益受到人们的普遍重视。

1. 传感器的作用

传感器实际上是一种功能块，其作用是将来自外界的各种信号转换成电信号。如图 3-7 所示。

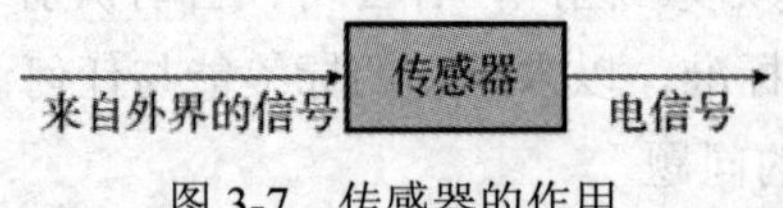

图 3-7 传感器的作用

传感器所检测的信号显著地增加，因而其品种也极其繁多。为了对各种各样的信号进行检测、控制，就必须获得尽量简单、易于处理的信号，这样的要求只有电信号能够满足。电信号能较容易地进行放大、反馈、滤波、微分、存储、远距离操作等。

传感器技术在工业自动化、军事国防和以宇宙开发、海洋开发为代表的尖端科学与工程等重要领域应用广泛。同时，它正以自己的巨大潜力，向与人们生活密切相关的方面渗透。生物工程、医疗卫生、环境保护、安全防范、家用电器、网络家居等方面的传感器已层出不穷，并在日新月异地发展。

2. 传感器的特征参数

传感器的特征参数也有很多，且不同类型的传感器，其特征参数的定义和要求也各有差异。下面我们来介绍一些主要的、通用的静态特性参数指标的定义。

(1) 灵敏度

灵敏度是指温态时传感器输出量 y 与输入量 x 之比，或者是传感器输出量 y 的增量与输入量 x 的增量之比。

灵敏度用 K 表示为 $K=\mathrm{d}y/\mathrm{d}x$，线性传感器的灵敏度为一常数，而非线性传感器的灵敏度是随输入量变化的。

(2) 分辨率

分辩率是指传感器在规定的测量范围内能够检测出的被测量的最小变化量。

由于分辨率要受到噪声的限制，我们就用相当于噪声电平 N 若干倍 C 的被测量表示分辨率，即 $M=CN/K$，式中，M 为最小检测量，C 取 1～5。

(3) 测量范围和量程

在允许的误差范围内，被测量的下限到上限之间的范围称为测量范围。上限值与下限值之差称为量程。

(4) 线性度(非线性误差)

在规定的条件下，传感器校准曲线与拟和直线间的最大偏差与满量程输出值的百分比，称为线性度或非线性度误差。

(5) 迟滞

迟滞是指在相同的条件下，传感器的正行程特性与反行程特性的不一致程度。

(6) 重复性

重复性是指在同一工作条件下，输入量按同一方向在全测量范围内连续变化多次所得特性曲线的不一致性。

(7) 零漂和温漂

零漂是指在无输入或输入为某一定值时，每隔一段时间，其输入值偏离原始值的最大偏差与满量程的百分比。

温漂是指温度每升高 1 度，传感器输出值的最大偏差与满量程的百分比。

3.2.2 传感器的定义和组成

1. 传感器的定义

国家标准 GB7665-87 对传感器下的定义是：能感受规定的被测量件并按照一定的规律转换成可用信号的器件或装置，通常由敏感元件和转换元件组成。传感器是一种检测装置，能感受到被测量的信息，并能将检测感受到的信息，按一定规律变换成为电信号或其他所需形式的信息输出，以满足信息的传输、处理、存储、显示、记录和控制等要求。它是实现自动检测和自动控制的首要环节。

传感器是一种以一定的精确度把被测量转换为与之有确定对应关系的、便于应用的某种物理量的测量装置。其包含以下几个方面的意思：

- 传感器是测量装置，能完成检测任务；
- 它的输入量是某一被测量，可能是物理量，也可能是化学量、生物量等；
- 输出量是某种物理量，这种量要便于传输、转换、处理、显示等，这种量可以是气、光、电，但主要是电量；
- 输入输出有对应关系，且应有一定的精确度。

2. 传感器的组成

传感器一般由敏感元件、转换元件、转换电路三部分组成，如图 3-8 所示。

图 3-8 传感器的组成

- 敏感元件(Sensitive Element)：直接感受被测量，并输出与被测量成确定关系的某一物理量的元件；
- 转换元件(Transduction Element)：以敏感元件的输出为输入，把输入转换成电路参数；
- 转换电路(Transduction Circuit)：将转换电路参数接入转换电路，便可转换成电量输出。

有些传感器很简单，仅由一个敏感元件(兼作转换元件)组成，它感受被测量时直接输出电量，如热电偶。有些传感器由敏感元件和转换元件组成，没有转换电路。有些传感器，转换元件不止一个，要经过若干次转换。

3.2.3　传感器的分类及要求

传感器种类繁多，目前常用的分类有两种，一种是按被测量来分类，一种是按传感器原理来分类。

1. 以被测量来分类

以被测量来分类，传感器的种类如表 3-5 所示。

表 3-5　传感器的分类

被测量类别	被　测　量
热工量	温度、热量、比热；压力、压差、真空度；流量、流速、风速
机械量	位移(线位移、角位移)、尺寸、形状；力、力矩、应力；重量、质量；转速、线速度；振动幅度、频率、加速度、噪声
物性和成分量	气体化学成分、液体化学成分；酸碱度(PH 值)、盐度、浓度、粘度；密度、比重
状态量	颜色、透明度、磨损量、材料内部裂缝或缺陷、气体泄漏、表面质量

下面简单介绍几种常见传感器。

(1) 温度传感器

作用：用来测量冷却水温度、进气温度和排气温度。

种类：温度传感器的种类很多，如热敏电阻式、半导体式和热电偶式等。

所谓热敏电阻，是指这种电阻对温度敏感，当作用在这种电阻上的温度变化时，其阻值会随温度的变化而变化。其中，随温度升高阻值增加的热敏电阻叫做正温度型热敏电阻，相反随温度升高阻值减少的热敏电阻叫做负温度系数型热敏电阻。

热敏电阻温度传感器的测量电路比较简单，只要把传感器与一个精密电阻串联接到一个稳定的电源上，就能够用串联电阻的分压输出反映温度的变化。

(2) 光敏传感器

光敏传感器是最常见的传感器之一，它的种类繁多，主要有光电管、光电倍增管、光敏电阻、光敏三极管、太阳能电池、红外线传感器、紫外线传感器、光纤式光电传感器、色彩传感器、CCD 和 CMOS 图像传感器等。它的敏感波长在可见光波长附近，包括红外线波长和紫外线波长。光传感器不只局限于对光的探测，它还可以作为探测元件组成其他传感器，对许多非电量进行检测，只要将这些非电量转换为光信号的变化即可。光传感器是目前产量最多、应用最广的传感器之一，它在自动控制和非电量电测技术中占有非常重要的地位。最简单的光敏传感器是光敏电阻，当光子冲击接合处就会产生电流。

2. 以传感器的原理来分类

传感器按原理可分为电阻式、光电式(红外式、光导纤维式)、电感式、谐振式、电容式、霍尔式(磁式)、阻抗式(电涡流式)、超声式、磁电式、同位素式、热电式、电化学式、压电式、微波式等。

不管是哪一种分类方法，对于传感器来说，都有一些基本要求：

(1) 足够的容量——传感器的工作范围或量程足够大，具有一定的过载能力。

(2) 灵敏度高，精度适当——输出信号与被测信号成确定的关系(通常为线性)，且比值要大；传感器的静态响应与动态响应的准确度能满足要求。

(3) 响应速度快，工作稳定，可靠性好。

(4) 使用性和适应性强——体积小，重量轻，动作能量小，对被测对象的状态影响小；内部噪声小而又不易受外界干扰的影响；其输出力求采用通用或标准形式，以便与系统对接。

(5) 使用经济——成本低，寿命长，且便于使用、维修和校准。

3.2.4 传感器发展新趋势

1. 传感器需求的新动向

社会需求是传感器技术发展的强大动力。随着现代科学技术，特别是微电子技术和信息产业的飞速发展，以及“电脑”的普及，传感器在新的技术革命中的地位和作用将更为突出，因为：

- “电五官”落后于“电脑”的现状，已成为微型计算机进一步开发和应用的一大障碍；
- 许多有竞争力的新产品开发和卓有成效的技术改造，都离不开传感器；
- 传感器的应用直接带来了明显的经济效益和社会效益；
- 传感器在社会各个领域得到普及，将形成良好的销售前景。

2. 传感器发展的新趋势

(1) 集成化，多功能化

传感器的集成化，积极地应用了半导体集成电路技术及其开发思想。

集成化包括两种含义，一是同一功能的多元件并列化，即将同一类型的单个传感元件用集成工艺在同一平面上排列起来，排成一维的线性传感器。二是将传感器与放大、运算以及温度补偿等环节一体化，组装成一个器件。

目前，各类集成化传感器已有许多系列产品，有些已得到广泛应用。集成化已经成为传感器技术发展的一个重要方向。

传感器的多功能化也是其发展方向之一。把多个功能不同的传感元件集成在一起，除可同时进行多种参数的测量外，还可对这些参数的测量结果进行综合处理的评价，以反映出被测系统的整体状态。

(2) 智能化

传感器与微处理器相结合，使之不仅具有检测功能，还具有信息处理、逻辑判断、自诊断以及“思维”等人工智能，被称为传感器的智能化。智能传感器是传感器技术与大规模集成电路技术相结合的产物，它的实现取决于传感技术与半导体集成化工艺的发展。这类传感器具有多能、高性能、体积小、适宜大批量生产和使用方便等优点，是传感器最重要的发展方向。

智能传感器是(Smart Sensor)具有判断能力、学习能力的传感器。智能传感器大致分为如下三种：

- 具有判断力的敏感装置；
- 具有学习能力的敏感装置；
- 具有创造能力的敏感装置。

从构成上看，智能传感器是一个典型的以微处理器为核心的计算机检测系统，它的具体构成如图 3-9 所示。

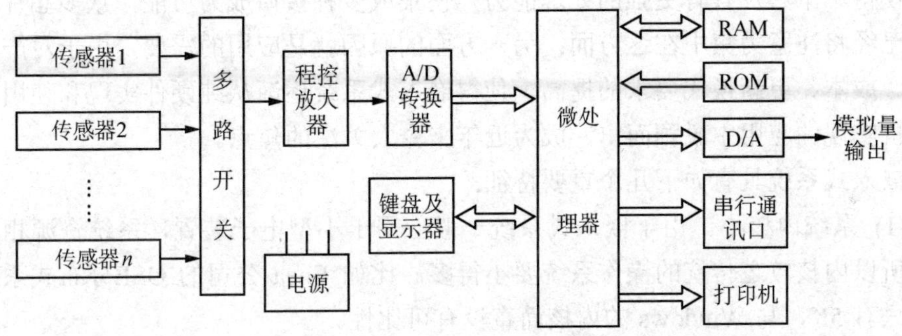

图 3-9　智能式传感器构成

同一般传感器相比，智能式传感器有以下几个显著特点：

① 精度高

由于智能式传感器具有信息处理的功能，因此通过软件不仅可以修正各种确定性系统误差(如传感器输入输出的非线性误差、温度误差、零点误差、正反行程误差等)，还可以适当地补偿随机误差，降低噪声，从而使传感器的精度大大提高。

② 稳定、可靠性好

它具有自诊断、自校准和数据存储功能，对于智能结构系统还有自适应功能。

③ 检测与处理方便

它不仅具有一定的可编程自动化能力，可根据检测对象或条件的改变，方便地改变量程及输出数据的形式等，而且输出数据可通过串行或并行通讯线直接送入远地计算机进行处理。

④ 功能广

不仅可以实现多传感器、多参数综合测量，扩大测量与使用范围，而且可以有多种形式输出(如 RS232 串行输出，PIO 并行输出，IEEE-488 总线输出以及经 D/A 转换后的模拟量输出等)。

⑤ 性能价格比高

在相同精度条件下，多功能智能式传感器与单一功能的普通传感器相比，其性能价格比高，尤其是在采用比较便宜的单片机后更为明显。

3.3 嵌入式系统

目前，各种各样的新型嵌入式系统设备在应用数量上已经远远超过了通用计算机。在工业和服务领域中，使用嵌入式技术的数字机床、智能工具、工业机器人和服务机器人正在逐渐改变着传统的工业生产和服务方式。

这些年来出现嵌入式系统应用热潮的原因主要有两个方面：一是芯片技术的发展，使得单个芯片具有更强的处理能力，使集成多种接口成为可能，众多芯片生产厂商已经将注意力集中在这方面；另一方面的原因就是应用的需要，由于对产品可靠性、成本、更新换代要求的提高，使得嵌入式系统逐渐从纯硬件实现和使用通用计算机实现的应用中脱颖而出，成为近年来令人关注的焦点。

嵌入式系统具有如下几个重要特征：

(1) 系统内核小。由于嵌入式系统一般应用于小型电子装置，系统资源相对有限，所以内核较之传统的操作系统要小得多。比如 Enea 公司的 OSE分布式系统，内核只有 5K，与 Windows 的内核简直没有可比性。

(2) 专用性强。嵌入式系统的个性化很强，其中的软件系统和硬件的结合非常紧密，一般要针对硬件进行系统的移植，即使在同一品牌、同一系列的产品中也需要根据系统硬件的变化和增减不断进行修改。

(3) 系统精简。嵌入式系统一般没有系统软件和应用软件的明显区分，不要求其功能设计及实现上过于复杂，这样一方面利于控制系统成本，同时也利于实现系统安全。

(4) 高实时性的系统软件(OS)是嵌入式软件的基本要求。软件要求固态存储，以提高速度；软件代码要求高质量和高可靠性。

(5) 嵌入式软件开发要走向标准化，就必须使用多任务的操作系统。嵌入式系统的应用程序可以没有操作系统直接在芯片上运行，但是为了合理地调度多任务、利用系统资源、系统函数以及和专家库函数接口，用户必须自行选配 RTOS(Real-Time Operating System)开发平台，这样才能保证程序执行的实时性、可靠性，并减少开发时间，保障软件质量。

(6) 嵌入式系统开发需要开发工具和环境。由于其本身不具备自举开发能力，即使设计完成以后用户通常也不能对其中的程序功能进行修改，必须有一套开发工具和环境才能进行开发，这些工具和环境一般基于通用计算机上的软硬件设备以及各种逻辑分析仪、混合信号示波器等。开发时往往有主机和目标机的概念，主机用于程序的开发，目标机作为最后的执行机，开发时需要交替结合进行。

3.3.1　何谓嵌入式系统

虽然嵌入式系统是近几年才风靡起来的，但是这个概念并非新近才出现。从 20 世纪 70 年代单片机的出现到今天各式各样的嵌入式微处理器、微控制器的大规模应用，嵌入式系统已经有了近 30 年的发展历史。

根据 IEEE(国际电气和电子工程师协会)的定义：嵌入式系统是“用于控制、监视或者辅助操作机器和设备的装置”(原文为 devices used to control，monitor，or assist the operation of equipment，machinery or plants)。

目前国内普遍被认同的定义是：以应用为中心、以计算机技术为基础、软件硬件可裁剪、适应应用系统对功能、可靠性、成本、体积、功耗严格要求的专用计算机系统。

一个嵌入式系统就是一个具有特定功能或用途的计算机软硬件集合体。简单来说，就是嵌入到对象体中的专用计算机系统。嵌入式系统具有三个基本要素：嵌入、专用、计算机。

- 嵌入性：嵌入到对象体系中，有对象环境要求；
- 专用性：按对象要求裁减软、硬件；
- 计算机：实现对象的智能化功能。

根据定义，可以从以下几方面来理解嵌入式系统。

(1) 嵌入式系统是面向用户、面向产品、面向应用的，它必须与具体应用相结合才会具有生命力、才更具有优势。因此可以这样理解上述三个面向的含义，即嵌入式系统是与应用紧密结合的，它具有很强的专用性，必须结合实际系统需求进行合理的裁减利用。

(2) 嵌入式系统是将先进的计算机技术、半导体技术、电子技术和各个行业的具体应用相结合后的产物，这一点就决定了它必然是一个技术密集、资金密集、高度分散、不断创新的知识集成系统。所以，进入嵌入式系统行业，必须有一个正确的定位。例如 Palm 之所以在掌上电脑领域占有 70%以上的市场，就是因为其立足于个人电子消费品，着重发展图形界面和多任务管理；而风河的 Vxworks 之所以在火星车上得以应用，则是因为其高实时性和高可靠性。

(3) 嵌入式系统必须根据应用需求对软硬件进行裁剪，满足应用系统的功能、可靠性、成本、体积等要求。所以，如果能建立相对通用的软硬件基础，然后在其上开发出适应各种需要的系统，是一个比较好的发展模式。目前嵌入式系统的核心往往是一个只有几 K 到几十 K 的微内核，需要根据实际的使用进行功能扩展或者裁减，但是由于微内核的存在，使得这种扩展能够非常顺利地进行。

实际上，嵌入式系统本身是一个外延极广的名词，凡是与产品结合在一起的具有嵌入式特点的控制系统都可以叫嵌入式系统，而且有时很难给它下一个准确的定义。现在人们讲嵌入式系统时，某种程度上是指近些年比较热的具有操作系统的嵌入式系统。

3.3.2 嵌入式系统的组成

嵌入式系统与传统的个人计算机一样，也是一种计算机系统，是由硬件和软件组成的。硬件包括了嵌入式处理器，以及一些外围元器件和外部设备，软件包括嵌入式操作系统和应用软件。

与传统计算机不同的是，嵌入式系统种类繁多。许多的芯片厂商、软件厂商加入其中，导致有多种硬件和软件，甚至多种解决方案。一般来说，不同嵌入式系统的软、硬件是很难兼容的，软件必须修改而硬件必须重新设计才能使用。虽然软、硬件种类繁多，但是不同的嵌入式系统还是有很多相同之处。图 3-10 是一个典型的嵌入式系统组成示意图。

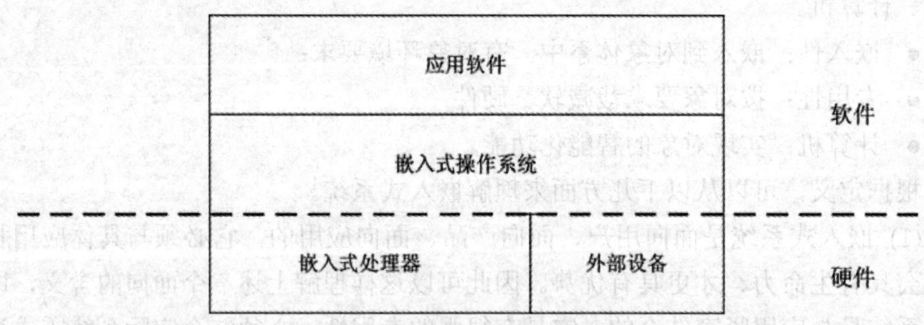

图 3-10　典型的嵌入式系统构成

如图 3-10 所示，一个典型的嵌入式系统是由软件和硬件组成的整体。硬件部分可以分成嵌入式处理器和外部设备。处理器是整个系统的核心，负责处理所有的软件程序以及外部设备的信号。外部设备在不同的系统中有不同的选择。比如在汽车上，外部设备主要是传感器，用于采集数据；而在一部手机上，外部设备可以是键盘、液晶屏幕等。

软件部分可以分成两层，最靠近硬件的是嵌入式操作系统。操作系统是软硬件的接口，负责管理系统的所有软件和硬件资源。操作系统还可以通过驱动程序与外部设备打交道。最上层的是应用软件，应用软件利用操作系统提供的功能开发出针对某个需求的程序，供用户使用。用户最终与应用软件打交道，例如在手机上编写一条短信，用户看到的是短信编写软件的界面，而看不到里面的操作系统以及嵌入式处理器等硬件。

1. 嵌入式系统硬件

(1) 嵌入式处理器

从硬件方面来讲，嵌入式系统的核心部件是嵌入式处理器。据不完全统计，全世界嵌入式处理器的品种已经超过 1 000 种，流行体系结构有 30 多个，其中 8051 体系占大多数。生产 8051 单片机的半导体厂家有 20 多个，共生产 350 多种衍生产品，仅 PHILIPS 公司就有近 100 种。目前嵌入式处理器的寻址空间为 64～256MB，处理速度为 0.1～2000MIPS。常见的两种单片机芯片如图 3-11 所示。

扁平封装的8051系列芯片

直列封装的ATMega8芯片

图 3-11　常见的两种单片机芯片

近年来嵌入式微处理器的主要发展方向是小体积、高性能、低功耗，专业分工也越来越明显，出现了专业的 IP 核(Intellectual Property Core，知识产权核)供应商，如 ARM 和 MIPS 等。它们提供优质、高性能的嵌入式微处理器内核，由各个半导体厂商生产面向各个应用领域的芯片。

一般可以将嵌入式处理器分成四类，即嵌入式微处理器(Micro Processor Unit，MPU)、嵌入式微控制器(Micro Controller Unit，MCU)、嵌入式 DSP 处理器(Digital Signal Processor，DSP)和嵌入式片上系统(System on Chip，SOC)，如图 3-12 所示。

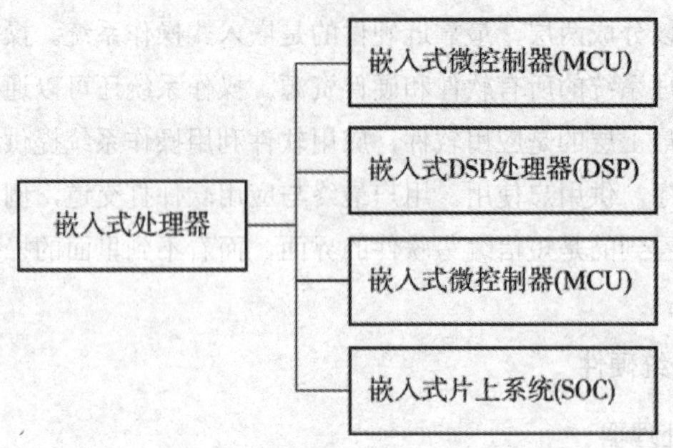

图 3-12 嵌入式硬件系统分类

下面简单介绍一下这四种嵌入式处理器。

① 嵌入式微处理器

嵌入式微处理器的基础是通用计算机中的 CPU。在应用中，将微处理器装配在专门设计的电路板上，电路板只保留和嵌入式应用有关的母板功能，这样可以大幅度减小系统体积和功耗。为了满足嵌入式应用的特殊要求，嵌入式微处理器虽然在功能上和标准微处理器基本是一样的，但在抗电磁干扰、可靠性等方面一般都做了各种增强。

和工业控制计算机相比，嵌入式微处理器具有体积小、重量轻、成本低、可靠性高的优点，但是在电路板上必须包括 ROM、RAM、总线接口、各种外设等器件，降低了系统的可靠性，技术保密性也较差。嵌入式微处理器及其存储器、总线、外设等安装在一块电路板上，称为单板计算机，如 STD-BUS、PC104 等。如图 3-13 所示。

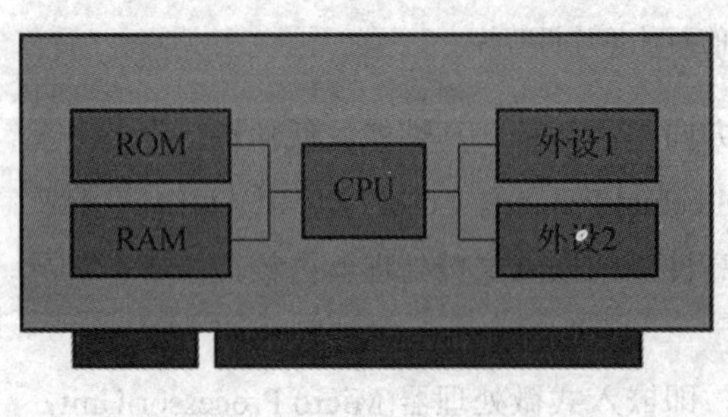

图 3-13 嵌入式微处理器

② 嵌入式微控制器

嵌入式微控制器又称单片机，它将整个计算机系统集成到一块芯片中。嵌入式微控制器一般以某一种微处理器内核为核心，其功能部件组成如图 3-14 所示。为适应不同的应用需求，一般一个系列的单片机具有多种衍生产品，每种衍生产品的处理器内核都是一样的，只是存储器和外设的配置及封装不同。这样可以使单片机最大限度地和应用需求相匹配，功能不多不少，从而减少功耗和成本。

和嵌入式微处理器相比，微控制器的最大特点是单片化，体积大大减小，从而使功耗和成本下降、可靠性提高。微控制器是目前嵌入式系统工业的主流。微控制器的片上外设资源一般比较丰富，适合于控制，因此称微控制器。

嵌入式微控制器目前的品种和数量最多，比较有代表性的通用系列包括 8051、P51XA、MCS-251、MCS-96/196/296、C166/167、MC68HC05/11/12/16、68300、数目众多的 ARM 芯片等。目前 MCU 占嵌入式系统约 70%的市场份额。

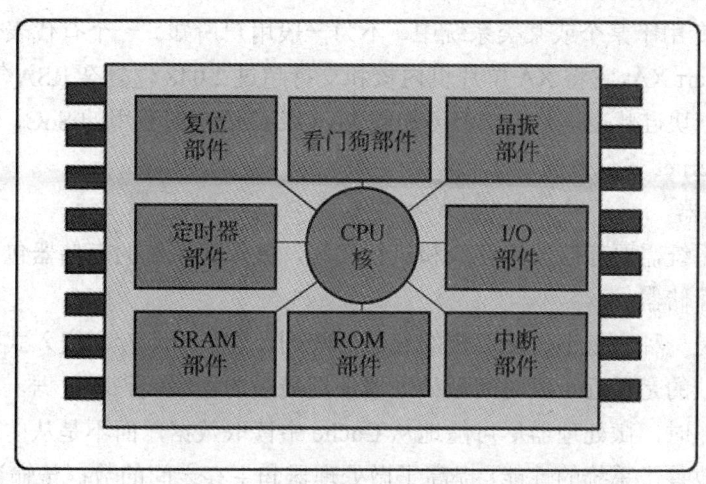

图 3-14　嵌入式微控制器功能部件

③ 嵌入式 DSP 处理器

DSP 处理器对系统结构和指令进行了特殊设计，使其适合于执行 DSP 算法，编译效率较高，指令执行速度也较高。在数字滤波、FFT、谱分析等方面 DSP 算法正在大量进入嵌入式领域，DSP 功能的实现方式也从在通用单片机中以普通指令实现，过渡到采用嵌入式 DSP 处理器来实现。

嵌入式 DSP 处理器比较有代表性的产品是 Texas Instruments 的 TMS320 系列和 Motorola 的 DSP56000 系列。TMS320 系列处理器包括用于控制的 C2000 系列，移动通信的 C5000 系列，以及性能更高的 C6000 和 C8000 系列。DSP56000 目前已经发展成为 DSP56000、DSP56100、DSP56200 和 DSP56300 等几个不同系列的处理器。另外飞利浦公司近年也推出了可重置嵌入式 DSP 结构的，在低成本、低功耗技术上制造的 R. E. A. L DSP 处理器，其特点是具备双 Harvard 结构和双乘/累加单元，应用目标是大批量消费类产品。

④ 嵌入式片上系统

随着 EDA(电子设计自动化)的推广和 VLSI(超大规模集成电路)设计的普及化及半导体工艺的迅速发展，在一个硅片上实现一个更为复杂的系统的时代已来临，这就是 SoC。各种通用处理器内核将作为 SoC 设计公司的标准库，和许多其他嵌入式系统外设一样，成为 VLSI 设计中一种标准的器件，用标准的 VHDL 等语言描述，存储在器件库中。用户只需定义出其整个应用系统，仿真通过后就可以将设计图交给半导体工厂制作样品。这样除个别无法集成的器件以外，整个嵌入式系统大部分均可集成到一块或几块芯片中去，应用系统电路板将变得很简洁，对于减小体积和功耗、提高可靠性非常有利。

SoC 可以分为通用和专用两类。通用系列包括 Infineon 的 TriCore、Motorola 的 M-Core、某些 ARM 系列器件、Echelon 和 Motorola 联合研制的 Neuron 芯片等。专用 SoC 一般专用于某个或某类系统中，不为一般用户所知。一个有代表性的产品是飞利浦的 Smart XA，它将 XA 单片机内核和支持超过 2 048 位复杂 RSA 算法的 CCU 单元制作在一块硅片上，形成一个可加载 Java 或 C 语言的专用的 SoC，可用于公众互联网如 Internet 安全方面。

(2) 存储器

嵌入式系统需要存储器来存放和执行代码，嵌入式系统的存储器包含 Cache、主存和辅助存储器。

Cache 是一种容量小、速度快的存储器阵列，它位于主存和嵌入式微处理器内核之间，存放的是最近一段时间微处理器使用最多的程序代码和数据。在需要进行数据读取操作时，微处理器尽可能地从 Cache 中读取数据，而不是从主存中读取，这样就大大改善了系统的性能，提高了微处理器和主存之间的数据传输速率。Cache 的主要目标就是：减小存储器(如主存和辅助存储器)给微处理器内核造成的存储器访问瓶颈，使处理速度更快，实时性更强。

在嵌入式系统中 Cache 全部集成在嵌入式微处理器内，可分为数据 Cache、指令 Cache 或混合 Cache，Cache 的大小依不同处理器而定。一般中高档的嵌入式微处理器才会把 Cache 集成进去。

主存是嵌入式微处理器能直接访问的寄存器，用来存放系统和用户的程序及数据。它可以位于微处理器的内部或外部，其容量为 256KB～1GB，根据具体的应用而定，一般片内存储器容量小，速度快，片外存储器容量大。常用作主存的存储器有：ROM 类，NOR Flash、EPROM 和 PROM 等；RAM 类，SRAM、DRAM 和 SDRAM 等。其中 NOR Flash 凭借其可擦写次数多、存储速度快、存储容量大、价格便宜等优点，在嵌入式领域内得到了广泛应用。

辅助存储器用来存放大数据量的程序代码或信息，它的容量大，但读取速度与主存相比就慢很多，用来长期保存用户的信息。嵌入式系统中常用的外存有：硬盘、NAND Flash、CF 卡、MMC 和 SD 卡等。

(3) 通用设备接口和 I/O 接口

嵌入式系统和外界交互需要一定形式的通用设备接口，如 A/D、D/A、I/O 等，外设通过和片外其他设备或传感器的连接来实现微处理器的输入/输出功能。每个外设通常都只有单一的功能，它可以在芯片外也可以内置芯片中。外设的种类很多，既包括一个简单的串行通信设备，也包括非常复杂的802.11无线设备。

目前嵌入式系统中常用的通用设备接口有 A/D(模/数转换接口)、D/A(数/模转换接口)，I/O 接口有RS-232 接口(串行通信接口)、Ethernet(以太网接口)、USB(通用串行总线接口)、音频接口、VGA 视频输出接口、I2C(串行总线)、SPI(串行外围设备接口)和 IrDA(红外线接口)等。

2. 嵌入式系统软件

嵌入式系统软件一般由嵌入式操作系统和应用软件组成。操作系统是连接计算机硬件与应用程序的系统程序。操作系统有两个基本功能：一是使计算机硬件便于使用，二是高效组织和正确地使用计算机的资源。操作系统有四个主要任务：进程管理、进程间通信与同步、内存管理和 I/O 资源管理。

目前，嵌入式系统软件主要有两大类，即实时系统和分时系统，如图 3-15 所示。

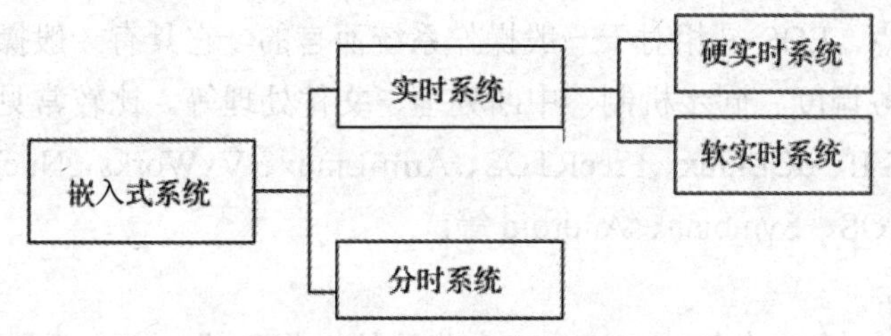

图 3-15　嵌入式软件系统分类

实时操作系统是指具有实时性、能支持实时控制系统工作的操作系统。实时操作系统的首要任务是调度一切可利用的资源完成实时控制任务，其次才是提高计算机系统的使用效率，其重要特点是通过任务调度来使重要事件在规定的时间内作出正确的响应。实时操作系统与分时操作系统有着明显的区别。具体地说，对于分时操作系统，软件的执行在时间上的要求并不严格，时间上的延误或者时序上的错误，一般不会造成灾难性的后果。而对于实时操作系统，主要任务是对事件进行实时的处理，虽然事件可能在无法预知的时刻到达，但是软件必须在事件随机发生时，在严格的时限内作出响应(系统的响应时间)。即使是系统处在尖峰负荷下也应如此，系统时间响应的超时就意味着致命的失败。另外，实时操作系统的重要特点是具有系统的可确定性，即系统能对运行的最好和最坏情况作出精确的估计。

实时系统又可以分为硬实时系统和软实时系统。硬实时和软实时的区别在于对外界的事件作出反应的时间。硬实时系统必须对事件作出及时的反应，绝对不能错过事件处理的时限。在硬实时系统中如果出现了没有及时反应的情况就意味着巨大的损失和灾难。比如说航天飞机的控制系统如果出现故障，后果将不堪想象。

软实时系统是指如果系统负荷较重，允许发生错过时限但不会造成太大危害的情况。如液晶屏刷新允许有短暂的延迟。

硬实时系统和软实时系统实现的区别主要是在选择调度算法上。对于软实时系统，选择基于优先级调度的算法足以满足系统的需求，而且可以提供高速的响应和大的系统吞吐量；而对硬实时系统来说，需要使用的算法就应该是调度方式简单、反应速度快的实时调度算法。

(1) 嵌入式操作系统

嵌入式操作系统(Embedded Operation System，EOS)是一种用途广泛的系统软件，过去它主要应用于工业控制和国防系统领域。EOS 负责嵌入系统的全部软、硬件资源的分配、任务调度，控制、协调并发活动。它必须体现其所在系统的特征，能够通过装卸某些模块来达到系统所要求的功能。目前，已推出一些应用比较成功的 EOS 产品系列。随着Internet 技术的发展、信息家电的普及应用及 EOS 的微型化和专业化，EOS 开始从单一的弱功能向高专业化的强功能方向发展。嵌入式操作系统在系统实时高效性、硬件的相关依赖性、软件固化以及应用的专用性等方面具有较为突出的特点。EOS 是相对于一般操作系统而言的，它具有一般操作系统最基本的功能，如任务调度、同步机制、中断处理、文件处理等。比较常见的嵌入式操作系统有：uC/OS II、uCLinux、FreeRTOS、Arm-Linux、VxWorks、Nucleus、Windows CE、OSE、ECOS、Symbian、Android 等。

(2) uCLinux

uClinux 是一个完全符合 GNU/GPL 公约的操作系统，完全开放代码。uClinux 从 Linux 2.0/2.4 内核派生而来，沿袭了主流 Linux 的绝大部分特性。它专门针对没有内存管理单元(MMu)的 CPU，并且为嵌入式系统做了许多小型化的工作。适用于没有虚拟内存或内存管理单元的处理器，如 ARM7TDMI。它通常用于具有很少内存的嵌入式系统。它保留了 Linux 的大部分优点：稳定、良好的移植性、优秀的网络功能、完备的对各种文件系统的支持以及标准丰富的 API 等。

(3) Windows CE

Windows CE 是微软开发的一个开放的、可升级的 32 位嵌入式操作系统，基于掌上型电脑类的电子设备操作，它是精简的 Windows 95。Windows CE 的图形用户界面相当出色，具有模块化、结构化、基于 Win32 应用程序接口以及与处理器无关等特点。Windows CE 不仅继承了传统的 Windows 图形界面，并且在 Windows CE

平台上可以使用 Windows 95/98 上的编程工具(如 Visual Basic、Visual C++等)，使绝大多数的应用软件只需简单地修改和移植就可以在 Windows CE 平台上使用。

(4) VxWorks

VxWorks 操作系统是美国 WIND BIVER 公司于 1983 年设计开发的一种嵌入式实时操作系统(RTOS)，是嵌入式开发环境的关键组成部分。良好的持续发展能力、高性能的内核以及友好的用户开发环境，使它在嵌入式实时操作系统领域占据一席之地。它以其良好的可靠性和卓越的实时性被广泛地应用在通信、军事、航空、航天等高精尖技术及实时性要求极高的领域中，如卫星通讯、军事演习、弹道制导、飞机导航等，甚至在 1997 年 4 月登陆火星表面的火星探测器上也使用了 VxWorks。

(5) OSE

OSE 主要是由 ENEA Data AB 下属的 ENEA OSE Systems AB 负责开发和技术服务的，它一直以来都充当着实时操作系统以及分布式和容错性应用的先锋，并保持良好的发展态势。

OSE 的客户深入到电信、数据、工控、航空等领域，尤其在电信方面，该公司已经有了十余年的开发经验，同爱立信、诺基亚、西门子等知名公司确定了良好的关系。

(6) Nucleus PLUS

Nucleus PLUS 是为实时嵌入式应用而设计的一个抢先式多任务操作系统内核，其 95%的代码是用 ANSIC 写成的，因此非常便于移植并能够支持大多数类型的处理器。

Nucleus PLUS 采用了软件组件的方法。每个组件具有单一而明确的目的，通常由几个 C 及汇编语言模块构成，提供清晰的外部接口，对组件的引用就是通过这些接口完成的。由于采用了软件组件的方法，使 Nucleus PLUS 的各个组件非常易于替换和复用。

(7) eCos

eCos 是 RedHat 公司开发的源代码开放的嵌入式 RTOS(实时操作系统)产品，是一个可配置、可移植的嵌入式实时操作系统，设计的运行环境为 RedHat 的 GNUPro 和 GNU 开发环境。eCos 的所有部分都开放源代码，可以按照需要自由修改和添加。eCos 的关键技术是操作系统可配置性，允许 eCos 的开发者定制自己的面向应用的操作系统，使 eCos 能有更广泛的应用范围。

(8) μC/OS-II

μC/OS-II 是一个源码公开、可移植、可固化、可裁剪、占先式的实时多任务操作系统。其绝大部分源码是用 ANSI C 写的，使其可以方便地移植并支持大多数类型的处理器。μC/OS-II 通过了联邦航空局(FAA)商用航行器认证。自 1992 年问世以来，μC/OS-II 已经被应用到数以百计的产品中。μC/OS-II 占用很少的系统资源，并且在高校教学中使用它是不需要申请许可证的。

3.3.3 嵌入式系统应用领域

经过几十年的发展，嵌入式系统已经在很大程度上改变了人们的生活、工作和娱乐方式，而且这些改变还在加速。嵌入式系统具有很多种类，每类都具有自己独特的个性。例如，MP3、数码相机与打印机就有很大的不同。汽车中具有多个嵌入式系统，使汽车更轻快、更干净、更容易驾驶。

嵌入式系统在很多产业中得到了广泛的应用并逐步改变着这些产业，如工业自动化、国防、运输和航天领域。例如神舟飞船和长征火箭中就有很多嵌入式系统，导弹的制导系统也是嵌入式系统，高档汽车中也有多达几十个嵌入式系统。

在日常生活中，人们使用各种嵌入式系统，但未必知道它们。事实上，几乎所有带有一点“智能”的家电(全自动洗衣机、电脑电饭煲等等)都有嵌入式系统。嵌入式系统广泛的适应能力和多样性，使得视听、工作场所甚至健身设备中都有嵌入式系统。

其应用领域主要包括以下几个方面。

1. 工业控制

基于嵌入式芯片的工业自动化设备已获得长足的发展，在工业过程控制、数字机床、电力系统、电网安全、电网设备监测、石油化工系统等领域，8 位、16 位、32 位嵌入式微控制器得到了广泛的应用。就传统的工业控制产品而言，低端型产品采用的往往是 8 位单片机。但是随着技术的发展，32 位、64 位的处理器逐渐成为工业控制设备的核心，在未来几年内必将获得长足的发展。

2. 交通管理

在车辆导航、流量控制、信息监测与汽车服务方面，嵌入式系统技术已经获得了广泛的应用，内嵌 GPS 模块、GSM 模块的移动定位终端已经在各种运输行业获得了成功的使用。目前 GPS 设备已经进入了普通百姓的家庭，只需要几千元，就可以随时随地找到你的位置。

3. 信息家电

这将成为嵌入式系统最大的应用领域，冰箱、空调等的网络化、智能化将引领人们的生活步入一个崭新的空间。即使你不在家里，也可以通过电话线、网络进行远程控制。在这些设备中，嵌入式系统将大有用武之地。

4. 军事国防

军事国防历来就是嵌入式系统的一个重要应用领域，20 世纪 60 年代，嵌入式计算机系统就已经应用于武器控制，后来用于军事指挥控制和通信系统，现在在智能炸弹制导引爆装置、坦克、舰艇、轰炸机、雷达、电子对抗军事通信装备、导弹控制中都可以看到嵌入式系统的影子。

5. 环境工程

嵌入式系统在环境工程中的应用包括水文资料实时监测、防洪体系及水土质量监测、地震监测，实时气象信息监测、水源和空气污染监测。在很多环境恶劣、地况复杂的地区，嵌入式系统能实现无人监测。

6. 机器人

嵌入式芯片的发展使机器人在微型化、高智能方面优势更加明显，同时会大幅度降低机器人的价格，使其在工业领域和服务领域获得更广泛的应用。

3.3.4　嵌入式系统的发展趋势

信息时代、数字时代使嵌入式产品获得了巨大的发展契机，同时也对嵌入式产品生产厂商提出了新的挑战。嵌入式系统的发展趋势包括以下几个方面。

(1) 嵌入式开发是一项系统工程，因此要求嵌入式系统厂商不仅要提供嵌入式软硬件系统本身，同时还需要提供强大的硬件开发工具和软件包。

目前很多厂商已经充分考虑到这一点，在主推系统的同时，将开发环境也作为重点推广。比如三星在推广 Arm7、Arm9 芯片的同时还提供开发板和版及支持包(BSP)，而 WindowCE 在主推系统时也提供 Embedded VC++作为开发工具，还有 Vxworks 的 Tonado 开发环境，DeltaOS 的 Limda 编译环境等都是这一趋势的典型体现。当然，这也是市场竞争的结果。

(2) 网络化、信息化的要求随着互联网技术的成熟、带宽的提高日益提高，使以往单一功能的设备如电话、手机、冰箱、微波炉等功能不再单一，结构更加复杂。

这就要求芯片设计厂商在芯片上集成更多的功能，为了满足应用功能的升级，设计师们一方面采用更强大的嵌入式处理器如 32 位、64 位 RISC 芯片或信号处理器 DSP 增强处理能力，同时增加功能接口，如 USB，扩展总线类型，如 CAN BUS，加强对多媒体、图形等的处理，逐步实现片上系统(SoC)的概念。软件方面采用实时多任务编程技术和交叉开发工具技术来控制功能复杂性，简化应用程序设计，保障软件质量和缩短开发周期。

(3) 网络互联成为必然趋势。

为了适应网络发展，未来的嵌入式设备必然要求硬件上提供各种网络通信接口。传统的单片机对于网络支持不足，而新一代的嵌入式处理器已经开始内嵌网络接口，除了支持 TCP/IP 协议，还有的支持 IEEE1394、USB、CAN、Bluetooth 或 IrDA通信接口中的一种或者几种，同时也提供相应的通信组网协议软件和物理层驱动软件。在软件方面系统内核支持网络模块，甚至可以在设备上嵌入Web浏览器，真正实现随时随地用各种设备上网。

(4) 精简系统内核、算法，降低功耗和软硬件成本。

未来的嵌入式产品是软硬件紧密结合的设备，为了降低功耗和成本，需要设计者尽量精简系统内核，只保留和系统功能紧密相关的软硬件，利用最低的资源实现最适当的功能，这就要求设计者选用最佳的编程模型并不断改进算法，优化编译器性能。因此，既要求软件人员有丰富的硬件知识，又需要发展先进嵌入式软件技术，如Java、Web和WAP等。

(5) 提供友好的多媒体人机界面。

嵌入式设备能与用户亲密接触，最重要的因素就是它能提供非常友好的用户界面、图像界面、灵活的控制方式，使得人们感觉嵌入式设备就像是一个熟悉的老朋友。这方面的要求使得嵌入式软件设计者要在图形界面、多媒体技术上多下功夫。手写文字输入、语音拨号上网、收发电子邮件以及彩色图形、图像都会使使用者获得自由的感受。目前一些先进的PDA在显示屏幕上已实现汉字写入、短消息语音发布，但一般的嵌入式设备距离这个要求还有很长的路要走。

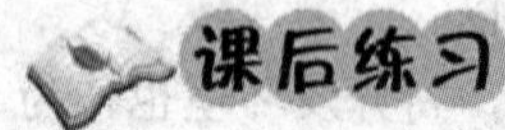

课后练习

一、单项选择题

1. 根据射频标签工作方式可将电子标签分为(　　)、被动式和半被动式三种类型。

   A. 主动式　　B. 只读式

   C. 一次性编程只读式　　D. 可重复编程只读式

2. (　　)不是传感器的组成元件。

   A. 敏感元件　　B. 转换电路

   C. 转换元件　　D. 电阻电路

3. (　　)不属于自动识别技术。

   A. 条码　　B. 生物识别　　C. RFID　　D. 真假钞手工识别

4. 条码可以分为一维条码和二维条码，(　　)不是一维条码。

   A. EAN码　　B. UPC码　　C. 库德巴码　　D. Code 16K

5. 一维条码可分为商品条码和物流条码，(　　)是商品条码。

   A. 128码　　B. UPC码　　C. 库德巴码　　D. Code 16K

6. 二维条码根据构成原理、结构形状的差异，可分为行排式二维条码和矩阵式二维条码，(　　)不属于行排式二维条码。

A. Code 16K　　B. QR Code　　C. Code 49　　D. PDF417

7. 下列关于一维条码和二维条码的描述错误的是(　　)。

A. 一维条码密度低，二维条码密度高

B. 一维条码容量小，二维条码容量大

C. 一维条码储存资料，二维条码不储存资料

D. 一维条码没有错误纠正能力，二维条码有错误纠正能力

8. 在各种自动识别技术中，识别速度最快的是(　　)。

A. 条码形　　B. 光学字符识别

C. 生物识别　　D. RFID

9. 下列关于自动识别技术的描述中，(　　)不是 RFID 主要特性。

A. 形状多样化和小型化　　B. 耐环境性

C. 可重复使用　　D. 不能存储数据

10. RFID 按供电方式可分为有源电子标签、(　　)电子标签和半无源电子标签。

A. 主动式　　B. 半主动式　　C. 无源　　D. 高频

11. RFID 按使用频率可分为(　　)。

A. 低频、高频、超高频、微波

B. 超高频、极高频、超超高频、微波

C. 低频、超高频、极高频、微波

D. 低频、高频、极高频、微波

12. RFID 低频的工作频率和波长分别为(　　)。

A. 110kHz～134kHz，2 500m　　B. 110kHz～140kHz，2 500m

C. 120kHz～134kHz，2 500m　　D. 120kHz～140kHz，2 500m

13. RFID 高频的工作频率和波长分别为(　　)。

A. 11.56MHz，22m　　B. 12.56MHz，22m

C. 13.56MHz，22m　　D. 14.56MHz，22m

14. RFID 超高频频段欧洲、北美和日本使用的频率分别为(　　)。

A. 868MHz，902～905MHz，950～956MHz

B. 902～905MHz，868MHz，950～956MHz

C. 950～956MHz，868MHz，902～905MHz

D. 902～905MHz，950～956MHz，868MHz

15. 微波的工作频率一般为(　　)和 5.8GHz。

A. 2.3GHz　　B. 2.4GHz　　C. 2.5GHz　　D. 2.6GHz

16. RFID 系统由硬件和软件两大部分组成，硬件组件包括电子标签、(　　)和天线。

A. 应用系统　B. 读写器　C. 标签　D. 电波场

17. 读写器由收发机、(　　)、存储器、通信接口等组成。

A. RAM　B. ROM　C. 微处理器　D. 串口

18. RFID 软件系统由边沿接口系统、(　　)、企业应用接口和应用软件四部分组成。

A. 管理信息系统　B. RFID 中间件　C. 操作系统　D. 驱动程序

19. 关于人体系统与机器系统的描述，错误的是(　　)。

A. 感官——传感器　B. 人脑——计算机

C. 肢体——执行器　D. 人脑——执行器

20. 传感器的作用是将来自外界的各种信号转换成(　　)。

A. 电信号　B. 数字信号　C. 模拟信号　D. 二进制流

21. 传感器一般由(　　)、转化元件和转换电路三部分组成。

A. 集成电路　B. 敏感元件　C. 敏感电路　D. 数字电路

22. 嵌入式系统的主要特征是(　　)。

A. 系统内核小，专用性强

B. 系统精简，高实时性

C. 使用多任务操作系统

D. 以上三项都对

23. 嵌入式系统就是嵌入到对象体中的专用计算机系统，具有嵌入性、(　　)和计算机三个基本要素。

A. 专用性　B. 唯一性　C. 智能化　D. 可靠性

24. 嵌入式系统包括硬件和软件部分，硬件部分最核心的部件是(　　)。

A. 外部设备　B. 嵌入式处理器

C. 通用设备接口　D. 存储器

25. 嵌入式处理器可分为嵌入式微控制器、(　　)、嵌入式微处理器和嵌入式片上系统。

A. MCU　B. DSP　C. MPU　D. SoC

26. 下列属于嵌入式操作系统的是(　　)。

A. Windows 7　B. Windows XP　C. uClinux　D. MacOS

27. “感知层是物联网的核心，其功能是全面感知、采集信息。”这句话是(　　)。

A. 正确的　B. 错误的

28. “如何确保电子标签拥有者的个人隐私不受侵犯已成为 RFID 技术以至物联网推广的关键问题。”这句话是(　　)。

A. 正确的　　　　B. 错误的

二、简答题

1. 简述 RFID 系统的组成。
2. 简述传感器的定义和组成。
3. 简述 RFID 的应用领域和面临的问题。
4. 简述嵌入式系统的应用领域。

第 4 章

物联网通信技术

通信是物联网的关键，没有通信，物联网感知的大量信息就无法进行有效地交换与共享，从而也就不能利用这些信息产生丰富的物联网应用。物联网通信包含有线和无线通信技术，而最能体现物联网特征的则是无线通信技术，也是本章讲解的重点。

本章主要内容

- □ 互联网
- □ 移动通信技术
- □ 短距离无线通信技术

4.1 互联网

4.1.1 互联网概述

1. 互联网的形成和发展

互联网(Internet)是由使用公用语言互相通信的计算机连接而成的全球网络。Internet 最早起源于美国国防部高级计划研究署 ARPA(Advanced Research Projects Agency)支持的用于军事目的的计算机实验网络 ARPAnet，该网于 1969 年投入使用，这个项目基于这样一种主导思想：网络必须能够经受住故障的考验而维持正常工作，一旦发生战争，当网络的某一部分因遭受攻击而失去工作能力时，网络的其他部分应当能够维持正常通信。

1987 年 9 月 14 日，北京计算机应用技术研究所发出了中国第一封电子邮件“Across the Great Wall we can reach every corner in the world”(穿越长城，走向世界)，揭开了中国启用 Internet 的序幕。1994 年，我国通过四大骨干网(ChinaNET、CERNET、CSTNet、CHINAGBN)正式接入国际互联网，从此 Internet 在我国得到了迅速发展。

Internet 的基础结构大体上经历了三个阶段的演进。但这三个阶段在时间划分上并非截然分开而是有部分重叠的，这是因为网络的演进是逐渐的而不是突然的。

第一阶段是从单个网络 ARPAnet 向互联网发展的过程。1969 年美国国防部创建的第一个分组交换网 ARPAnet 最初只是一个单个的分组交换网(并不是一个互联网)。所有要连接在 ARPAnet 上的主机都直接与就近的交换结点机相连。ARPAnet 问世后，发展迅速。1984 年 ARPAnet 上的主机已超过 1 000 台。但到了 70 年代中期，人们已认识到不可能仅使用一个单独的网络来满足所有的通信问题。于是 ARPA 开始研究多种网络(如分组无线电网络)互连的技术，这就导致后来互联网的出现。1983 年 TCP/IP 协议成为 ARPAnet 上的标准协议。同年，ARPAnet 分解成两个网络。一个仍称为 ARPAnet，是进行实验研究用的科研网。另一个是军用的计算机网络 MILnet(MILnet 拥有 ARPAnet 当时的 113 个结点中的 68 个)。这样，在 1983—1984 年间 Internet 就形成了。1990 年 ARPAnet 正式宣布关闭，因为它的实验任务已经完成。

第二阶段的特点是建成了三级结构的互联网。ARPAnet 的发展使美国国家科学基金会 NSF(National Science Foundation)认识到计算机网络对科学研究的重要性，因此从 1985 年起，美国国家科学基金会就围绕六个大型计算机中心建设计算机网络。1986 年，NSF 建立了国家科学基金网 NSFnet。它是一个三级计算机网络，分为主干网、地区网和校园网。这种三级计算机网络覆盖了全美国主要的大学和研究所。1987 年互联网上的主机超过 1 万台。最初，NSFnet 的主干网的速率不高，仅为 56Kb/s。1989 年 NSFnet 主干网的速率提高到 1.544Mb/s，即 T1 的速率，并且成为互联网中的主要部分。1991 年，NSF 和美国的其他政府机构开始认识到，互联网必将扩大其使用范围，不会仅限于大学和研究机构。世界上的许多公司纷纷接入到互联网，使网络上的通信量急剧增大，每日传送的分组数达 10 亿个之多。互联网的内容已满足不了需要。于是美国政府决定将互联网的主干网转交给私人公司来经营，并开始对接入互联网的单位收费。1992 年互联网上的主机超过百万台。1993 年互联网主干网的速率提高到 45Mb/s(T3 速率)，不久，三级结构互联网(由美国政府资助的)又演进到现在第三阶段的多级结构互联网(由许多公司经营的)。因此，现在的互联网并不是某个单个组织所拥有的。

第三阶段的多级结构互联网是这样形成的。从 1993 年开始，由美国政府资助的 NSFnet 逐渐被若干个商用的互联网主干网替代。这种主干网也叫做服务提供者网络(service provider network)，任何人只要向互联网服务提供者 ISP(Internet Service Provider)交纳规定的费用，就可通过该 ISP 接入到互联网。考虑到互联网商用化后可能会出现很多的 ISP，为了使不同 ISP 经营的网络都能够互通，在 1994 年开始创建了 4 个网络接入点 NAP(Network Access Point)，分别由 4 个电信公司经营。所谓网络接入点 NAP 就是用来交换互联网上流量的结点。在 NAP 中安装有性能很好的交换设施(例如，使用 ATM 交换技术)。到本世纪初，美国的 NAP 的数量已达到十几个。这样，从 1994 年到现在，互联网逐渐演变成多级结构网络。NAP 是最高级的接入点。它主要是向不同的 ISP 提供交换设施，使它们能够互相通信。

2. 互联网的组成

互联网的拓扑结构虽然非常复杂，并且在地理上覆盖了全球，但从其工作方式上看，可以划分为以下两大块：

- 边缘部分。由所有连接在互联网上的主机组成。这部分是用户直接使用的，用来进行通信(传送数据、音频或视频)和资源共享。
- 核心部分。由大量网络和连接这些网络的路由器组成。这部分是为边缘部分提供服务的(提供连通性和交换)。

(1) 边缘部分

处在互联网边缘的部分就是连接在互联网上的所有的主机。这些主机又称为端系统(End System)，“端”就是“末端”的意思(即互联网的末端)。端系统在功能上可能有很大的差别，小的端系统可以是一台普通个人电脑甚至是很小的掌上电脑，而大的端系统则可以是一台非常昂贵的大型计算机。端系统的拥有者可以是个人，也可以是单位(如学校、企业、政府机关等)，当然也可以是某个 ISP(即 ISP 不仅仅是向端系统提供服务，它也可以拥有一些端系统)。边缘部分利用核心部分所提供的服务，使众多主机之间能够互相通信并交换或共享信息。

在网络边缘的端系统中运行的程序之间的通信方式通常可划分为两类：客户服务器方式(C/S 方式)和对等方式(P2P 方式)。

① 客户/服务器方式

C/S(Client/Server，客户/服务器)方式在互联网上是最常用的，也是传统的方式。我们在上网发送电子邮件或在网站上查找资料时，都是使用客户/服务器方式，B/S 方式(Browser/Server，浏览器/服务器)是 C/S 方式的一种特例。

② 对等连接方式

对等连接(Peer-to-Peer，简写为 P2P)是指两个主机在通信时并不区分哪一个是服务请求方还是服务提供方。只要两个主机都运行了对等连接软件(P2P 软件)，它们就可以进行平等的、对等连接通信。这时，双方都可以下载对方已经存储在硬盘中的共享文档。因此这种工作方式也称为 P2P 文件共享。对等连接工作方式可支持大量对等用户(如上百万个)同时工作。

(2) 核心部分

网络核心部分是互联网中最复杂的部分，因为网络中的核心部分要向网络边缘中的大量主机提供连通性，使边缘部分中的任何一个主机都能够向其他主机通信(即传送或接收各种形式的数据)。

在网络核心部分起特殊作用的是路由器(Router)。目前我们只需要知道，路由器是一种专用计算机(但不是主机)。如果没有路由器，再多的网络也无法构建成互联网。路由器是实现分组交换(Packet Switching)的关键构件，其任务是转发收到的分组，这是网络核心部分最重要的功能。

在网络中，将数据从发送端发送到接收端接收的过程称为数据交换。按照交换方式的不同，数据交换可以分为三种：电路交换、报文交换和分组交换。下面主要介绍两个主流的数据交换模式。

① 电路交换

从通信资源的分配角度来看，“交换”(Switching)就是按照某种方式动态地分配传输线路的资源。在使用电路交换打电话之前，必须先拨号建立连接。当拨号的信令通过许多交换机到达被叫用户所连接的交换机时，该交换机就向被叫用户的电话机振铃。在被叫用户摘机且摘机信令传送回到主叫用户所连接的交换机后，呼叫即完成。这时，从主叫端到被叫端就建立了一条连接(物理通路)。这条连接占用了双方通话时所需的通信资源，而这些资源在双方通信时不会被其他用户占用，此后主叫和被叫双方才能互相通电话。正是因为有了这个特点，电路交换对端到端的通信质量有可靠的保证。通话完毕挂机后，挂机信令告诉这些交换机，使交换机释放刚才使用的这条物理通路(即归还刚才占用的所有通信资源)。这种必须经过“建立连接(占用通信资源)——通话(一直占用通信资源)——释放连接(归还通信资源)”三个步骤的交换方式称为电路交换。

当使用电路交换来传送计算机数据时，其线路的传输效率往往很低。这是因为计算机数据是突发式地出现在传输线路上，因此线路上真正用来传送数据的时间往往不到 10%甚至 1%。实际上，已被用户占用的通信线路在绝大部分时间里都是空闲的。例如，当用户阅读终端屏幕上的信息或用键盘输入和编辑一份文件时，或计算机正在进行处理而结果尚未返回时，宝贵的通信线路资源并未被利用而是白白被浪费了。

② 分组交换

分组交换则采用存储转发技术。通常我们把要发送的整块数据称为一个报文(Message)。在发送报文之前，先把较长的报文划分成为一个个更小的等长数据段，在每一个数据段前面，加上一些必要的控制信息组成的首部(Header)后，就构成了一个分组(Packet)。分组又称为“包”，而分组的首部也可称为“包头”。分组是在互联网中传送的数据单元。分组中的“首部”是非常重要的，正是由于分组的首部包含了诸如目的地址和源地址等重要控制信息，每一个分组才能在互联网中独立地选择传输路径。

主机和路由器都是计算机，但它们的作用很不一样。主机是为用户进行信息处理的，并且可以和其他主机通过网络交换信息。路由器则是用来转发分组的，即进行分组交换的。

路由器收到一个分组，先暂时存储下来，再检查其首部，查找转发表，按照首部中的目的地址，找到合适的接口转发出去，把分组交给下一个路由器。这样一步一步地(有时会经过几十个不同的路由器)以存储转发的方式，把分组交付到最终的目的主机。各路由器之间必须经常交换彼此掌握的路由信息，以便创建和维持在路由器中的转发表，使得转发表能够在整个网络拓扑发生变化时及时更新。

3. 互联网接入技术

Internet 接入技术很多，除了最常见的拨号接入外，目前正广泛兴起的宽带接入相对于传统的窄带接入而言显示了其不可比拟的优势和强劲的生命力。宽带是一个相对于窄带而言的电信术语，为动态指标，用于度量用户享用的业务带宽，目前国际还没有统一的定义，一般而论，宽带是指用户接入传输速率达到 2Mb/s 及以上、可以提供 24 小时在线的网络基础设备和服务。

宽带接入技术主要包括以现有电话网铜线为基础的 xDSL 接入技术、以电缆电视为基础的混合光纤同轴(HFC)接入技术、以太网接入、光纤接入技术等多种有线接入技术以及无线接入技术。表 4-1 显示了主要接入技术的部分典型特征。

表 4-1　Internet 主要接入技术一览表

Internet 接入技术	客户端所需主要设备	接入网主要传输媒介	传输速率(b/s)	窄带/宽带	有线/无线	特　点
ADSL(xDSL)	ADSL Modem ADSL 路由器 网卡 Hub	电话线	上行 1M 下行 8M	宽带	有线	安装方便，操作简单，无须拨号； 利用现有电话线路，上网打电话两不误； 提供各种宽带服务，费用适中，速度快； 受距离影响(3～5km)，对线路质量要求高，适应天气能力差；
以太网接入及高速以太网接入	以太网接口卡、交换机	五类双绞线	10M 100M 1 000M 1G 10G	宽带	有线	成本适当，速度快，技术成熟； 结构简单，稳定性高，可扩充性好； 不能利用现有电信线路，要重新铺设线缆

(续表)

<table>
<tr><th colspan="2">Internet
接入技术</th><th>客户端所需
主要设备</th><th>接入网
主要传输
媒介</th><th>传输速率
(b/s)</th><th>窄带/
宽带</th><th>有线/
无线</th><th>特　点</th></tr>
<tr><td colspan="2">HFC 接入</td><td>Cable
Modem
机顶盒</td><td>光纤+
同轴电缆</td><td>上行
320K～10M
下行 27M
和 36M</td><td>宽带</td><td>有线</td><td>利用现有有线电视网；
速度快，是相对比较经济的方式；
信道带宽由整个社区用户共享，用户数增多，带宽就会急剧下降；
安全上有缺陷，易被窃听
适用于用户密集型小区</td></tr>
<tr><td colspan="2">光纤 FTTx 接入</td><td>光分配单元
ODU，
交换机，
网卡</td><td>光纤
铜线
(引入线)</td><td>10M
100M
1 000M
1G</td><td>宽带</td><td>有线</td><td>带宽大，速度快，通信质量高；
网络可升级性能好，用户接入简单；
提供双向实时业务的优势明显；
投资成本较高，无源光节点损耗大</td></tr>
<tr><td rowspan="3">无线接入</td><td>卫星通信</td><td>卫星天线和
卫星接收
Modem</td><td>卫星链路</td><td>依频段、
卫星、
技术而变</td><td>兼有</td><td rowspan="3">无线</td><td rowspan="3">方便，灵活；
具有一定程度的终端移动性；
投资少，建网周期短，提供业务快；
可以提供多种多媒体宽带服务；
占用无线频谱，易受干扰和气候影响；
传输质量不如光缆等有线方式；
移动宽带业务接入技术尚不成熟</td></tr>
<tr><td>LMDS</td><td>基站设备
BSE，
室外单元、
室内单元，
无线网卡</td><td>高频微波</td><td>上行
1.544M
下行
51.84M～
155.52M</td><td>宽带</td></tr>
<tr><td>移动
无线接入</td><td>移动终端</td><td>无线介质</td><td>19.2K
144K
384K
2M</td><td>窄带</td></tr>
</table>

总之，各种接入方式都有其自身的优势和劣势，不同用户应该根据自己的实际情

况做出合理选择，目前还出现了两种或多种方式综合接入的趋势，如 FTTx+ADSL、FTTx+HFC、ADSL+WLAN(无线局域网)、FTTx+LAN 等。

(1) ADSL 接入

ADSL(Asymmetrical Digital Subscriber Line)是在无中继的用户环路上，使用负载电话线提供高速数字接入的传输技术，是非对称 DSL 技术的一种，可在现有电话线上传输数据，误码率低。ADSL 技术为家庭和小型业务提供了宽带、高速接入 Internet 的方式。

在普通电话双绞线上，ADSL 典型的上行速率为 512Kb/s～1Mb/s，下行速率为 1.544～8.192Mb/s，传输距离为 3～5km。有关 ADSL 的标准，现在比较成熟的有 G.DMT 和 G.Lite。一个基本的 ADSL 系统由局端收发机和用户端收发机两部分组成，收发机实际上是一种高速调制解调器(ADSL Modem)，由其产生上下行的不同速率。

(2) HFC 接入

光纤同轴电缆混合网(Hybrid Fiber Coaxial，HTC)是一种新型的宽带网络，也可以说是有线电视网的延伸。它从交换局到服务区采用光纤，而在进入用户的“最后 1 公里”采用有线电视网同轴电缆。它可以提供电视广播(模拟及数字电视)、影视点播、数据通信、电信服务(电话、传真等)、电子商贸、远程教学与医疗以及丰富的增值服务(如电子邮件、电子图书馆)等。

HFC 接入技术是以有线电视网为基础，采用模拟频分复用技术，综合应用模拟和数字传输技术、射频技术和计算机技术所产生的一种宽带接入网技术。以这种方式接入 Internet 可以实现 10Mb/s～40Mb/s 的带宽，用户可享受的平均速度是 200Kb/s～500Kb/s，最快可达 1 500Kb/s，用它可以非常舒心地享受宽带多媒体业务，并且可以绑定独立 IP。

(3) 光纤接入

光纤接入技术实际就是在接入网中全部或部分采用光纤传输介质，构成光纤用户环路(Fiber In The Loop，FITL)，实现用户高性能宽带接入的一种方案。

光纤接入网(Optical Access Network，OAN)是指在接入网中用光纤作为主要传输媒介来实现信息传输的网络形式，它不是传统意义上的光纤传输系统，而是针对接入网环境所专门设计的光纤传输网络。

一些城市开始兴建高速城域网，主干网速率可达几十 Gb/s，并且推广宽带接入。光纤可以铺设到用户的路边或者大楼，可以以 100Mb/s 以上的速率接入。

(4) 无线接入

无线接入技术是指从业务节点到用户终端之间的全部或部分传输设施采用无线手段，向用户提供固定和移动接入服务的技术。采用无线通信技术将各用户终端接入到核心网的系统，或者是在市话端局或远端交换模块以下的用户网络部分采用无线通信技术的系统都统称为无线接入系统。由无线接入系统所构成的用户接入网称为无线接入网。

无线接入按接入方式和终端特征通常分为固定接入和移动接入两大类。

① 固定无线接入，指从业务节点到固定用户终端采用无线技术的接入方式，用户终端不含或仅含有限的移动性。此方式是用户上网浏览及传输大量数据时的必然选择，主要包括卫星、微波、扩频微波、无线光传输和特高频。

② 移动无线接入，指用户终端移动时的接入，包括移动蜂窝通信网(GSM、CDMA、TDMA、CDPD)、无线寻呼网、无绳电话网、集群电话网、卫星全球移动通信网以及个人通信网等，是当前接入研究和应用中很活跃的一个领域。

4. 互联网的分层结构

计算机网络是个非常复杂的系统，可将庞大而复杂的问题，转化为若干较小的局部问题，而这些较小的局部问题就比较易于研究和处理。

为了使不同体系结构的计算机网络都能互连，国际标准化组织 ISO 于 1977 年成立了专门机构研究该问题。不久，他们就提出一个试图使各种计算机在世界范围内互联成网的标准框架，即著名的开放系统互联基本参考模型 OSI/RM(Open Systems Interconnection Reference Model)，简称为 OSI，也就是所谓的七层协议的体系结构。因此只要遵循 OSI 标准，一个系统就可以和位于世界上任何地方的、也遵循着同一标准的其他任何系统进行通信。

OSI 试图达到一种理想境界，即全世界的计算机网络都遵循这个统一的标准，因而全世界的计算机将能够很方便地进行互联和交换数据。但结果却事与愿违，由于互联网已抢先在全世界覆盖了相当大的范围，而互联网并未使用 OSI 标准，得到最广泛应用的不是法律上的国际标准 OSI，而是非国际标准 TCP/IP。这样，TCP/IP 就常被称为是事实上的国际标准。

OSI 的七层协议体系结构的概念清楚，理论也较完整，但它既复杂又不实用。TCP/IP 体系结构则不同，但它现在却得到了非常广泛的应用。TCP/IP 是一个四层的体系结构，它包含应用层、运输层、网际层和网络接口层。

OSI 的体系结构和 TCP/IP 的体系结构如图 4-1 所示。

<table>
<tr><th>OSI 体系结构</th><th>TCP/IP 体系结构</th></tr>
<tr><td>应用层</td><td rowspan="3">应用层</td></tr>
<tr><td>表示层</td></tr>
<tr><td>会话层</td></tr>
<tr><td>传输层</td><td>传输层</td></tr>
<tr><td>网络层</td><td>网际层</td></tr>
<tr><td>数据链路层</td><td rowspan="2">网络接口层</td></tr>
<tr><td>物理层</td></tr>
</table>

图 4-1　OSI 和 TCP/IP 网络体系结构

现在结合互联网的情况，自上而下地、非常简要地介绍一下各层的主要功能。

(1) 应用层(Application Layer)。应用层是体系结构中的最高层。应用层直接为用户的应用进程提供服务。这里的进程就是指正在运行的程序。在互联网中的应用层协议很多，如支持万维网应用的 HTTP 协议，支持电子邮件的 SMTP 协议，支持文件传送的 FTP 协议等。

(2) 运输层(Transport Layer)。运输层的任务就是负责向两个主机中进程之间的通信提供服务。由于一个主机可同时运行多个进程，因此运输层有复用和分用的功能。复用就是多个应用层进程可同时使用下面运输层的服务，分用则是运输层把收到的信息分别交付给上面应用层中的相应的进程。

运输层主要使用以下两种协议：

① 传输控制协议 TCP(Transmission Control Protocol)——面向连接的，数据传输的单位是报文段(Segment)，能够提供可靠的交付；

② 用户数据报协议 UDP(User Datagram Protocol)——无连接的，数据传输的单位是用户数据报，不保证提供可靠的交付，只能提供“尽最大努力交付(Best-Effort Delivery)”。

(3) 网络层(Network Layer)。网络层负责为分组交换网上的不同主机提供通信服务。在发送数据时，网络层把运输层产生的报文段或用户数据报封装成分组或包进行传送。在 TCP/IP 体系中，由于网络层使用 IP 协议，因此分组也叫做 IP 数据报，或简称为数据报。

网络层的另一个任务就是要选择合适的路由，使源主机运输层传下来的分组，能够通过网络中的路由器找到目的主机。

互联网是一个很大的互联网，它由大量的异构(Heterogeneous)网络通过路由器(Router)相互连接起来。互联网主要的网络层协议是无连接的网际协议 IP(Internet Protocol)和许多种路由选择协议，因此互联网的网络层也叫做网际层或 IP 层。

(4) 数据链路层(Data Link Layer)常简称为链路层。我们知道，两个主机之间的数据传输，总是在一段一段的链路上传送的，也就是说，在两个相邻节点之间(主机和路由器之间或两个路由器之间)传送数据是直接传送的(点对点)。这时就需要使用专门的链路层协议。在两个相邻节点之间传送数据时，数据链路层将网络层交下来的 IP 数据报组装成帧(Frame)，在两个相邻节点间的链路上“透明”地传送帧中的数据。每一帧包括数据和必要的控制信息，如同步信息、地址信息、差错控制等。典型的帧长是几百字节到一千多字节。

“透明”是一个很重要的术语。它表示：某一个实际存在的事物看起来却好像不存在一样。例如，你看不见在你前面有 100%透明的玻璃的存在。“在数据链路层透明传送数据”表示无论什么样的比特组合的数据都能够通过这个数据链路层。因此，对所传送的数据来说，这些数据就“看不见”数据链路层。或者说，数据链路层对这些数据来说是透明的。

在接收数据时，控制信息使接收端能够知道一个帧从哪个比特开始和到哪个比特结束。这样，数据链路层在收到一个帧后，就可从中提取出数据部分，上交给网络层。

控制信息还使接收端能够检测到所收到的帧中有无差错。如发现有差错，数据链路层就简单地丢弃这个出了差错的帧，以免继续传送下去白白浪费网络资源。如果需要改正错误，就由运输层的TCP协议来完成。

(5) 物理层(Physical Layer)。在物理层上所传数据的单位是比特。物理层的任务就是透明地传送比特流。也就是说，发送方发送1(或0)时，接收方应当收到1(或0)而不是0(或1)。因此物理层要考虑用多大的电压代表“1”或“0”，以及接收方如何识别出发送方所发送的比特。物理层还要确定连接电缆的插头应当有多少根引脚以及各条引脚应如何连接。当然，哪几个比特代表什么意思，则不是物理层所要负责的。请注意，传递信息所利用的一些物理媒体，如双绞线、同轴电缆、光缆、无线信道等，并不在物理层协议之内而是在物理层协议的下面。因此也有人把物理媒体当做第0层。

4.1.2 从互联网到物联网

互联网把每一台个人计算机连接了起来，开发出丰富的内容和成熟的应用，但是这些内容与应用，是针对人与人这个特定的领域并且是虚拟的，除了人与人，我们所处的世界还包括了各种各样的物质和物体，那么人和物、物和物之间是不是也能有这样一种对话工具呢？工业时代的技术发展催生了物联网，它的出现使人和物、物与物之间的有效通信变为可能。物联网的诞生，真正标志着我们所在的世界彻底地互联互通了。

未来有一种生活是这样的：人们驾车时，只需要设置好目的地，便可以在车上随意睡觉、看电影，车载系统会通过路面接收到的智能信号行驶；人们生病时，不需要去医院，只需要一个小小的仪器，医生就可以24小时监测病人的体温、血压、脉搏；你还能通过手机在北京控制成都家中的电饭煲为家人煮饭。这并不是科幻电影里的场景，这实际上是通过放置在物体内的微型传感器实现的，微型传感器负责收集各种数据，一旦发生异常改变，数据处理中心便会发出提醒或修改信息，随后通过无线通信网络进行共享和传输，就能实现通俗意义上的物物相连。也许在不远的将来，只要借助物联网技术，这些都会成为我们日常生活的常用工具。

互联网已经实现了人与人的相连，如果系统和物体之间也可以相互“对话”，数以万亿计的事物将通过一定的设备紧密相连——汽车、家用电器、照相机、城市道路、超市、机场、工业生产、农业生产等。在物物相连的基础上，现代计算模式可以掌控日益激增的最终用户设备和传感器，并将它们与后端系统连接，从而使我们整个社会系统、流程和基础结构都处于更加高效的状态。

从本质上来说，互联网和物联网是两个截然不同的事物。互联网是一个完全虚拟的世界，人与人之间的交流只是信息和知识的交流。例如我们想在互联网上了解一个商品，必须要通过人去收集这个商品的相关信息，然后放置到互联网上供人们浏览，人们必须做很多的工作，并且难以动态地了解物品的变化。而物联网则不需要，它是通过在物体里植入的各种微型的芯片实现人与物体本体的直接相连。但是，物联网必须借助互联网才能实现全球互联，在本身的信息储存与识别技术基础之上，还需要嵌入无线网络、移动通信网络和互联网才能实现信息的传递。当物联网和这些网络结合后，世界的网络化进程发生了质的改变。因为物联网和已经出现的各种物理网络的发展有一个最本质的不同点，那就是二者发展的驱动力不同。之前网络发展的驱动力是个人，因为这些网络改变的是人与人之间的交流方式，因而极大地激发了以个人为核心的创造力。而物联网的驱动力来自于企业，物联网的实现可以促进企业改变商业运作模式，包括生产作业模式、供应链管理模式、产品追溯体制乃至组织管理。

物联网的构建过程，其实是企业真正利用现代科技进行自我突破和创新的过程。与个人驱动力相比，企业驱动力明显大得多。由于企业相对于个人而言具有更大的资源和能力优势，互联网时代个人创造力空前活跃，但也要借助于企业的开发和推广方能将创意转变成生活方式的改变。在物联网时代，企业将作为促进世界网络化的主要动力，而公共管理方面的推手来自政府，例如，物联网可以促进城市的数字化管理，可以实现城市安全、城市管理、城市防灾的统一监控。将城市产品物联化，然后基于宽带互联网实施远程监控、传输、储存、管理的业务，同时利用无处不在的无线网络将原本分散、独立的图像采集点进行联网，就可以实现对城市安全的统一监控、统一存储和统一管理，为城市管理提供一种全新、直观、视听范围延伸的管理工具。

物联网和其他网络的结合使我们可以"触摸"这个世界，我们已经熟悉了通过互联网来"感觉"这个世界，现在我们可以全方位地通过"触摸"来感知世界。因为可以感知世界，人们被赋予了更多的自主性，在很大程度上改变了个体、组织在社会里的角色，所有的人拥有比互联网时代更多的信息和知识，企业面临的挑战和机会更多了，与此同时，由于信息过量造成的信息盲区也产生了，这需要更强大的认知能力才能适应。

互联网出现的意义并不仅仅只是科技层面上的，实际上从计算机的诞生到互联网的兴起再到物联网的诞生，在享受各种科技进步给人类生活带来的便利的同时，人类对未知世界的探索能力也得到了空前的提高，各种思维观念也在不断经受冲击。物联网的出现实际上折射出了人类渴望对现代的超越，因为时代的暂时性，人们包含着一种超越自身、进入一种不同于自身状态的冲动。不久的将来，我们就会看到，那些固有的、习惯的，甚至是权威的事物都会逐渐解构于这个全新的、无序的时代。

4.1.3 IPv6 与物联网

作为互联网的一种延伸，将来成型的物联网将基于现有的互联网实现各种物与物、物与人之间的智能通讯。可以想象，物联网将要联系的对象包括人们日常生活中的各种事物(人也包括在内)，其数量之庞大是现有的互联网节点数量所不能比拟的，为了实现这些事物之间的有效通讯，物联网必须为每个接入的对象设定惟一的标志符并提供统一的通讯平台。这一点让我们很自然地联想到下一代互联网通讯协议 IPv6。

IPv6(Internet Protocol Version 6)是 IETF(互联网工程任务组，Internet Engineering Task Force)设计的用于替代现行版本 IP 协议(IPv4)的下一代 IP 协议。目前的全球互联网所采用的协议族是TCP/IP 协议族。IP 是 TCP/IP 协议族中网络层的协议，是 TCP/IP 协议族的核心协议。

之所以要推出 IPv6，一方面是由于现行 IPv4 地址资源数量极其有限，早已面临枯竭的危险，另一方面是因为随着电子技术及网络技术的发展，计算机网络将进入人们的日常生活，可能身边的每一样东西都需要连入全球互联网从而需要大量的 IP 地址。单从数字上来说，IPv6 所拥有的地址容量是 IPv4 的约 8×10^{28} 倍，达到 2^{128}(算上全零的)个。这不但解决了网络地址资源数量的问题，同时也为除电脑外的设备连入互联网在数量限制上扫清了障碍。

尽管 IPv6 暂时还无法立即取代 IPv4，但却处在不断发展和完善的过程中，随着互联网接入需求的不断增加，它在不久的将来必将取代目前被广泛使用的 IPv4。到那时，我们将会拥有更多的IP 地址来标志需要联网的事物。

1. IPv6 对物联网的支持

(1) IPv6 在物联网寻址中的优势

物联网由众多的节点连接构成，无论是采用自组织方式，还是采用现有的公众网进行连接，这些节点之间的通信必然牵涉到寻址问题。美国权威咨询机构 forrester 预测，2020 年，世界上物物互联的业务，跟人与人通信的业务相比，将达到 30 比 1，仅仅是在智能电网和机场防入侵系统方面的市场就有上千亿元。对于如此大的市场需求，我们不难预测物联网将要承载的对象的数量之庞大，而要实现如此庞大数量的对象之间的有效通讯，寻址绝不是一个简单的问题。

目前物联网的寻址系统可以采用两种方式。一种方式是采用基于 E.164 电话号码编址的寻址方式，但由于目前大多数物联网应用的网络通信协议都采用 TCP/IP 协议，电话号码编址的方式必然需要对电话号码与 IP 地址进行转换。这提高了技术实现的难度，并增加了成本。同时由于 E.164 编址体系本身的地址空间较小，也无法满足大量节点的地址需求。另一种方式是直接采用 IPv4 地址的寻址体系来进行物联网节点的寻址。

随着互联网本身的快速发展。IPv4 的地址已经日渐匮乏。从目前的地址消耗速度来看。IPv4 地址空间已经很难再满足物联网对网络地址的庞大需求。从另一方面来看，物联网对海量地址的需求，也对地址分配方式提出了要求。海量地址的分配无法使用手工分配，使用传统 DHCP 的分配方式对网络中的 DHCP 服务器也提出了极高的性能和可靠性要求，可能造成 DHCP 服务器性能不足，成为网络应用的一个瓶颈。

IPv6 拥有巨大的地址空间，同时 128 bit 的 IPv6 的地址被划分成两部分，即地址前缀和接口地址。与 IPv4 地址划分不同的是，IPv6 地址的划分严格按照地址的位数来进行，而不采用 IPv4 中的子网掩码来区分网络号和主机号。IPv6 地址的前 64 位被定义为地址前缀。地址前缀用来表示该地址所属的子网络，即地址前缀用来在整个 IPv6 网中进行路由。而地址的后 64 位被定义为接口地址，接口地址用来在子网络中标识节点。在物联网应用中可以使用 IPv6 地址中的接口地址来标识节点。在同一子网络下，可以标识 264 个节点。这个标识空间约有 185 亿亿个地址空间。这样的地址空间完全可以满足节点标识的需要。

IPv6 采用了无状态地址分配的方案来解决高效率海量地址分配的问题。其基本思想是网络侧不管理 IPv6 地址的状态(如节点应该使用什么样的地址、地址的有效期有多长)，且基本不参与地址的分配过程。节点设备连接到网络后，将自动选择接口地址(通过算法生成 IPv6 地址的后 64 位)，并加上 FE80 的前缀地址，作为节点的本地链路地址，本地链路地址只在节点与邻居之间的通信中有效，路由器设备将不路由以该地址为源地址的数据包。在生成本地链路地址后，节点将进行 DAD(地址冲突检测)，检测该接口地址是否有邻居节点已经使用，如果节点发现地址冲突，则无状态地址分配过程将终止，节点将等待手工配置 IPv6 地址。如果在检测定时器超时后仍没有发现地址冲突，则节点认为该地址可以使用，此时终端将发送路由器前缀通告请求，寻找网络中的路由设备。当网络中配置的路由设备接收到该请求，则将发送地址前缀通告响应，将节点应该配置的 IPv6 地址前 64 位的地址前缀通告给网络节点。网络节点将地址前缀与接口地址组合，构成节点自身的全球 IPv6 地址。

采用无状态地址分配之后，网络侧不再需要保存节点的地址状态、维护地址的更新周期，这大大简化了地址分配的过程。网络可以以很低的资源消耗来达到海量地址分配的目的。

(2) IPv6 对物联网节点移动性的支持

根据物联网的定义可知，物联网所要实现的物与物之间的通讯基本上是基于无线传感技术的，也就是说物联网相对于传统的互联网对移动通信性能有了更高的要求，可以说物联网是一个瞬息万变的网络。而事实上，将来主宰物联网世界的必定是如今的移动通信服务供应商。

目前互联网的移动性不足造成了物联网移动能力的瓶颈。IPv4 协议在设计之初并没有充分考虑到节点移动性带来的路由问题。即当一个节点离开了它原有的网络，如何再保证这个节点访问可达性的问题。由于 IP 网络路由的聚合特性，在网络路由器中路由条目都是按子网来进行汇聚的。

当节点离开原有网络，其原来的 IP 地址离开了该子网，而节点移动到目的子网后，网络路由器设备的路由表中并没有该节点的路由信息(为了不破坏全网路由的汇聚，也不允许目的子网中存在移动节点的路由)，会导致外部节点无法找到移动后的节点。因此如何支持节点的移动能力是需要通过特殊机制实现的。在 IPv4 中 Internet 工程任务组提出了 MIPv4(移动 IP)的机制来支持节点的移动。但这样的机制引入了著名的三角路由问题。对于少量节点的移动，该问题引起的网络资源损耗较小。而对于大量节点的移动，特别是物联网中特有的节点群移动和层移动，会导致网络资源被迅速耗尽，使网络处于瘫痪的状态。

IPv6 协议设计之初就充分考虑了对移动性的支持。针对移动 IPv4 网络中的三角路由问题，移动 IPv6 提出了相应的解决方案。

首先，从终端角度 IPv6 提出了 IP 地址绑定缓冲的概念，即 IPv6 协议栈在转发数据包之前需要查询 IPv6 数据包目的地址的绑定地址。如果查询到绑定缓冲中目的 IPv6 地址存在绑定的转交地址，则直接使用这个转交地址为数据包的目的地址。这样发送的数据流量就不会再经过移动节点的家乡代理，而直接转发到移动节点本身。

其次，MIPv6 引入了探测节点移动的特殊方法，即某一区域的接入路由器以一定时间进行路由器接口的前缀地址通告。当移动节点发现路由器前缀通告发生变化，则表明节点已经移动到新的接入区域。与此同时根据移动节点获得的通告，节点又可以生成新的转交地址，并将其注册到家乡代理上。

MIPv6 的数据流量可以直接发送到移动节点，而 MIPv4 流量必须经过家乡代理的转发。在物联网应用中，传感器有可能密集地部署在一个移动物体上。例如为了监控地铁的运行参数等，需要在地铁车厢内部署许多传感器。从整体上来看，地铁的移动就等同于一群传感器的移动，在移动过程中必然发生传感器的群体切换，在 MIPv4 的情况下，每个传感器都需要建立到家乡代理的隧道连接，这样对网络资源的消耗非常大，很容易导致网络资源耗尽而瘫痪。在 MIPv6 的网络中，传感器进行群切换时只需要向家乡代理注册。之后的通信完全由传感器和数据采集的设备之间直接进行，这样就可以使网络资源消耗的压力大大下降。因此，在大规模部署物联网应用，特别是移动物联网应用时，MIPv6 是一项关键性的技术。

(3) IPv6 在保证物联网网络质量中的优势

网络质量保证也是物联网发展过程中必须解决的问题。目前在 IPv4 网络中实现

QoS 有两种技术，其一采用资源预留(interserv)的方式，利用 RsVP(资源预留协议)等协议为数据流保留一定的网络资源，在数据包传送过程中保证其传输的质量；其二采用 Diffserv(区分服务体系结构)技术，由 IP 包自身携带优先级标记。网络设备根据这些优先级标记来决定包的转发优先策略。目前 IPv4 网络中服务质量的划分基本是从流的类型出发，使用 Diffserv 来实现端到端服务质量保证，例如视频业务有低丢包、时延、抖动的要求，就给它分配较高的服务质量等级；数据业务对丢包、时延、抖动不敏感，就分配较低的服务质量等级。但这样的分配方式仅考虑了业务的网络侧质量需求，没有考虑业务的应用侧的质量需求。例如，一个普通视频业务对服务质量的需求可能比一个基于物联网传感的手术应用对服务质量的需求要低。因此物联网中的服务质量保障必须与具体的应用相结合。

在网络服务质量保障方面，IPv6 在其数据包结构中定义了流量类别字段和流标签字段。流量类别字段有 8 位，和 IPv4 的服务类型(ToS)字段功能相同，用于对报文的业务类别进行标识；流标签字段有 20 位，用于标识属于同一业务流的包。流标签和源、目的地址一起，惟一标识了一个业务流。同一个流中的所有包具有相同的流标签，以便对有同样 QoS 要求的流进行快速、相同的处理。

目前，IPv6 的流标签定义还未完善。但从其定义的规范框架来看，IPv6 流标签提出的支持服务质量保证的最低要求是标记流，即给流打标签。流标签应该由流的发起者信源节点赋予一个流，同时要求在通信的路径上的节点都能够识别该流的标签，并根据流标签来调度流的转发优先级算法。这样的定义可以使物联网节点上的特定应用有更大的调整自身数据流的自由度，节点可以只在必要的时候选择符合应用需要的服务质量等级，并为该数据流打上一致的标记。在重要数据转发完成后，即使通信没有结束节点也可以释放该流标记。这样的机制再结合动态服务质量申请和认证、计费的机制，就可以做到使网络按应用的需要来分配服务质量。同时，为了防止节点在释放流标签后又误用该流标签，造成计费上的问题，信源节点必须保证在 120 s 内不再使用释放了的流标签。

在物联网应用中普遍存在节点数量多、通信流量突发性强的特点。与 IPv4 相比，由于 IPv6 的流标签有 20 bit，足够标记大量节点的数据流。同时与 IPv4 中通过五元组(源、目的 IP 地址，源、目的端口、协议号)不同，IPv6 可以在一个通信过程中(五元组没有变化)，只在必要的时候数据包才携带流标签，即在节点发送重要数据时，动态提高应用的服务质量等级，做到对服务质量的精细化控制。

当然 IPv6 的 QoS 特性并不完善，由于使用的流标签位于 IPv6 包头，容易被伪造，产生服务盗用的安全问题。因此，在 IPv6 中流标签的应用需要开发相应的认证加密机制。同时为了避免流标签使用过程中发生冲突，还要增加源节点的流标签使用控制的机制，保证在流标签使用过程中不会被误用。

(4) IPv6 在物联网安全中的优势

物联网节点的安全性和可靠性也需要重新考虑。由于物联网节点限于成本约束很多都是基于简单硬件的，不可能处理复杂的应用层加密算法，同时单节点的可靠性也不可能做得很高，其可靠性主要还是依靠多节点冗余来保证。因此，靠传统的应用层加密技术和网络冗余技术很难满足物联网的需求。

由于物联网应用中节点部署的方式比较复杂，节点可能通过有线方式或无线方式连接到网络。因此节点的安全保障的情况也比较复杂。在使用 IPv4 的场景中一个黑客可能通过在网络中扫描主机 IPv4 地址的方式来发现节点，并寻找相应的漏洞。而在 IPv6 场景中，由于同一个子网支持的节点数量极大(达到百亿亿数量级)，黑客通过扫描的方式找到主机难度大大增加。在基础协议栈的设计方面，IPv6 将 IPsec 协议嵌入到基础的协议栈中，通信的两端可以启用 IPSec 加密通信的信息和通信的过程。网络中的黑客将不能采用中间人攻击的方法对通信过程进行破坏或劫持。即使黑客截取了节点的通信数据包，也会因为无法解码而不能窃取通信节点的信息。

同时，由于 IP 地址的分段设计将用户信息与网络信息分离，使用户在网络中的实时定位很容易。这也保证了在网络中可以对黑客行为进行实时的监控，提升了网络的监控能力。

另一方面，物联网应用中由于成本限制，节点通常比较简单，节点的可靠性也不可能做得太高。因此，物联网的可靠性要靠节点之间的互相冗余来实现。又因为节点不可能实现较复杂的冗余算法，因此一种较理想的冗余实现方式是采用网络侧的任播技术来实现节点之间的冗余。采用 IPv6 的任播技术后，多个节点采用相同的 IPv6 任播地址(任播地址在 IPv6 中有特殊定义)。在通信过程中发往任播地址的数据包将被发往由该地址标识的“最近”的一个网络接口，其中“最近”的含义指的是在路由器中该节点的路由矢量计算值最小的节点。当一个“最近”节点发生故障时，网络侧的路由设备将会发现该节点的路由矢量不再是“最近”的，从而会将后续的通信流量转发到其他的节点。这样物联网的节点之间就自动实现了冗余保护的功能。而节点上基本不需要增加算法，只需要应答路由设备的路由查询，并返回简单信息给路由设备即可。

IPv6 具有很多适合物联网大规模应用的特性，虽然 IPv6 还有众多的技术细节需要完善，但从整体来看，使用 IPv6 不仅能够满足物联网的地址需求，同时还能满足物联网对节点移动性、节点冗余、基于流的服务质量保障的需求，很有希望成为物联网应用的基础网络技术。

(5) 存在的问题

IPv6 作为下一代 IP 网络协议，具有丰富的地址资源，能够支持动态路由机制，可以满足物联网对网络通信在地址、网络自组织以及扩展性方面的要求。但目前也存在一些技术问题需要解决，例如，无状态地址分配中的安全性问题，移动 IPv6

中的绑定缓冲安全更新问题，流标签的安全防护，全球任播技术的研究等。

另外，由于 IPv6 协议栈过于庞大复杂，不能直接应用到传感器设备中，需要对 IPv6 协议栈和路由机制作相应的精简，才能满足低功耗、低存储容量和低传送速率的要求。

由于 IPv6 协议栈过于庞大复杂，并不匹配物联网中互联对象，尤其是智能小物体的特点，因此虽然 IPv6 可为每一个传感器分配一个独立的 IP 地址，但传感器网需要和外网之间进行一次转换，起到 IP 地址压缩和简化翻译的功能。

目前，相关标准化组织已开始积极推动精简 IPv6 协议栈的工作。例如，IETF 已成立了 6LoWPAN 和 RoLL 两个工作组进行相关技术标准的研究工作。与传统方式相比，该技术标准能支持更大的节点组网，但对传感器节点功耗、存储、处理器能力要求更高，因而成本更高。另外，目前基于 IEEE802.15.4 的网络射频芯片还有待进一步开发来支持精简 IPv6 协议栈。

2. 物联网对于 IPv6 的意义

物联网与 IPv6 各自的特点决定了它们之间必将产生紧密的联系，物联网构想的完全实现有赖于 IPv6 提供强大的支持。另一方面，物联网的普及必然会对 IPv6 的发展产生巨大的推动作用。

作为下一代互联网 IP 协议的 IPv6 取代 IPv4 是一个必然的趋势，但由于 NAT(网络地址翻译)和 DHCP 等技术的出现暂时缓解了 IPv4 地址资源紧缺的现状，人们对于 IPv6 的需求变得相对不够强烈。需求动力不足加上人们对现有 IPv4 的依赖导致 IPv6 取代 IPv4 的过程艰难而缓慢。

然而，前面我们已经分析过，物联网的发展对于 IPv6 产生了很大的需求，可以说，IPv6 在此看到了新的发展契机。为加快 IPv6 取代 IPv4 的进程，IPv6 的发展必须以物联网的发展为依托，从物联网的发展需求中获得自身发展的强大动力。由此我们也可以想象，除现在已有的一些应用外，IPv6 将来必定会首先被大量应用于新建的物联网系统中，随着物联网的不断发展壮大，IPv6 的应用范围也必将越来越广泛，最终超过 IPv4 的规模形成对 IPv4 的相对优势，从而逐步淘汰并取代原有的 IPv4 协议。因此，物联网的发展对于 IPv6 的发展也是具有非凡的意义的，二者之间存在相互促进相互推动的关系。

4.2　移动通信技术

移动通信是指通信的一方或双方可以在移动中进行的通信过程，也就是说，至少有一方具有可移动性，可以是移动台与移动台之间的通信，也可以是移动台与固定用户之间的通信。移动通信满足了人们无论在何时何地都能进行通信的愿望，20

世纪 80 年代以来，特别是 90 年代以后，移动通信得到了飞速的发展。

相比固定通信而言，移动通信不仅要给用户提供与固定通信一样的通信业务，而且由于用户的移动性，其管理技术要比固定通信复杂得多。同时，由于移动通信网中依靠的是无线电波的传播，其传播环境要比固定网中有线媒质的传播特性复杂，因此，移动通信有着与固定通信不同的特点。

4.2.1 移动通信技术概述

1. 移动通信的发展历史

移动通信可以说从无线电通信发明之日就产生了。早在 1897 年，马可尼所完成的无线通信试验就是在固定站与一艘拖船之间进行的，距离为 18 海里(1 海里=1 852 米)。

现代移动通信的发展始于 20 世纪 20 年代，而公用移动通信是从 20 世纪 60 年代开始的。公用移动通信系统的发展已经经历了第一代(1G)和第二代 (2G)，并将继续朝着第三代(3G)和第四代(4G)的方向发展。

(1) 第一代移动通信系统(1G)

第一代移动通信系统是模拟移动通信系统，以美国的 AMPS(IS-54)和英国的 TACS 为代表，采用频分双工、频分多址制式，并利用蜂窝组网技术以提高频率资源利用率，克服了大区制容量密度低、活动范围受限的问题。虽然采用频分多址，但并未提高信道利用率，因此通信容量有限；通话质量一般，保密性差；制式太多，标准不统一，互不兼容；不能提供非话数据业务；不能提供自动漫游。因此，已逐步被各国淘汰。

(2) 第二代移动通信系统(2G)

第二代移动通信系统为数字移动通信系统，以 GSM 和窄带 CDMA 为典型代表。第二代移动通信系统中采用数字技术，利用蜂窝组网技术。多址方式由频分多址转向时分多址和码分多址技术，双工技术仍采用频分双工。2G 采用蜂窝数字移动通信，使系统具有数字传输的种种优点，它克服了 1G 的弱点，话音质量及保密性能得到了很大提高，可进行省内、省际自动漫游。但系统带宽有限，限制了数据业务的发展，也无法实现移动的多媒体业务。由于各国标准不统一，无法实现全球漫游。近年来又有第三代和第四代的技术和产品产生。

目前采用的 2G 系统主要有：

① 美国的 D-AMPS，是在原 AMPS 基础上改进而成的，规范由 IS-54 发展成 IS-136 和 IS-136HS，1993 年投入使用。它采用时分多址技术。

② 欧洲的 GSM 全球移动通信系统，是在 1988 年完成技术标准制定的，1990 年开始投入商用。它采用时分多址技术，由于其标准化程度高，进入市场早，现已

成为全球最重要的 2G 标准之一。

③ 日本的 PDC，是日本电波产业协会于 1990 年确定的技术标准，1993 年 3 月正式投入使用。它采用的也是时分多址技术。

④ 窄带 CDMA，采用码分多址技术，1993 年 7 月公布了 IS-95 空中接口标准，目前也是重要的 2G 标准之一。

(3) 第三代移动通信系统(3G)

早在 1985 年 ITU-T(国际电信联盟远程通信标准化组织)就提出了第三代移动通信系统的概念，最初命名为 FPLMTS(未来公共陆地移动通信系统)，后来考虑到该系统将于 2000 年左右进入商用市场，工作的频段在 2 000 MHz，且最高业务速率为 2 000 Kb/s，故于 1996 年正式更名为 IMT-2000(International Mobile Telecommunication-2000)。

第三代移动通信系统的目标是能提供多种类型、高质量的多媒体业务；能实现全球无缝覆盖，具有全球漫游能力；与固定网络的各种业务相互兼容，具有高服务质量；与全球范围内使用的小型便携式终端在任何时候任何地点进行任何种类的通信。为了实现上述目标，对第三代无线传输技术(RTT)提出了支持高速多媒体业务(高速移动环境：144 Kb/s，室外步行环境：384 Kb/s，室内环境：2 Mb/s)的要求。

国际电信联盟(ITU)在 2000 年 5 月确定 WCDMA、CDMA2000 和 TD-SCDMA 三大主流无线接口标准，写入 3G 技术指导性文件《2000 年国际移动通讯计划》。

2. 移动通信的特点

(1) 用户的移动性。要保持用户在移动状态中的通信，必须是无线通信，或无线通信与有线通信的结合。因此，系统中要有完善的管理技术来对用户的位置进行登记、跟踪，使用户在移动时也能进行通信，不因为位置的改变而中断。

(2) 电波传播条件复杂。移动台可能在各种环境中运动，如建筑群或障碍物等，因此电磁波在传播时不仅有直射信号，而且还会产生反射、折射、绕射、多普勒效应等现象，从而产生多径干扰、信号传播延迟和展宽等。因此，必须充分研究电波的传播特性，使系统具有足够的抗衰落能力，才能保证通信系统正常运行。

(3) 噪声和干扰严重。移动台在移动时不仅受到城市环境中的各种工业噪声和天然电噪声的干扰，同时，由于系统内有多个用户，因此，移动用户之间还会有互调干扰、邻道干扰、同频干扰等。这就要求在移动通信系统中对信道进行合理的划分和频率的再用。

(4) 系统和网络结构复杂。移动通信系统是一个多用户通信系统和网络，必须使用户之间互不干扰，能协调一致地工作。此外，移动通信系统还应与固定网、数据网等互连，整个网络结构是很复杂的。

(5) 有限的频率资源。在有线网中，可以依靠多铺设电缆或光缆来提高系统的带宽资源。而在无线网中，频率资源是有限的，ITU 对无线频率的划分有严格的规定。如何提高系统的频率利用率是移动通信系统的一个重要课题。

3. 移动通信的分类

移动通信的种类繁多，其中陆地移动通信系统有：蜂窝移动通信、无线寻呼系统、无绳电话、集群系统等。同时，移动通信和卫星通信相结合产生了卫星移动通信，它可以实现国内、国际大范围的移动通信。

(1) 集群移动通信。集群移动通信是一种高级移动调度系统。所谓集群通信系统，是指系统所具有的可用信道为系统的全体用户共用，具有自动选择信道的功能，是共享资源、分担费用、共用信道设备及服务的多用途和高效能的无线调度通信系统。

(2) 公用移动通信系统。公用移动通信系统是指给公众提供移动通信业务的网络。这是移动通信最常见的方式。这种系统又可以分为大区制移动通信和小区制移动通信，小区制移动通信又称蜂窝移动通信。

(3) 卫星移动通信。利用卫星转发信号也可实现移动通信。对于车载移动通信可采用同步卫星，而对手持终端，采用中低轨道的卫星通信系统较为有利。

(4) 无绳电话。对于室内外慢速移动的手持终端的通信，一般采用小功率、通信距离近、轻便的无绳电话机。它们可以经过通信点与其他用户进行通信。

(5) 寻呼系统。无线电寻呼系统是一种单向传递信息的移动通信系统。它是由寻呼台发信息，寻呼机收信息来完成的。

4. 移动通信网的系统构成

典型的移动通信网的系统构成如图 4-2 所示。

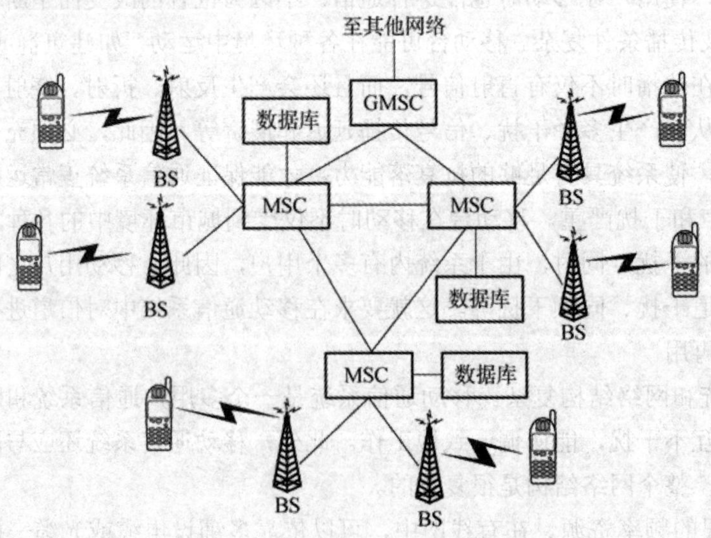

图 4-2　移动通信网的系统构成

(1) 移动业务交换中心 MSC

移动业务交换中心 MSC(Mobile-services Switching Centre)是蜂窝通信网络的核心。MSC 负责本服务区内所有用户的移动业务的实现，具体讲，MSC 有如下作用：

- 信息交换功能：为用户提供终端业务、承载业务、补充业务的接续；
- 集中控制管理功能：无线资源的管理，移动用户的位置登记、越区切换等；
- 通过关口 MSC 与公用电话网相连。

(2) 基站 BS

基站 BS(Base Station)负责和本小区内移动台之间通过无线电波进行通信，并与 MSC 相连，以保证移动台在不同小区之间移动时也可以进行通信。采用一定的多址方式可以区分一个小区内的不同用户。

基站设备由传输设备、信号转换设备、天线与馈线系统(含铁塔)以及机房内的其他设备组成。

(3) 移动台 MS

移动台 MS(Mobile Station)即手机或车载台。它是移动网中的终端设备，要将用户的话音信息进行变换并以无线电波的方式进行传输。

(4) 中继传输系统

在 MSC 之间、MSC 和 BS 之间的传输线均采用有线方式。

(5) 数据库

移动网中的用户是可以自由移动的，即用户的位置是不确定的。因此，要对用户进行接续，就必须掌握用户的位置及其他的信息，数据库即是用来存储用户的有关信息的。数字蜂窝移动网中的数据库有归属位置寄存器(HLR，Home Location Register)、访问位置寄存器(VLR，Visitor Location Register)、鉴权认证中心(AUC，Authentic Center)、设备识别寄存器(EIR，Equipment Identity Register)等。

5. 移动通信网的覆盖方式

(1) 大区制

所谓大区制，是指由一个基站(发射功率为 50～100W)覆盖整个服务区，该基站负责服务区内所有移动台的通信与控制。大区制的覆盖半径一般为 30～50 km。

采用这种大区制方式时，由于采用单基站制，没有重复使用频率的问题，因此技术问题并不复杂。只需根据所覆盖的范围，确定天线的高度，发射功率的大小，并根据业务量大小，确定服务等级及应用的信道数。但也正是由于采用单基站制，因此基站的天线需要架设得非常高，发射机的发射功率也要很高。即使这样做，也只可保证移动台收到基站的信号，而无法保证基站能收到移动台的信号。因此这种大区制通信网的覆盖范围是有限的，只能适用于小容量的网络，一般用在用户较少的专用通信网中，如早期的模拟移动通信网(IMTS)中即采用大区制。

(2) 小区制

小区制是指将整个服务区划分为若干小区，在每个小区设置一个基站，负责本小区内移动台的通信与控制。小区制的覆盖半径一般为2～10km，基站的发射功率一般限制在一定的范围内，以减少信道干扰。同时还要设置移动业务交换中心，负责小区间移动用户的通信连接及移动网与有线网的连接，保证移动台在整个服务区内，无论在哪个小区都能够正常进行通信。

由于是多基站系统，因此小区制移动通信系统中需采用频率复用技术。在相隔一定距离的小区进行频率再用，可以提高系统的频率利用率和系统容量，但网络结构复杂，投资巨大。尽管如此，为了获得系统的大容量，在大容量公用移动通信网中仍普遍采用小区制结构。

公用移动通信网在大多数情况下，其服务区为平面形，称为面状服务区。这时小区的划分较为复杂，最常用的小区形状为正六边形，这是最经济的一种方案。由于正六边形的网络形同蜂窝，因此称此种小区形状的移动通信网为蜂窝网。目前公用移动通信系统的网络结构均为蜂窝网结构，称为蜂窝移动通信系统。

6. 移动通信网中的基本技术——用户多址方式

当把多个用户接入一个公共的传输媒质实现相互间通信时，需要给每个用户的信号赋以不同的特征，以区分不同的用户，这种技术称为多址技术。众所周知，移动通信是依靠无线电波的传播来传输信号的，具有大面积覆盖的特点。因此网内一个用户发射信号，其他用户均可接收到其所传播的电波。网内用户如何能从播发的信号中识别出哪些信号是发送给自己的信号就成为建立连接的首要问题。在蜂窝通信系统中，移动台是通过基站和其他移动台进行通信的，因此必须对移动台和基站的信息加以区别，使基站能区分是哪个移动台发来的信号，而各移动台又能识别出哪个信号是发给自己的。要解决这个问题，就必须给每个信号赋以不同的特征，这就是多址技术要解决的问题。多址技术是移动通信的基础技术之一。

多址方式的基本类型有：

- 频分多址方式(FDMA，Frequency Division Multiple Access)；
- 时分多址方式(TDMA，Time Division Multiple Access)；
- 空分多址方式(SDMA，Space Division Multiple Access)；
- 码分多址方式(CDMA，Code Division Multiple Access)。

目前移动通信系统中常用的是FDMA、TDMA、CDMA以及它们的组合。

(1) 频分多址方式(FDMA)

在通信时，不同的移动台占用不同频率的信道进行通信。因为各个用户使用不同频率的信道，所以相互没有干扰。FDMA的信道每次只能传递一个电话，并且在分配成语音信道后，基站和移动台就会同时连续不断地发射信号，在接收设备中使用带通滤波器只允许指定频道里的能量通过，滤除其他频率的信号，从而将需要的信号提取出来，而限制临近信道之间的相互干扰。由于基站要同时和多个用户进行通信，基站必须同时发射和接收多个不同频率的信号；另外，任意两个移动用户之间进行通信都必须经过基站的中转，因而必须占用四个频道才能实现双向通信。

FDMA 是最经典的多址技术之一，在第一代蜂窝移动通信网(如 TACS、AMPS 等)中使用了频分多址。这种方式的特点是技术成熟，对信号功率的要求不严格。但是在系统设计中需要周密的频率规划，基站需要多部不同载波频率的发射机同时工作，设备多且容易产生信道间的互调干扰，同时，由于没有进行信道复用，信道效率很低。因此现在国际上蜂窝移动通信网已不再单独使用 FDMA，而是和其他多址技术结合使用。

(2) 时分多址方式(TDMA)

TDMA 是把时间分成周期性的帧，每一帧再分割成若干时隙(无论帧或时隙都是互不重叠的)，每一个时隙就是一个通信信道。

TDMA 中，给每个用户分配一个时隙，即根据一定的时隙分配原则，使各个移动台在每帧内只能按指定的时隙向基站发射信号。在满足定时和同步的条件下，基站可以在各时隙中接收到各移动台的信号而互不干扰。同时，基站发向各个移动台的信号都按顺序安排在预定的时隙中传输，各移动台只要在指定的时隙内接收，就能在合路的信号中把发给它的信号区分出来。这样，同一个频道就可以供几个用户同时进行通信，相互没有干扰。

在 TDMA 通信系统中，小区内的多个用户可以共享一个载波频率，分享不同时隙，这样基站只需要一部发射机，可以避免像 FDMA 系统那样因多部不同频率的发射机同时工作而产生的互调干扰；但系统设备必须有精确的定时和同步来保证各移动台发送的信号不会在基站发生重叠，并且能准确地在指定的时隙中接收基站发给它的信号。

TDMA 技术广泛应用于第二代移动通信系统中。在实际应用中，综合采用 FDMA 和 TDMA 技术，即首先将总频带划分为多个频道，再将一个频道划分为多个时隙，形成信道。例如 GSM 数字蜂窝标准采用 200 kHz 的 FDMA 频道，并将其再分割成 8 个时隙，用于 TDMA 传输。

(3) 码分多址方式(CDMA)

众所周知，对于时域上的脉冲信号，其脉冲宽度越窄，频谱就越宽。那么，如果用所需要传送的信号信息去调制很窄的脉冲序列，就可以将信号的带宽进行扩展。所谓扩频调制，就是指用所需要传送的原始信号去调制窄脉冲序列，使信号所占的频带宽度远大于所传原始信号本身需要的带宽。其逆过程称为解扩，即将这个宽带信号还原成原始信号。这个窄脉冲序列称为扩频码。如果用这样一种扩频后的无线信道来传送无线信号，由于信号扩展在非常宽的带宽上，因此来自同一无线信道的用户干扰就很小，使得多个用户可以同时分享同一无线信道。

4.2.2 宽带移动通信——3G 技术

“3G”(3rd-generation)或“三代”是第三代移动通信技术的简称，是指支持高速数据传输的蜂窝移动通讯技术。3G 服务能够同时传送声音(通话)及数据信息(电子邮件、即时通信等)，其代表特征是提供高速数据业务，速率一般在几百 Kb/s。相对第一代模拟制式手机(1G)和第二代 GSM、CDMA 等数字手机(2G)，一般地讲，3G 是指将无线通信与国际互联网等多媒体通信结合的新一代移动通信系统。

1995 年问世的第一代模拟制式手机(1G)只能进行语音通话；1996 到 1997 年出现的第二代 GSM、CDMA 等数字制式手机(2G)增加了接收数据的功能，如接受电子邮件或网页；第三代与前两代的主要区别是在传输速度上的提升，能够更好地实现无缝漫游，处理图像、音乐、视频流等，提供网页浏览、电话会议、电子商务等服务。

3G 与 2G 的主要区别是在传输声音和数据的速度上的提升，它能够在全球范围内更好地实现无线漫游，并能处理图像、音乐、视频流等多种媒体形式，提供网页浏览、电话会议、电子商务等多种信息服务，同时也要考虑与已有第二代系统的良好兼容性。为了提供这种服务，无线网络必须能够支持不同的数据传输速度，也就是说在室内、室外和行车的环境中能够分别支持至少 2Mb/s、384Kb/s 以及 144Kb/s 的传输速度(此数值根据网络环境会发生变化)。

业界将 CDMA 技术作为 3G 的主流技术，国际电联确定三个无线接口标准，分别是美国 CDMA2000、欧洲 WCDMA、中国 TD-SCDMA。目前国内支持国际电联确定三个无线接口标准，分别是中国电信的 CDMA2000、中国联通的 WCDMA、中国移动的 TD-SCDMA。2007 年，WiMAX也被接受为 3G 标准之一。

1. WCDMA

WCDMA 是 Wideband Code Division Multiple Access(宽带码分多址)的英文简称，是一种由 3GPP(第三代合作伙伴计划)具体制定的，基于 GSM 移动应用部分核心网，UTRAN(UMTS 陆地无线接入网)为无线接口的第三代移动通信系统。目前 WCDMA 有 Release 99、Release 4、Release 5、Release 6 等版本。

WCDMA 是从码分多址(CDMA)演变来的，从官方看被认为是IMT-2000的直接扩展，与现在市场上通常提供的技术相比，它能够为移动和手提无线设备提供更高的数据速率。WCDMA 采用直接序列扩频码分多址(DS-CDMA)、频分双工(FDD)方式，码片速率为 3.84Mcps，载波带宽为 5MHz。基于 Release 99/Release 4 版本，可在 5MHz 的带宽内，提供最高 384Kb/s 的用户数据传输速率。WCDMA 能够支持移动/手提设备之间的语音、图像、数据以及视频通信，速率可达 2Mb/s(对于局域网而言)或者

384Kb/s(对于宽带网而言)。输入信号先被数字化，然后在一个较宽的频谱范围内以编码的扩频模式进行传输。窄带CDMA 使用的是 200kHz 宽度的载频，而 WCDMA 使用的则是一个 5MHz 宽度的载频。

(1) 标准参数

ARTT FDD

异步 CDMA 系统：无 GPS；

带宽：5MHz；

码片速率：3.84Mcps；

中国频段：1 940MHz～1 955MHz(上行)、2 130MHz～2 145MHz(下行)。

(2) 关键技术

空时处理技术通过在空间和时间上联合进行信号处理可以非常有效地改善系统特性。随着第三代移动通信系统对空中接口标准的支持以及软件无线电的发展，空时处理技术必将融入自适应调制解调器中，从而达到优化系统设计的目的。采用空时处理的方法，系统的发送端或接收端使用多个天线，同时在空间和时间上处理信号，它所达到的效果是仅靠单个天线的单时间处理方法所不能实现的：可以在一个给定误码率门限值下，增加用户数；在小区给定的用户数下，改善 BER 特性；可以更有效地利用信号的发射功率等。

① 空时处理方法

由于移动台一般不适于用多天线接收，在基站采用多个天线进行发射分集，移动台的接收效果与用多个接收天线时的效果相似，所以本节主要围绕基站的空时处理技术展开讨论。

② 波束成形技术

波束成形技术(Beamforming，BF)可分为自适应波束成形、固定波束和切换波束成形技术。固定波束即天线的方向图是固定的，把 IS-95 中的 3 个 120°扇区分割即为固定波束。切换波束是对固定波束的扩展，将每个 120°的扇区再分为多个更小的分区，每个分区有一固定波束，当用户在一扇区内移动时，切换波束机制可自动将波束切换到包含最强信号的分区，但切换波束机制的致命弱点是不能区分理想信号和干扰信号。自适应波束成形器可依据用户信号在空间传播的不同路径，最佳地形成方向图，在不同到达方向上给予不同的天线增益，实时地形成窄波束对准用户信号，而在其他方向尽量压低旁瓣，采用指向性接收，从而提高系统的容量。由于移动台的移动性以及散射环境，基站接收到的信号的到达方向是时变的，使用自适应波束成形器可以将频率相近但空间可分离的信号分离开，并跟踪这些信号，调整天线阵的加权值，可使天线阵的波束指向理想信号的方向。

(3) WCDMA 与 CDMA

WCDMA 名字跟 CDMA 很相近，同时跟 CDMA 关系也很微妙。两者都基于码分多址技术，都使用了美国高通(Qualcomm)的部分专利技术。一般认为 WCDMA 的提出是部分厂商为了绕开专利陷阱而开发的，其方案已经尽可能地避开高通专利。

在移动电话领域，术语 CDMA 可以代指码分多址扩频复用技术，也可以指美国高通(Qualcomm)开发的包括 IS-95/CDMA1X 和 CDMA2000(IS-2000)的 CDMA 标准族。

在 Qualcomm 为 IS-95 协议使用之前，CDMA 复用技术已经存在了很长时间。然而，由于采用 CDMA 复用方法是 IS-95 协议区别于当时的 GSM(采用 TDMA)等其他协议的主要特征，现在通常将该协议也称为 CDMA。

WCDMA 也使用 CDMA 的复用技术而且跟 Qualcomm 的标准也很相似。但是 WCDMA 不仅仅是复用标准。它是一个详细的定义移动电话怎样跟基站通讯、信号怎样调制、数据帧怎么构建等的完整的规范集。

总之，术语 CDMA 在移动通讯领域通常特指 Qualcomm 开发的 CDMA 标准族。它们定义了一组移动通讯协议。CDMA 作为复用技术，既用于 WCDMA 空中接口协议，也用于 Qualcomm 的 CDMA 协议。WCDMA 专指在 IMT-2000 中定义的移动电话协议。WCDMA 协议与 Qualcomm 开发的 CDMA 无关。CDMA 标准族(IS-95/CDMAOne 和 CDMA2000)不兼容 WCDMA 标准族。

(4) WCDMA 的网络优势

① 网络速度最快

WCDMA 网络是全球商用时间最长、技术成熟、可演进性最好的。全球第一个 3G 商用网络就是采用 WCDMA 制式。联通采用了全球广泛应用的 WCDMA 3G 技术，目前已全面支持 HSDPA(高速下行分组接入)/HSUPA(高速上行链路分组接入)，网络下载理论最高速率达到 14.4Mb/s。2G 无线宽带的最高下载速度约为 150Kb/s，联通 WCDMA 网络速度几乎是 2G 网络速度的 100 倍。iPhone 4 是目前最快速、最强大的 iPhone，依托中国联通优势 WCDMA 3G 网络可尽情发挥 iPhone 的最佳性能。

② 支持业务最广泛

基于 WCDMA 成熟的网络和业务支撑平台，其所能实现的 3G 业务非常丰富。无线上网卡、手机上网、手机音乐、手机电视、手机搜索、可视电话、即时通讯、手机邮箱、手机报等业务应用可为用户的工作、生活带来更多的便利和美妙享受。健壮的网络体系和业务支持能力，将使 iPhone 的优势性能得到最大程度的发挥。

③ 终端种类最多

截至 2008 年底，支持 WCDMA 商用终端的款式数量超过 2 000 款，全球主要手机厂商都推出了为数众多的 WCDMA 手机。

④ 国内覆盖广泛

截至 2009 年 9 月 28 日，联通 3G 网络已成功在中国 285 个地市完成覆盖并正式商用，新覆盖的城镇数量还在不断增长中，联通 3G 网络和业务已经覆盖了中国绝大部分的人口和地域。

⑤ 开通国家最广，可漫游的国家和地区最多

截至 2008 年底，全球已有 115 个国家开通了 264 个 WCDMA 网络，占全球 3G 商用网络的 71.3%。截至 2009 年 9 月 28 日，中国联通已与全球 215 个国家的 395 个运营商开通了 GSM/WCDMA 网络的国际漫游。可以说，联通 3G 用户完全可以自由行天下。

2. TD-SCDMA

2000年5月,国际电信联盟正式公布第三代移动通信标准,我国提交的TD-SCDMA 正式成为国际标准，与欧洲 WCDMA、美国 CDMA2000 成为 3G 时代最主流的三大技术之一。

TD-SCDMA 全称为 Time Division-Synchronous CDMA(时分同步 CDMA)，该标准是由中国独自制定的，1999 年 6 月 29 日，中国原邮电部电信科学技术研究院(大唐电信)向 ITU 提出，但技术发明始于西门子公司，TD-SCDMA 具有辐射低的特点，被誉为绿色 3G。该标准将智能无线、同步 CDMA 和软件无线电等当今国际领先技术融于其中，在频谱利用率、对业务支持的灵活性、频率灵活性及成本等方面具有独特优势。另外，由于中国内地庞大的市场，该标准受到各大主要电信设备厂商的重视，全球一半以上的设备厂商都宣布可以支持 TD-SCDMA 标准。该标准提出不经过 2.5 代的中间环节，直接向 3G 过渡，非常适用于 GSM 系统向 3G 升级。军用通信网也是 TD-SCDMA 的核心任务。

(1) 标准参数

RTT TDD
同步 CDMA 系统：有 GPS；
带宽：1.6MHz；
码片速率：1.28Mcps；
中国频段：1 880～1 920MHz、2 010～2 025MHz、2 300～2 400MHz。

(2) 核心技术

① 接力切换技术

越区切换在蜂窝移动通信系统中占有重要的地位。在早期的频分多址(FDMA)和时分多址(TDMA)移动通信系统中，采用的是“硬切换技术”，该技术使系统在切换过程中大约丢失 300ms 的信息，同时占用信道资源较多。美国高通公司开发的 CDMAIS-95 无线通信系统使用了“软切换技术”，软切换过程不丢失信息、不中断通信，还可增加 CDMA 系统的容量。但是，软切换技术只解决了终端在使用相同载波频率的小区或扇区间切换的问题，对于不同载波的基站之间，FDDCDMA(频分双工 CDMA)系统仍然只能使用硬切换方式。而且，处于切换过程中的每一个终端要

同时接收来自两个或三个基站的信息，并在反向链路中向这些基站发送相应信息，这占用了较多的通信设备和信道，造成系统资源的浪费。而在TD-SCDMA系统中，采用了一种新的越区切换方法，即“接力切换”。TD-SCDMA的独特之处是使用了智能天线获得用户终端的方位(DOA)，采用同步CDMA技术获得用户终端与基站间的距离。若将这两个信息予以综合，基站就可以确定用户终端的具体位置，从而为接力切换奠定了基础。接力切换不丢失信息、不中断通信，节约了信道资源。

正是由于TD-SCDMA系统采用了智能天线以及使用两个基站对终端进行定位，具有对终端精确定位的功能，所以能够实现更有效的越区切换，即所谓的“接力切换”。在接力切换的过程中，同频小区之间的两个小区的基站都将接收同一个终端的信号，并对其定位，将确定可能切换区域的定位结果向基站控制器报告，完成向目标基站的切换，克服了“软切换”浪费信道资源的缺点。接力切换不仅具有上述的“软切换”功能，而且可以使用在不同载波频率的TD-SCDMA基站之间，甚至能够在TD-SCDMA系统与其他移动通信系统(如GSM、CDMA IS-95等)的基站之间，实现不丢失信息、不中断通信的理想的越区切换。在一般情况下，“接力切换”与“软切换”相比较，能够使系统容量增加一倍以上。

② 智能天线技术

近年来，智能天线技术已经成为移动通信中最具有吸引力的技术之一。智能天线采用空分多址(SDMA)技术，利用信号在传输方向上的差别，将同频率或同时隙、同码道的信号区分开来，最大限度地利用有限的信道资源。与无方向性天线相比较，其上、下行链路的天线增益大大提高，降低了发射功率电平，提高了信噪比，有效地克服了信道传输衰落的影响。同时，由于天线波瓣直接指向用户，减小了与本小区内其他用户之间，以及与相邻小区用户之间的干扰，而且也减少了移动通信信道的多径效应。CDMA系统是个功率受限系统，智能天线的应用达到了提高天线增益和减少系统干扰两大目的，从而显著地扩大了系统容量，提高了频谱利用率。智能天线在本质上是利用多个天线单元空间的正交性，即空分多址复用(SDMA)功能，来提高系统的容量和频谱利用率。这样，TD-SCDMA系统充分利用了CDMA、TDMA、FDMA和SDMA这四种多址方式的技术优势，使系统性能最佳化。

智能天线的核心在于数字信号处理部分，它根据一定的准则，使天线阵产生定向波束指向用户，并自动地调整系数以实现所需的空间滤波。智能天线需要解决的两个关键问题是辨识信号的方向和数字赋形的实现。

TD-SCDMA的智能天线使用一个环形天线阵，由8个完全相同的天线元素均匀地分布在一个半径为R的圆上组成。智能天线的功能是由天线阵及与其相连接的基带数字信号处理部分共同完成的。该智能天线的仰角方向辐射图形与每个天线元素相同。在方位角的方向图由基带处理器控制，可同时产生多个波束，按照通信用户的分布，在360°的范围内任意赋形。为了消除干扰，波束赋形时还可以在有干扰的地方设置零点，该零点处的天线辐射电平要比最大辐射方向低约 40dB。TD-SCDMA 使用的智能天线当 N＝8 时，比无方向性的单振子天线的增益分别大 9dB(对接收)和 18dB(对发射)。每个振子的增益为 8dB，则该天线的最大接收增益为 17dB，最大发射增益为 26dB。由于基站智能天线的发射增益要比接收增益大得多，对于传输非对称的IP等数据、下载较大业务信息是非常适合的。根据以上基本原理，在 CDMA 系统(无论是 TDD 或 FDD 方式)中，采用智能天线和波束赋形技术，能够在多个方面大大改善通信系统的性能，概括地讲主要有：提高了基站接收机的灵敏度，提高了基站发射机的等效发射功率，降低了系统的干扰，增加了 CDMA 系统的容量，改进了小区的覆盖，降低了无线基站的成本。

由于采用智能天线后，应用波束赋形技术显著提高了基站的接收灵敏度和等效发射功率，能够大大降低系统内部的干扰和相邻小区之间的干扰，从而使系统容量扩大一倍以上；同时也可以使业务高密度的市区和郊区所要求的基站数目减少。在业务稀少的乡村，无线覆盖范围将增加一倍，这也意味着在所覆盖的区域的基站数目降至通常情况的 1/4。天线增益的提高也能够降低高频功率放大器(HPA)的线性输出功率。因为 HPA 的费用占收发信机成本的主要部分。所以，智能天线的采用将显著降低运营成本、提高系统的经济效益。

3. CDMA2000

CDMA2000 是由窄带 CDMA(CDMA IS95)技术发展而来的宽带 CDMA 技术，也称为 CDMA Multi-Carrier，它是由美国高通北美公司为主导提出，摩托罗拉、Lucent 和后来加入的韩国三星都有参与，韩国现在成为该标准的主导者。这套系统是从窄频 CDMAOne 数字标准衍生出来的，可以从原有的 CDMAOne 结构直接升级到 3G，建设成本低廉。但目前使用 CDMA 的地区只有日、韩和北美，所以 CDMA2000 的支持者不如 WCDMA 多。不过 CDMA2000 的研发技术却是目前各标准中进度最快的，许多 3G 手机已经率先面世。该标准提出了从 CDMA IS95(2G)-CDMA20001x-CDMA20003x(3G)的演进策略。CDMA20001x 被称为 2.5 代移动通信技术。CDMA20003x 与 CDMA20001x 的主要区别在于应用了多路载波技术，通过采用三载波使带宽提高。目前中国电信正在采用这一方案向 3G 过渡，并已建成了 CDMA IS95 网络。

标准参数：

RTT FDD

同步 CDMA 系统：有 GPS；

带宽：1.25MHz；

码片速率：1.2288Mcps；

中国频段：1 920MHz～1 935MHz(上行)、2 110MHz～2 125MHz(下行)。

4. 三个技术标准的比较

WCDMA、CDMA2000 与 TD-SCDMA 都属于宽带 CDMA 技术。宽带 CDMA 进一步拓展了标准的 CDMA 概念，在一个相对更宽的频带上扩展信号，从而减少由多径和衰减带来的传播问题，具有更大的容量，可以根据不同的需要使用不同的带宽，具有较强的抗衰落能力与抗干扰能力，支持多路同步通话或数据传输，且兼容现有设备。WCDMA、CDMA2000 与 TD-SCDMA 都能在静止状态下提供 2Mb/s 的数据传输速率，但三者的一些关键技术仍存在着较大的差别，性能上也有所不同。

(1) 双工模式

WCDMA 与 CDMA2000 都是采用 FDD(频分数字双工)模式，TD-SCDMA 采用 TDD(时分数字双工)模式。FDD 使用分离的两个对称频带的双工模式来完成上行(发送)和下行(接收)的传输，需要成对的频率，通过频率来区分上、下行，对于对称业务(如语音)能充分利用上下行的频谱，但对于非对称的分组交换数据业务(如互联网)，由于上行负载低，频谱利用率大大降低。TDD 使用同一频带的双工模式来完成上行和下行的传输，根据时间来区分上、下行并进行切换，物理层的时隙被分为上、下行两部分，不需要成对的频率，上下行链路业务共享同一信道，可以不平均分配，特别适用于非对称的分组交换数据业务(如互联网)。TDD 的频谱利用率高，而且成本低廉，但由于采用多时隙的不连续传输方式，基站发射峰值功率与平均功率的比值较高，造成基站功耗较大，基站覆盖半径较小，同时也造成抗衰落和抗多普勒频移的性能较差，当手机处于高速移动的状态时通信能力较差。WCDMA 与 CDMA2000 能够支持移动终端在时速 500 公里左右时的正常通信，而 TD-SCDMA 只能支持移动终端在时速 120 公里左右时的正常通信。TD-SCDMA 在高速公路及铁路等高速移动的环境中处于劣势。

(2) 码片速率与载波带宽

WCDMA(FDD-DS)采用直接序列扩频方式，其码片速率为 3.84Mcps。CDMA20001x 与 CDMA20003x 的区别在于载波数量不同，CDMA20001x 为单载波，码片速率为 1.2288Mcps，CDMA20003x 为三载波，其码片速率为 $1.2288 \times 3 = 3.6864$Mcps。TD-SCDMA 的码片速率为 1.28Mcps。码片速率高能有效地利用频率选择性分集以及空间的接收和发射分集，可以有效地解决多径问题和衰落问题，WCDMA 在这方面最具优势。

载波带宽方面，WCDMA 采用了直接序列扩谱技术，具有 5MHz 的载波带宽。CDMA20001x 采用了 1.25MHz 的载波带宽，CDMA20003x 利用三个 1.25MHz 载波的合并形成 3.75MHz 的载波带宽。TD-SCDMA 采用三载波设计，每载波具有 1.6M 的带宽。载波带宽越高，支持的用户数就越多，在通信时发生网塞的可能性就越小。在这方面 WCDMA 具有比较明显的优势。

TD-SCDMA 系统仅采用 1.28Mcps 的码片速率，采用 TDD 双工模式，因此只需占用单一的 1.6M 带宽，就可传送 2Mb/s 的数据业务。而 WCDMA 与 CDMA2000 要传送 2Mb/s 的数据业务，均需要两个对称的带宽，分别作为上、下行频段，因而 TD-SCDMA 对频率资源的利用率是最高的。

(3) 智能天线技术

智能天线技术是 TD-SCDMA 采用的关键技术，已由大唐电信申请了专利，目前 WCDMA 与 CDMA2000 都还没有采用这项技术。智能天线是一种安装在基站现场的双向天线，通过一组带有可编程电子相位关系的固定天线单元获取方向性，并可以同时获取基站和移动台之间各个链路的方向特性。TD-SCDMA 智能天线的高效率是基于上行链路和下行链路的无线路径的对称性(无线环境和传输条件相同)而获得的。智能天线还可以减少小区间及小区内的干扰。智能天线的这些特性可显著提高移动通信系统的频谱效率。

(4) 越区切换技术

WCDMA 与 CDMA2000 都采用了越区“软切换”技术，即当手机发生移动或是目前与手机通信的基站话务繁忙使手机需要与一个新的基站通信时，并不先中断与原基站的联系，而是先与新的基站连接后，再中断与原基站的联系，这是经典的 CDMA 技术。“软切换”是相对于“硬切换”而言的。FDMA 和 TDMA 系统都采用“硬切换”技术，先中断与原基站的联系，再与新的基站进行连接，因而容易掉线。由于软切换在瞬间同时连接两个基站，对信道资源占用较大。而 TD-SCDMA 则是采用了越区“接力切换”技术，智能天线可大致定位用户的方位和距离，基站和基站控制器可根据用户的方位和距离信息，判断用户是否移动到应切换给另一基站的临近区域，如果进入切换区，便由基站控制器通知另一基站做好切换准备，达到接力切换目的。接力切换是一种改进的硬切换技术，可提高切换成功率，与软切换相比可以减少切换时对邻近基站信道资源的占用时间。

在切换的过程中，需要两个基站间的协调操作。WCDMA 无需基站间的同步，通过两个基站间的定时差别报告来完成软切换。CDMA2000 与 TD-SCDMA 都需要基站间的严格同步，因而必须借助 GPS 等设备来确定手机的位置并计算出到达两个基站的距离。由于 GPS 依赖于卫星，CDMA2000 与 TD-SCDMA 的网络部署将会受到一些限制，而 WCDMA 的网络在许多环境下更易于部署，即使在地铁等 GPS 信号无法到达的地方也能安装基站，实现真正的无缝覆盖。而且 GPS 是美国的系统，若将移动通信系统建立在 GPS 可靠工作的基础上，将会受制于美国的 GPS 政策，有一定的风险。

(5) 与第二代系统的兼容性

WCDMA 由 GSM 网络过渡而来，虽然可以保留 GSM 核心网络，但必须重新建立 WCDMA 的接入网，并且不可能重用 GSM 基站。CDMA20003x 从 CDMA IS95、CDMA20001x 过渡而来，可以保留原有的 CDMA IS95 设备。TD-SCDMA 系统的建设只需在已有的GSM网络上增加TD-SCDMA设备即可。三种技术标准中，WCDMA在升级的过程中耗资最大。

4.2.3 移动通信与物联网

移动通信网络已经发展到3G时代。第三代通信网络不仅能提供语音业务还能提供比较快速的分组多媒体业务。无线移动通信网络未来发展到长期演进策略，再到后面的4G，功能也从单纯的语音通信发展到交互式多媒体和视频业务等。从广义上来讲，未来的无线网络具备以下特征：

(1) 方便、高速、统一的无线接入；

(2) 支持多种网络环境，融合多种传输资源，支持各种移动模式；

(3) 基于IP地址的路由分配，支持更多多媒体业务；

(4) 更高的资源利用率，更大的业务容量，更广的融合系统。

随着技术的进一步发展，网络的融合也是未来的趋势。从传输网和业务网到"三网融合"都将是下一代网络的必然趋势。但网络融合涉及业务、市场、技术和体制监管等方面的问题，注定需要一个漫长的发展过程。

为了方便，人们总习惯用移动的方式与网络连接。无线终端通过无线移动通信网络接入物联网并能实现对目标物体的识别、监控和控制等功能。

由于物联网信息节点的广泛性和移动性，就决定了各种无线通信技术将是物联网的主要联网技术。同时随着第三代移动通信的不断发展普及，现代移动通信网络的数据通信功能日益强大，已经开始应用的4G通信网络支持的业务范围更加广泛。因此，现代移动通信网络为物联网的实现提供了很好的物质基础，移动通信系统必将在物联网的组网过程中得到广泛应用。

移动通信系统一般由移动终端、传输网络和网络管理维护等部分组成，因此移动通信在物联网的应用主要包括以下几个方面：

(1) 移动通信终端在物联网中的应用

移动通信系统的移动终端作为信息接入的终端设备，可以随网络信息节点移动，并实现信息节点和网络之间随时随地通信。对比移动通信终端和物联网节点信息感知终端的功能和工作方式可知，移动通信终端完全可以作为物联网信息节点终端的通信部件使用。

(2) 移动通信传输网络在物联网中的应用

移动通信系统的传输网络主要实现各移动节点的相互连接和信息的远程传输，而物联网中的信息传输网络也要完成类似的功能，因此，完全可以将现有的移动通信系统的信息传输网络作为物联网的信息传输网络使用，即可以将物联网承载在现有的移动通信网络之上。

(3) 移动通信网络管理平台在物联网中的应用

移动通信网络的网络管理维护平台主要用来实现对网络设备、性能、用户及业务的管理和维护，以保证网络系统的可靠运行。为了保证信息的安全、可靠传输，物联网同样需要相应的管理维护平台以完成物联网相关的管理维护功能。因此，完全可以将移动通信网络管理维护的相关思想、架构应用到物联网的网络管理和维护。

虽然移动通信网络和物联网的结构类似、功能相近，可以将移动通信系统广泛应用到物联网之中，但是现在的移动通信系统毕竟主要是为语音通信设计的，虽然第三代及后继的移动通信系统增强了系统的数据通信功能，但仍然不能将现有的移动通信系统直接作为物联网使用，必须根据物联网的使用特点加以改进。

(1) 对移动终端的改进

现在的移动通信终端只有语音或数据的通信功能，还不具有信息的感知和物品的控制功能，因此不能直接作为物联网的节点设备使用。可以通过在移动通信终端中增加相应的传感器和控制元件，或者为现有的传感器和控制器增加移动通信功能，对移动终端加以改进，从而实现移动通信终端和物联网信息终端的融合。

(2) 对网络管理的改进

现在的移动通信网络管理中的用户管理、信息传输管理和业务管理都还不能满足物联网的使用要求，必须加以改进。首先如前所述，物联网中用户不仅包括人，还包括数量更多的物品，且物品的信息发送和接收与传统的用户相比具有不同的特点，因此必须对现有的用户管理方式进行改进，包括采用新的用户标示手段以增加用户容量、区分物品用户和人员用户的不同，以提高网络的运行效率。其次，物联网对信息传输的安全性和可靠性要求都非常高，这就要求必须改进现在移动通信网络中信息传输的管理方式，以提高其安全性和可靠性。最后，必须为物联网用户不断开发新的业务，并对新的物联网业务进行高效的管理。

覆盖地域广泛的移动通信网络系统为人们提供了随时随地进行信息联网传输的方便手段，物联网则为人们描绘了对实物世界进行更加智能化管理的美好前景，将移动通信技术应用于物联网中的信息接入和传输，实现移动通信网络和物联网的有机融合，无疑既能极大地促进物联网的普及应用，也能为移动通信网络拓宽应用业务范围。

实际上，现在的移动运营商已经将移动通信技术和系统应用到物联网中，利用现有的移动通信网络开展形式多样的物联网业务。如现在各运营商利用移动通信网络开展的移动支付业务，物流行业基于移动通信网络的车辆/货物智能管理系统，以及运营商与汽车制造商合作推出的基于移动通信系统的车载信息网络等，都将移动通信技术应用到物联网领域。

虽然现在已经有了一些移动技术和物联网的融合应用，但是大都局限于一些特定行业，还远没有在人们的日常生活中普及。究其原因，主要在于两个方面：一是缺乏统一的相关标准对市场的规范和引导，这是移动技术和物联网大规模融合应用首先需要解决的主要问题；二是能够吸引大众的具体业务还有待于大力地研究开发，同第三代移动通信的发展普及类似，缺乏有足够吸引力的具体应用业务是影响移动通信大规模应用于物联网的另一个主要因素。有理由相信，上述两方面的问题解决之后，移动通信和物联网的融合应用必会得到迅速发展和普及。

4.3 短距离无线通信技术

随着通信和信息技术的不断发展，短距离无线通信技术的应用步伐不断加快，正日益走向成熟。一般意义上，只要通信收发双方通过无线电波传输信息且传输距离限制在较短范围(几十米)以内，就可称为短距离无线通信。目前我们所看到的短距离无线技术都有其立足的特点，或基于传输速度、距离、耗电量的特殊要求，或着眼于功能的扩充性，或符合某些单一应用的特别要求，或建立竞争技术的差异化等。但是没有一种技术可以完美到足以满足所有的需求。下面先了解一下目前的短距离无线技术都有哪些。

(1) 蓝牙技术

Bluctooth 技术是广受业界关注的近距无线连接技术。它是一种无线数据与语音通信的开放性全球规范，它以低成本的短距离无线连接为基础，可为固定的或移动的终端设备提供廉价的接入服务。蓝牙技术是一种无线数据与语音通信的开放性全球规范，其实质内容是为固定设备或移动设备之间的通信环境建立通用的近距无线接口，将通信技术与计算机技术进一步结合起来，使各种设备在没有电线或电缆相互连接的情况下，能在近距离范围内实现相互通信或操作。其传输频段为全球公众通用的 2.4GHz ISM 频段，提供 1Mb/s 的传输速率和 10m 的传输距离。

但蓝牙技术遭遇的最大障碍是过于昂贵，突出表现在芯片大小和价格难以下调、抗干扰能力不强、传输距离太短、信息安全问题等。这就使许多用户不愿意花大价钱来购买这种无线设备。因此，业内专家认为，蓝牙的市场前景取决于蓝牙价格和基于蓝牙的应用是否能达到一定的规模。

(2) Wi-Fi 技术

Wi-Fi 是以太网的一种无线扩展，理论上要求用户位于一个接入点四周的一定区域内。但实际上，如果有多个用户同时通过一个点接入，带宽被多个用户分享，Wi-Fi 的连接速度一般只有几百 Kb/s，信号不受墙壁阻隔，因而在建筑物内的有效传输距离小于户外。

无线局域网未来最具潜力的应用将主要集中在家居办公、家庭无线网络以及不便安装电缆的建筑物或场所。目前这一技术的用户主要来自机场、酒店、商场等公共热点场所。Wi-Fi 技术可将 Wi-Fi 与基于 XML 或 Java 的 Web 服务融合起来，可以大幅度减少企业的成本。例如企业选择在每一层楼或每一个部门配备 802.11b 的接入点，而不是采用电缆线把整幢建筑物连接起来。这样一来，可以节省大量铺设电缆所需花费的资金。

(3) ZigBee 技术

ZigBee 主要应用在短距离范围内并且数据传输速率不高的各种电子设备之间。ZigBee 名字来源于蜂群使用的赖以生存和发展的通信方式，蜜蜂通过跳 ZigZag 曲折形状的舞蹈来分享新发现的食物源的位置、距离和方向等信息。

ZigBee 可以说是蓝牙的同族兄弟，它使用 2.4 GHz 波段，采用跳频技术。与蓝牙相比，ZigBee 更简单、速率更慢、功率及费用也更低。它的基本速率是 250Kb/s，当降低到 28Kb/s 时，传输范围可扩大到 134m，并获得更高的可靠性。另外，它可与 254 个节点联网。可以比蓝牙更好地支持游戏、消费电子、仪器和家庭自动化应用。人们期望能在工业监控、传感器网络、家庭监控、安全系统和玩具等领域拓展 ZigBee 的应用。

(4) UWB 技术

超宽带技术 UWB 是一种无线载波通信技术，它不采用正弦载波，而是利用纳秒级的非正弦波窄脉冲传输数据，因此其所占的频谱范围很宽。UWB 可在非常宽的带宽上传输信号，美国联邦通信委员会对 UWB 的规定为：在 3.1～10.6GHz 频段中占用 500MHz 以上的带宽。由于 UWB 可以利用低功耗、低复杂度发射/接收机实现高速数据传输，在近年得到了迅速发展。它在非常宽的频谱范围内采用低功率脉冲传送数据而不会对常规窄带无线通信系统造成大的干扰，并可充分利用频谱资源。基于 UWB 技术而构建的高速率数据收发机有着广泛的用途。

UWB 技术具有系统复杂度低、发射信号功率谱密度低、对信道衰落不敏感、低截获能力、定位精度高等优点，尤其适用于室内等密集多径场所的高速无线接入，非常适于建立一个高效的无线局域网或无线个域网(WPAN)。UWB 主要应用在小范围、高分辨率、能够穿透墙壁、地面和身体的雷达和图像系统中。除此之外，这种新技术适用于对速率要求非常高(大于 100 Mb/s)的 LAN 或 PAN。

具有一定相容性和高速、低成本、低功耗的优点使得 UWB 较适合家庭无线消费市场的需求。UWB 尤其适合近距离内高速传送大量多媒体数据以及可以穿透障碍物的突出优点，让很多商业公司将其看作一种很有前途的无线通信技术，应用于诸如将视频信号从机顶盒无线传送到数字电视等家庭场合。当然，UWB 未来的前途还要取决于各种无线方案的技术发展、成本、用户使用习惯和市场成熟度等多方面的因素。

(5) IrDA 技术

IrDA 是一种利用红外线进行点对点通信的技术，是第一个实现无线个人局域网

(PAN)的技术。目前它的软硬件技术都很成熟，在小型移动设备，如个人掌上电脑、手机上使用广泛。事实上，当今每一个出厂的个人掌上电脑及许多手机、笔记本电脑、打印机等产品都支持 IrDA。

IrDA 的主要优点是无需申请频率的使用权，因而红外通信成本低廉，并且还具有移动通信所需的体积小、功耗低、连接方便、简单易用的特点。此外，红外线发射角度较小，传输上安全性高。IrDA 的不足在于它是视距传输，两个相互通信的设备之间必须对准，中间不能被其他物体阻隔，因而该技术只能用于两台(非多台)设备之间的连接。而蓝牙就没有此限制，且不受墙壁的阻隔。IrDA 目前的研究方向是如何解决视距传输问题及提高数据传输率。

(6) NFC 技术

NFC 是由 Philips、NOKIA 和 Sony 主推的一种类似于 RFID 的短距离无线通信技术标准。和 RFID 不同，NFC 采用了双向的识别和连接。在 20cm 距离内工作于 13.56MHz 频率范围。NFC 最初仅仅是遥控识别和网络技术的合并，但现在已发展成无线连接技术。它能快速自动地建立无线网络，为蜂窝设备、蓝牙设备、Wi-Fi 设备提供一个“虚拟连接”，使电子设备可以在短距离范围进行通讯。NFC 的短距离交互大大简化了整个认证识别过程，使电子设备间互相访问更直接、更安全、更清楚，不用再听到各种电子杂音。

NFC 通过在单一设备上组合所有的身份识别应用和服务，帮助解决记忆多个密码的麻烦，同时也保证了数据的安全。有了 NFC，多个设备如数码相机、PDA、机顶盒、电脑、手机等之间的无线互连，彼此交换数据或服务都将有可能实现。同样，构建 Wi-Fi 家族无线网络需要多台具有无线网卡的电脑、打印机和其他设备。除此之外，还得有一定技术的专业人员才能胜任这一工作。而 NFC 被置入接入点之后，只要将其中两个靠近就可以实现交流，比配置 Wi-Fi 连结容易得多。

4.3.1 ZigBee

ZigBee 是一种短距离、低功耗的无线网络技术，主要由 ZigBee 联盟制定，其底层是采用 IEEE 802.15.4 标准规范的 MAC 与 PHY 层。

ZigBee 联盟成立于 2001 年 8 月。2002 年下半年，英国 Invensys 公司、日本三菱电气公司、美国摩托罗拉公司以及荷兰飞利浦半导体公司四大巨头共同宣布，它们将加盟“ZigBee 联盟”，以研发名为“ZigBee”的下一代无线通信标准，这一事件成为该项技术发展过程中的里程碑。到目前为止，除了 Invensys、Ember、三菱电子、摩托罗拉、TI(德州仪器)、飞思卡尔和飞利浦等国际知名的大公司外，该联盟大约已有 200 多家成员企业，并在迅速发展壮大。其中涵盖了半导体生产商、IP 服务提供商、消费类电子厂商及代工生产商等，例如 Honeywell、Eaton 和 Invensys

Metering Systems 等工业控制和家用自动化公司，甚至还有像 Mattel 之类的玩具公司。所有这些公司都参加了负责开发 ZigBee 物理和媒体控制层技术标准的 IEEE 802.15.4 工作组。

1. 802.15.4 和 ZigBee 区别

ZigBee 建立在 802.15.4 标准之上，如图 4-3 所示，它确定了可以在不同制造商之间共享的应用纲要。IEEE802.15.4 是 IEEE 确定的低速率、无线个域网(Personal Area Network)标准。这个标准定义了“物理层”(Physical Layer)和“媒体控制层”(Medium Access Layer)。物理层(PHY)规范确定了在 2.4GHz 以 250Kb/s 的基准传输率工作的低功耗展频无线电(另有一些以更低数据传播率工作的 915MHz 和 868MHz 的实体层规范，但它们不太流行)。

媒体控制层(MAC)规范定义了在同一区域工作的多个 802.15.4 无线电信号如何共享空中通道。介质存取层支持几种架构，包括星状拓扑结构(一个节点作为网络协调点，类似于 802.11 的接入点)，树状拓扑结构(一些节点依次经过另一些节点才到达网络协调点)和网状拓扑结构(无须主协调点，各个节点之间分享路由职责)。

但是仅仅定义实体层和介质访问层并不足以保证不同的设备之间可以对话，于是便有了 ZigBee 联盟。ZigBee 从 802.15.4 标准开始着手，目前正在定义允许不同厂商制造的设备相互对话的应用纲要。例如，ZigBee“灯纲要”会确定相关的所有协议，因此你从 A 公司买的 ZigBee 灯开关会和 B 公司的灯正常工作。

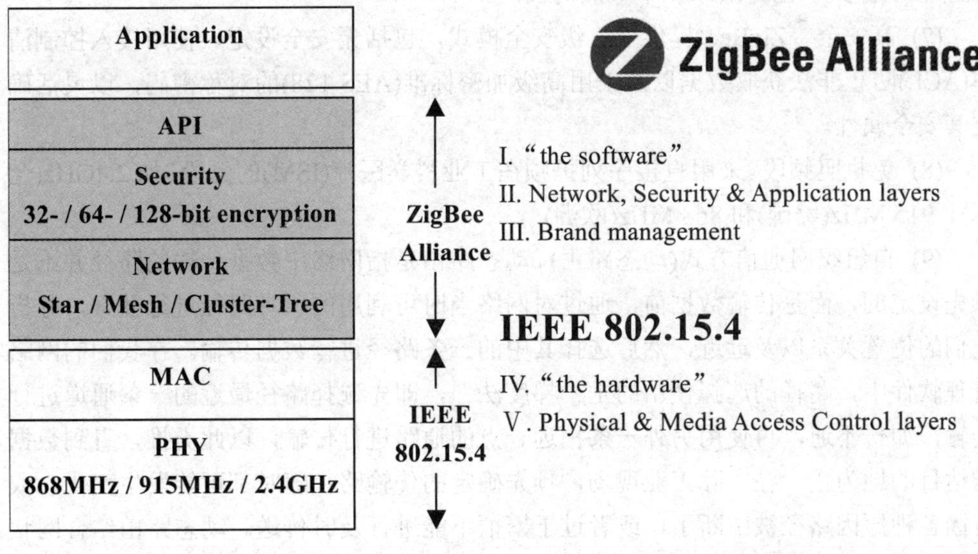

图 4-3　ZigBee 与 IEEE 802.15.4

2. ZigBee 技术特点

(1) 低功耗。在低耗电待机模式下，2 节 5 号干电池可支持 1 个节点工作 6～24 个月，甚至更长。这是 ZigBee 的突出优势。相比较，蓝牙能工作数周、Wi-Fi 可工作数小时。

(2) 低成本。通过大幅简化协议(不到蓝牙的 1/10)，降低了对通信控制器的要求，按预测分析，以 8051 的 8 位微控制器测算，全功能的主节点需要 32KB 代码，子功能节点少至 4KB 代码，而且 ZigBee 免协议专利费。每块芯片的价格大约为 2 美元。

(3) 低速率。ZigBee 工作在 20～250Kb/s 的较低速率，分别提供 250Kb/s(2.4GHz)、40Kb/s(915MHz)和 20Kb/s(868MHz) 的原始数据吞吐率，满足低速率传输数据的应用需求。

(4) 近距离。传输范围一般介于 10～100m 之间，在增加 RF 发射功率后，亦可增加到 1～5km。这指的是相邻节点间的距离。如果通过路由和节点间通信的接力，传输距离可以更远。

(5) 短时延。ZigBee 的响应速度较快，一般从睡眠转入工作状态只需 15ms，节点连接进入网络只需 30ms，进一步节省了电能。相比较，蓝牙需要 3～10s、Wi-Fi 需要 3s。

(6) 高容量。ZigBee 可采用星状、树状和网状网络结构，由一个主节点管理若干子节点，最多一个主节点可管理 254 个子节点。同时主节点还可由上一层网络节点管理，最多可组成 65 000 个节点的大网。

(7) 高安全。ZigBee 提供了三级安全模式，包括无安全设定、使用接入控制清单(ACL)防止非法获取数据以及采用高级加密标准(AES 128)的对称密码，以灵活确定其安全属性。

(8) 免执照频段。采用直接序列扩频在工业科学医疗(ISM)的频段，如 2.4GHz(全球)、915 MHz(美国)和 868 MHz(欧洲) 。

(9) 自组织网通信方式(动态路由)。动态路由是指网络中数据传输的路径并不是预先设定的，而是传输数据前，通过对网络当时可利用的所有路径进行搜索，分析它们的位置关系以及远近，然后选择其中的一条路径进行数据传输。在我们的网络管理软件中，路径的选择使用的是“梯度法”，即先选择路径最近的一条通道进行传输，如传不通，再使用另外一条稍远一点的通路进行传输，以此类推，直到数据送达目的地为止。在实际工业现场，预先确定的传输路径随时都可能发生变化，或者因各种原因路径被中断了，或者过于繁忙不能进行及时传送。动态路由结合网状拓扑结构，就可以很好解决这个问题，从而保证数据的可靠传输。

ZigBee 出发点是希望能发展一种易布建的低成本无线网络，同时其低耗电性将使产品的电池能维持 6 个月到数年的时间。在产品发展的初期，将以工业或企业市场的感应式网路为主，提供感应辨识、灯光与安全控制等功能，再逐渐将目前市场拓展至家庭中的应用。

ZigBee 技术弥补了低成本、低功耗和低速率无线通信市场的空缺，其成功的关键在于丰富而便捷的应用，而不是技术本身。随着正式版本协议的公布，更多的注意力和研发力量将转到应用的设计和实现、互联互通测试和市场推广等方面。我们有理由相信在不远的将来，将有越来越多的内置式 ZigBee 功能的设备进入我们的生活，并将极大地改善我们的生活方式和体验。

3. ZigBee 协议栈

(1) 协议栈的定义

在网络中，为了完成通信，必须使用多层上的多种协议。这些协议按照层次顺序组合在一起，构成了协议栈(Protocol Stack)。协议栈是指网络中各层协议的总和，一套协议的规范。其形象地反映了一个网络中文件传输的过程：由上层协议到底层协议，再由底层协议到上层协议。

使用最广泛的是互联网协议栈，由上到下的协议分别是：应用层(HTTP，TELNET，DNS，EMAIL 等)，运输层(TCP，UDP)，网络层(IP)，链路层(Wi-Fi，以太网，令牌环，FDDI 等)。

(2) ZigBee 协议栈

ZigBee 协议栈结构由一组被称做层的模块组成，如图 4-4 所示。每一层为上面的层执行一组特定的服务：数据实体提供了数据传输服务，管理实体提供了所有其他的服务。

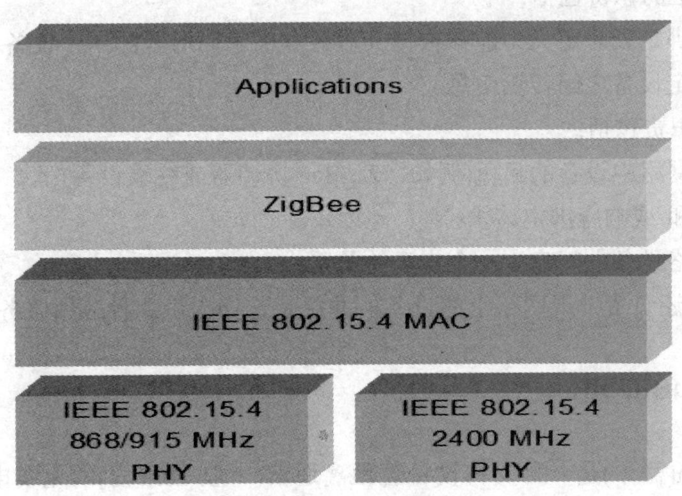

图 4-4　ZigBee 协议栈

每个服务实体通过一个服务接入点(SAP)为上层提供一个接口，每个 SAP 支持多种服务原语来实现要求的功能。

ZigBee 协议栈基于标准的开放式系统互联(OSI)七层模型，但是仅定义了那些相关实现预期市场空间功能的层。

IEEE 802.15.4-2003 标准定义了两个较低层：物理层(PHY)和媒体访问控制子层(MAC)。

ZigBee 联盟在此基础上建立了网络层(NWK)和应用层构架。应用层构架由应用支持子层(APS)、ZigBee 设备对象(ZDO)和制造商定义的应用对象组成。

IEEE 802.15.4-2003 有两个 PHY 层，这两个 PHY 层运行在两个不同的频率范围：868/915MHz 和 2.4 GHz。较低频率的 PHY 层覆盖了欧洲 868 MHz 频带和 915 MHz，使用的国家如美国和澳大利亚。较高频率的 PHY 层几乎在世界各地使用。

IEEE 802.15.4-2003 MAC 子层使用 CSMA-CA(带有冲突避免的载波侦听多路访问)机制来控制无线电信道的访问。其职责也可能包括传输信标帧，同步和提供一个可靠的传输机制。

ZigBee 的 NWK 层的职责包括：

- 加入和离开一个网络；
- 为帧运用安全功能；
- 为到预定目的地的帧寻找路由；
- 发现和维护设备之间的路由；
- 发现单跳的邻居；
- 存储相关的邻居信息。

ZigBee 应用层包括 APS、应用程序框架(AF)、ZDO 和制造商定义的应用对象。

APS 子层的职责包括：

- 维护绑定表，定义为能够根据其服务和需求同时匹配两个设备；
- 在绑定设备之间传输信息。

ZDO 的职责包括：

- 定义网络中设备的角色(例如，ZigBee 协调器或终端设备)；
- 发起和/或响应绑定请求；
- 在网络设备之间建立一个安全的关系；
- ZDO 还负责发现网络上的设备，并决定它们提供哪种应用服务。

4.3.2 Bluetooth

Bluetooth(蓝牙)是一种支持设备短距离通信(一般 10m 内)的无线电技术，蓝牙能在移动电话、PDA、无线耳机、笔记本电脑、相关外设等众多设备之间进行无线信息交换。利用“蓝牙”技术，能够有效地简化移动通信终端设备之间的通信，也能够成功地简化设备与互联网之间的通信，从而使数据传输变得更加迅速高效，为无线通信拓宽道路。蓝牙采用分散式网络结构以及快跳频和短包技术，支持点对点及点对多点通信，工作在全球通用的 2.4GHz ISM(即工业、科学、医学)频段。其数据速率为 1Mb/s，采用时分双工传输方案实现全双工传输。

1998 年 2 月，5 个跨国大公司，包括爱立信、诺基亚、IBM、东芝及 Intel 组成了一个蓝牙特殊兴趣小组(Special Interest Group，SIG)，他们共同的目标是建立一个全球性的小范围无线通信技术，即现在的蓝牙。该小组致力于推动蓝牙无线技术的发展，为短距离连接移动设备制定低成本的无线规范，并将其推向市场。

1. 蓝牙技术优势

(1) 全球可用

蓝牙无线技术规格供全球的成员公司免费使用。许多行业的制造商都积极地在其产品中实施此技术，以减少使用零乱的电线，实现无缝连接、流传输立体声，传输数据或进行语音通信。蓝牙技术在 2.4 GHz 波段运行，该波段是一种无需申请许可证的工业、科技、医学(ISM)无线电波段。正因如此，使用蓝牙技术不需要支付任何费用。但您必须向手机提供商注册使用 GSM 或 CDMA，除了设备费用外，您不需要为使用蓝牙技术再支付任何费用。

(2) 设备范围

蓝牙技术得到了空前广泛的应用，集成该技术的产品从手机、汽车到医疗设备，使用该技术的用户从消费者、工业市场到企业等，不一而足。低功耗，小体积以及低成本的芯片解决方案使得蓝牙技术甚至可以应用于极微小的设备中。

(3) 易于使用

蓝牙技术是一项即时技术，它不要求固定的基础设施，且易于安装和设置，不需要电缆即可实现连接。新用户使用亦不费力，只需拥有蓝牙品牌产品，检查可用的配置文件，将其连接至使用同一配置文件的另一蓝牙设备即可。外出时，可以随身带上个人局域网(PAN)，甚至可以与其他网络连接。

(4) 全球通用的规格

蓝牙无线技术是当今市场上支持范围最广泛，功能最丰富且安全的无线标准。全球范围内的资格认证程序可以测试成员的产品是否符合标准。自 1999 年发布蓝牙规格以来，总共有超过 4 000 家公司成为蓝牙特别兴趣小组的成员。同时，市场上蓝牙产品的数量也成倍地迅速增长。产品数量已连续四年成倍增长，安装的基站数量在 2005 年底可能达到 5 亿个。

2. 蓝牙技术规范

蓝牙共有六个版本：V1.1、V1.2、V2.0、V2.1、V3.0、V4.0，V1.1 为最早期版本，传输率约为 748～810Kb/s，因是早期设计，容易受到同频率产品的干扰，影响通讯质量。V1.2 同样只有 748～810Kb/s 的传输率，但现在加上了(改善 Software)抗干扰跳频功能。

以通讯距离来分类，蓝牙的不同版本可再分为 Class A 和 Class B。Class A 用在大功率、远距离的蓝牙产品上，但因成本高和耗电量大，不适合作为个人通讯产品使用(手机、蓝牙耳机、蓝牙 Dongle 等)，故多用在部分特殊商业用途上，通讯距离大约在 80～100m 之间。Class B 是目前最流行的制式，通讯距离大约在 8～30m 之间，视产品的设计而定，多用于手机内、蓝牙耳机、蓝牙软件狗的个人通讯产品上，耗电量和体积较细，方便携带。

(1) Bluetooth 2.1+EDR

2004 年，推出了 Bluetooth 2.0+EDR 标准，虽然 Bluetooth 2.0+EDR 标准在技术上作了大量的改进，但从 1.X 标准延续下来的配置流程复杂和设备功耗较大的问题依然存在。为了改善蓝牙技术目前存在的问题，蓝牙 SIG 组织推出了 Bluetooth 2.1+EDR 版本的蓝牙技术。

① 改善装置配对流程：由于有许多使用者在进行硬件之间的蓝牙配对时，会遭遇到许多问题，不管是单次配对，或者是永久配对，配对的过程与必要操作过于繁杂。以往在连接过程中，需要利用个人识别码来确保连接的安全性，而改进过后的连接方式则会自动使用数字密码来进行配对与连接。举例来说，只要在手机选项中选择连接特定装置，在确定之后，手机会自动列出目前环境中可使用的设备，并且自动进行联结。

而短距离的配对方面，也具备了在两个支持蓝牙的手机之间互相进行配对与通讯传输的 NFC(Near Field Communication)机制。NFC 是短距离的无线RFID 技术，在针对 1～2 公尺的短距离联机应用上，以电磁波为基础，取代传统无线电传输。由于 NFC 机制掌控了配对的起始侦测，当范围内的两台装置要进行配对传输时，只要简单地在手机屏幕上点选是否接受联机即可。不过要应用 NFC 功能，系统必须要内建 NFC 芯片或者具备相关硬件功能。

② 更佳的省电效果：蓝牙 2.1 版加入了 Sniff Subrating 的功能，通过设定在两个装置之间互相确认讯号的发送间隔来达到节省功耗的目的。一般来说，当两个进行联结的蓝牙装置进入待机状态后，蓝牙装置之间仍需要通过相互的呼叫来确定彼此是否仍在联机状态，当然，也因为这样，蓝牙芯片就必须随时保持在工作状态，即使手机的其他组件都已经进入休眠模式。为了改善这样的状况，蓝牙 2.1 将装置之间相互确认的讯号发送时间间隔从旧版的 0.1 秒延长到 0.5 秒左右，如此可以让蓝牙芯片的工作负载大幅降低，也可让蓝牙可以有更多的时间彻底休眠。根据官方的报告，采用此技术之后，蓝牙装置在开启蓝牙联机后的待机时间可以有效延长 5 倍以上。

(2) 蓝牙 3.0

2009 年 4 月 21 日，蓝牙技术联盟(Bluetooth SIG)正式颁布了新一代标准规范“Bluetooth Core Specification Version 3.0+High Speed”(蓝牙核心规范 3.0 版+高速)，

蓝牙 3.0 的核心是“Generic Alternate MAC/PHY”(AMP)，这是一种全新的交替射频技术，允许蓝牙协议栈针对任一任务动态地选择正确射频。

作为新版规范，蓝牙 3.0 的传输速度自然会更高，而秘密就在 802.11 无线协议上。通过集成“802.11 PAL”(协议适应层)，蓝牙 3.0 的数据传输率提高到了大约 24Mb/s(即可在需要的时候调用 802.11 Wi-Fi 用于实现高速数据传输)，是蓝牙 2.0的 8 倍，可以轻松用于录像机至高清电视、个人计算机至便携式媒体播放器、超级移动个人计算机至打印机之间的资料传输。

功耗方面，通过蓝牙 3.0 高速传送大量数据自然会消耗更多能量，但由于引入了增强电源控制(EPC)机制，再辅以 802.11，实际空闲功耗会明显降低，蓝牙设备的待机耗电问题有望得到初步解决。事实上，蓝牙联盟也正在着手制定新规范的低功耗版本。

此外，新的规范还具备通用测试方法(GTM)和单向广播无连接数据(UCD)两项技术，并且包括了一组主机控制器接口(HCI)指令以获取密钥长度。

据称，配备了蓝牙 2.1模块的 PC 理论上可以通过升级固件让蓝牙 2.1 设备也支持蓝牙 3.0。联盟成员已经开始为设备制造商研发蓝牙 3.0 解决方案。

(3) 蓝牙 4.0

蓝牙 4.0 包括三个子规范，即传统蓝牙技术、高速蓝牙和新的蓝牙低功耗技术。蓝牙 4.0 的改进之处主要体现在三个方面——电池续航时间、节能和设备种类，拥有低成本、跨厂商互操作性、3 毫秒低延迟、100 米以上超长距离、AES-128 加密等诸多特色。

此外，蓝牙 4.0 的有效传输距离也有所提升。当前，蓝牙的有效传输距离为 10 米(约 32 英尺)，而蓝牙 4.0 的有效传输距离可达到 100 米(约 328 英尺)。

蓝牙 4.0 实际是个三位一体的蓝牙技术，它将三种规格合而为一，分别是传统蓝牙、低功耗蓝牙和高速蓝牙技术，这三个规格可以组合或者单独使用。SIG 首席技术总监(CTO)葛立表示，全新的蓝牙 4.0 版本涵盖了三种蓝牙技术，是一个“三融技术”，首先蓝牙 4.0 继承了蓝牙技术无线连接的所有固有优势，同时增加了低耗能蓝牙和高速蓝牙的特点，尤以低耗能技术为核心，大大拓展了蓝牙技术的市场潜力。低耗能蓝牙技术将为以纽扣电池供电的小型无线产品及感测器进一步开拓医疗保健、运动与健身、保安及家庭娱乐等市场提供新的机会。

目前，蓝牙技术已经得到非常普遍的应用，全球大约 80%以上的手机都使用了蓝牙技术，其中将近 100%的智能手机都已经使用了蓝牙技术。蓝牙技术的普及为物联网的发展提供了一种技术选择，具有极大的发展空间。

4.3.3 Wi-Fi

Wi-Fi 是一种可以将个人电脑、手持设备(如 PDA、手机)等终端以无线方式互相连接的技术。Wi-Fi 是一个无线网路通信技术的品牌，由Wi-Fi 联盟(Wi-Fi Alliance)所持有，目的是改善基于 IEEE 802.11标准的无线网路产品之间的互通性。

Wi-Fi 原先是无线保真的缩写，Wi-Fi 的英文全称为wireless fidelity，在无线局域网的范畴是指“无线相容性认证”，实质上是一种商业认证，同时也是一种无线联网的技术，以前通过网线连接电脑，而现在则是通过无线电波来连网；常见的就是一个无线路由器，在这个无线路由器的电波覆盖的有效范围都可以采用 Wi-Fi 连接方式进行联网，如果无线路由器连接了一条 ADSL 线路或者别的上网线路，又被称为“热点”。

Wi-Fi 技术与蓝牙技术一样，同属于在办公室和家庭中使用的短距离无线技术，是一种现时流行的无线网络技术。该技术使用 2.4GHz 附近的频段，该频段目前尚属没用许可的无线频段。目前全球各网络设备厂商都积极地将该技术应用于笔记本电脑、掌上电脑、桌面计算机和各种智能设备中。

1. Wi-Fi 的突出优势

其一，无线电波的覆盖范围广，基于蓝牙技术的电波覆盖范围非常小，半径大约只有 50 英尺左右，约合 15 米，而 Wi-Fi 的半径则可达 300 英尺左右，约合 100 米，办公室自不用说，就是在整栋大楼中也可使用。最近，Vivato 公司推出了一款新型交换机。据悉，该款产品能够把目前 Wi-Fi 无线网络 300 英尺(接近 100 米)的通信距离扩大到 4 英里(约 6.5 公里)。

其二，虽然由 Wi-Fi 技术传输的无线通信质量不是很好，数据安全性能比蓝牙差一些，传输质量也有待改进，但传输速度非常快，可以达到 54Mb/s(802.11N 可以达到 600Mb/s)，符合个人和社会信息化的需求。

其三，厂商进入该领域的门槛比较低。厂商只要在机场、车站、咖啡店、图书馆等人员较密集的地方设置“热点”，并通过高速线路将互联网接入上述场所。这样，由于“热点”所发射出的电波可以达到距接入点半径数十米至 100 米的地方，用户只要将支持 WLAN 的笔记本电脑或智能手机拿到该区域内，即可高速接入互联网。也就是说，厂商不用耗费资金来进行网络布线接入，从而节省了大量的成本。

我们都知道，使用 Wi-Fi 技术来无线上网需要的仅仅是一个热点(hotspots)，只要在有热点的地区，大家只要有获得正式认可的 Wi-Fi 基片，几乎所有的笔记本都能与任何标准的 Wi-Fi 基站兼容，因此你就可以随心所欲地在网上冲浪。

如果有一台带 Wi-Fi 功能的笔记本，人们就可以在 50 米之内无线连接上一个固定的接口，通过这个接口与其他计算机连接，或者上网冲浪。Wi-Fi 已经成为无线局域网事实上的标准。

2. Wi-Fi 网络组建

一般架设无线网络的基本配备就是无线网卡及一台 AP，如此便能以无线的模式，配合既有的有线架构来分享网络资源，架设费用和复杂程度远远低于传统的有线网络。如果只是几台电脑的对等网，也可不要 AP，只需要每台电脑配备无线网卡。常见的无线网络组建拓扑结构如图 4-5 所示。AP 为 Access Point 简称，一般翻译为“无线访问接入点”，或“桥接器”。它主要在媒体存取控制层 MAC 中扮演无线工作站及有线局域网络的桥梁。AP 就像一般有线网络的 Hub，有了它无线工作站可以快速且轻易地与网络相连。特别是对于宽带的使用，Wi-Fi 更显优势，有线宽带网络(ADSL、小区 LAN 等)到户后，连接到一个 AP，然后在电脑中安装一块无线网卡即可。普通的家庭有一个 AP 已经足够，甚至用户的邻里得到授权后，无需增加端口，也能以共享的方式上网。

别看无线 Wi-Fi 的工作距离不大，在网络建设完备的情况下，802.11b 的真实工作距离可以达到 100 米以上，而且解决了高速移动时数据的纠错问题、误码问题，Wi-Fi 设备与设备、设备与基站之间的切换和安全认证都得到了很好的解决。

但随着无线产业从 802.11g 到下一代 802.11n 标准的演变，越来越多的产品开始采用功能强大的 802.11n 技术，因为它能提供更快更可靠的无线连接。802.11n 平台的速度比 802.11g 快 7 倍，比以太网快 3 倍。另外，它具有更大的覆盖范围，即使在各个角落也能接收到它的信号。由于它具有很大的带宽，因此 802.11n 是首个能够同时承载高清视频、音频和数据流的无线多媒体分发技术。而且 802.11n 产品还提供并发双频操作，因此能为宽带多媒体应用提供更多的信道容量。

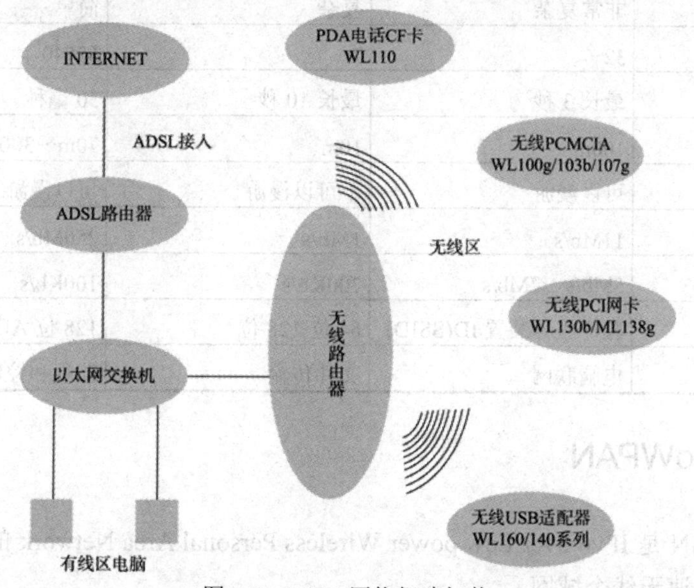

图 4-5 Wi-Fi 网络组建拓扑

如今许多消费者拥有数字电影、电视片、音乐和照片库，他们非常希望能够从家庭中的任何地方通过无线设备访问这些媒体内容。802.11n 不仅支持多个并发用户和设备，而且它的超强功能可保证服务质量，确保家庭中所有设备提供更佳用户体验，同时提供智能的内容管理和发布。

802.11n 规范的草案 2.0 版已经非常完善，今后对草案应该不会有大的修改。对支持 802.11n 较早草案的 802.11n 设备而言，这些设备可以通过固件实现升级。为了促进 802.11n 的普及，Wi-Fi 认证非常关键。

因此，市场向 802.11n 转变的趋势越来越明显，并且更具性价比。802.11n 生态系统也在迅速发展，有越来越多的制造商在 HDTV、机顶盒和媒体适配器中增加 802.11n 技术。据 ABI Research 公司估测，2008 年 802.11n 产品占全部 Wi-Fi 交货量的近一半。

Wi-Fi 的规模商业化应用，在世界范围内罕见成功先例。问题集中在两个方面：一是大型运营商对这一模式的不认可：二是本身缺乏有效的商业模式。但基于 Wi-Fi 技术的无线局域网已经日趋普及。这将意味将来可以十分方便地应用。一旦存在 Wi-Fi 网络的公众场合解决了运营商的互联互通、高收费、漫游性的问题，Wi-Fi 将从一个成功的技术转化为成功的商业。

三种典型短距离无线通信技术如表 4-2 所示。

表 4-2　三种典型短距离无线通信技术比较

特　　性	IEEE 801.11b Wi-Fi	IEEE 802.15.3 蓝牙	IEEE 802.15.4/ZigBee
电池寿命	几小时	几天	几年
复杂程度	非常复杂	复杂	简单
节点/主节点	32	7	65540
延迟	最长 3 秒	最长 10 秒	30 毫秒
覆盖范围	100m	10m	70m～300m
可扩展性	可以漫游	不可以漫游	可以漫游
基本数据速率	11Mb/s	1Mb/s	250Mb/s
有效吞吐量	5Mb/s～7Mb/s	700Kb/s	100Kb/s
安全	验证服务装置 ID(SSID)	64 位/128 位	128 位 AES 和应用层
应用	电脑联网	文件传输	监视和控制

4.3.4 6loWPAN

6loWPAN 是 IPv6 over Low power Wireless Personal Area Network 的简写，即基于 IPv6 的低速无线个域网。

6loWPAN 组织成立于 2004 年，是 IETF 的一个工作组。同 ZigBee 技术一样，

6loWPAN 技术也采用的是 IEEE802.15.4 规定的物理层和 MAC 层，不同之处在于 6loWPAN 技术使用 IETF 规定的 IPv6 功能，采用 IPv6 协议栈。

6loWPAN 工作组的研究重点为适配层、路由、报头压缩、分片、IPv6、网络接入和网络管理等技术，目前已提出了适配层技术草案，其他技术还在探讨中。

6loWPAN 技术底层采用 IEEE802.15.4 规定的 PHY 层和 MAC 层，网络层采用 IPv6 协议。由于 IPv6 中, MAC 支持的载荷长度远大于 6loWPAN 底层所能提供的载荷长度，为了实现 MAC 层与网络层的无缝链接，6loWPAN 工作组建议在网络层和 MAC 层之间增加一个网络适配层，用来完成包头压缩、分片与重组以及网状路由转发等工作。

如前所述，IEEE802.15.4 特别适合应用于嵌入式系统、微处理器等领域，希望建立一种可以连接每个电子设备的无线网，这样就会有相当数量的节点接入互联网，从而需要大量的 IP 地址，IPv4 越来越不能满足其应用的要求，因此人们寄希望于 IPv6。而 6loWPAN 技术特别适合应用于嵌入式 IPv6 这一领域，它使大量电子产品不仅可以在彼此之间组网，还可以通过 IPv6 协议接入下一代互联网。所以 6loWPAN 组织极力推荐 6loWPAN 技术，并且致力于实现在 IEEE802.15.4 上传输 IPv6 数据包。目前 6loWPAN 技术重点要解决如下问题：

- IPv6 报文格式和 IEEE802.15.4 的协同问题；
- 地址配置和地址管理问题；
- 网络管理问题；
- 路由动态选择和自适应拓扑结构；
- 安全问题；
- 应用编程接口。

1. 6loWPAN 技术优势

(1) 普及性：IP 网络应用广泛，作为下一代互联网核心技术的 IPv6，也在加速其普及的步伐，在 LR-WPAN 网络中使用 IPv6 更易于被接受。

(2) 适用性：IP 网络协议栈架构受到广泛的认可，LR-WPAN 网络完全可以基于此架构进行简单、有效地开发。

(3) 更多地址空间：IPv6 应用于 LR-WPAN 最大亮点就是庞大的地址空间，这恰恰满足了部署大规模、高密度 LR-WPAN 网络设备的需要。

(4) 支持无状态自动地址配置：IPv6 中当节点启动时，可以自动读取 MAC 地址，并根据相关规则配置好所需的 IPv6 地址。这个特性对传感器网络来说，非常具有吸引力，因为在大多数情况下，不可能对传感器节点配置用户界面，节点必须具备自动配置功能。

(5) 易接入：LR-WPAN 使用 IPv6 技术，更易于接入其他基于 IP 技术的网络及下一代互联网，使其可以充分利用 IP 网络的技术进行发展。

(6) 易开发：目前基于 IPv6 的许多技术已比较成熟，并被广泛接受，针对 LR-WPAN 的特性需进行适当的精简和取舍，简化协议开发的过程。

由此可见，IPv6 技术在 LR-WPAN 网络上的应用具有广阔的发展空间，而将 LR-WPAN 接入互联网将大大扩展其应用，使大规模传感控制网络的实现成为可能。

2. 6loWPAN 关键技术

对于 IPv6 和 IEEE802.15.4 结合的关键技术，6loWPAN 工作组进行了积极的研究与讨论。目前在 IEEE 802.15.4 上实现传输 IPv6 数据包的关键技术如下。

(1) IPv6 和 IEEE802.15.4 的协调。IEEE802.15.4 标准定义的最大帧长度是 127 字节，MAC 头部最大长度为 25 字节，剩余的 MAC 载荷最大长度为 102 字节。如果使用安全模式，不同的安全算法占用不同的字节数，比如 AES2CCM2128 需要 21 字节，AES2CCM264 需要 13 字节，而 AES2CCM232 需要 8 字节。这样留给 MAC 载荷最少只有 81 个字节。而在 IPv6 中，MAC 载荷最大为 1 280 字节，IEEE 802.15.4 帧不能封装完整的 IPv6 数据包。因此，要协调二者之间的关系，就要在网络层与 MAC 层之间引入适配层，用来完成分片和重组的功能。

(2) 地址配置和地址管理。IPv6 支持无状态地址自动配置，相对于有状态自动配置，配置所需开销比较小，这正适合 LR-WPAN 设备特点。同时，由于 LR-WPAN 设备可能大量、密集地分布在人员比较难以到达的地方，实现无状态地址自动配置则更加重要。

(3) 网络管理。网络管理技术对 LR-WPAN 网络很关键。由于网络规模大，而一些设备的分布地点又是人员所不能到达的，因此 LR-WPAN 网络应该具有自愈能力，要求 LR-WPAN 的网络管理技术能够在很低的开销下管理高度密集分布的设备。由于在 IEEE802.15.4 上转发 IPv6 数据提倡尽量使用已有的协议，而简单网络管理协议(SNMP)又为 IP 网络提供了一套很好的网络管理框架和实现方法，因此，6loWPAN 倾向于在 LR-WPAN 上使用 SNMPv3 进行网络管理。但是，由于 SNMP 的初衷是管理基于 IP 的互联网，要想将其应用到硬件资源受限的 LR-WPAN 网络中，仍需要进一步调研和改进。例如，限制数据类型，简化基本的编码规则等。

(4) 安全问题。由于使用安全机制需要额外的处理和带宽资源，并不适合 LR-WPAN 设备，而 IEEE802.15.4 在链路层提供的 AES 安全机制又相对宽松，有待进一步加强，因此寻找一种适合 LR-WPAN 的安全机制就成为 6loWPAN 研究的关键问题之一。

作为当今信息领域新的研究热点，6loWPAN 还有非常多的关键技术有待发现和研究，比如：服务发现技术、设备发现技术、应用编程接口技术、数据融合技术等。

课后练习

一、单项选择题

1. (　　)不属于 3G 技术。

A. WCDMA　B. TD-SCDMA　C. CDMA2000　D. ZigBee

2. (　　)不属于无线短距离通信技术。

A. ZigBee　B. Bluetooth　C. CDMA2000　D. Wi-Fi

3. GIS 数据库中不仅包含丰富的(　　)，还包含与此有关的其他信息，如人口分布、环境污染、区域经济情况、交通情况等。

A. 时间信息　B. 物流信息　C. 地理信息　D. 经济信息

4. (　　)不是无线传感网的关键技术。

A. 网络安全技术　B. 时间同步技术　C. 定位技术　D. 路由技术

5. (　　)不属于无线通信技术。

A. 数字化技术　B. 点对点通信技术

C. 多媒体技术　D. 频率复用技术

6. Internet 无线接入按接入方式和终端特征可分为固定无线接入和(　　)两大类。

A. ADSL 接入　B. 移动无线接入　C. HFC 接入　D. 光纤接入

7. OSI/RM 模型有(　　)层。

A. 5　B. 6　C. 7　D. 8

8. Internet 采用的协议是(　　)。

A. CSMA/CD　B. NetBEUI　C. TCP/IP　D. IPX/SPX

9. IPv6 采用(　　)位二进制表示。

A. 32　B. 64　C. 128　D. 256

10. 国际电信联盟确定的三大主流 3G 技术标准是(　　)。

A. WCDMA、GSM、CDMA2000

B. WCDMA、CDMA2000、TD-SCDMA

C. CDMA、CDMA2000、TD-SCDMA

D. GSM、WCDMA、TD-SCDMA

11. 第三代移动通信(3G)可达到的最高业务速率为(　　)。

A. 1Mb/s　B. 2Mb/s　C. 3Mb/s　D. 4Mb/s

12. 中国具有完全自主知识产权的 3G 技术标准是(　　)。

A. CDMA2000　B. WCDMA　C. TD-SCDMA　D. WiMAX

13. 移动通信网由移动业务交换中心、(　　)、移动台、中继传输系统和数据库组成。

A. 基站　　B. 铁塔　　C. 传输设备　　D. 信号转换设备

14. 移动通信的基本技术是用户多址技术，其基本类型有频分多址(FDMA)和(　　)。

A. 时分多址(TDMA)　　B. 空分多址(SDMA)

C. 码分多址(CDMA)　　D. 以上三项都对

15. (　　)不属于短距离无线通信技术。

A. 蓝牙　　B. Wi-Fi　　C. ZigBee　　D. 3G

16. ZigBee 速率和传输距离分别为(　　)。

A. 10～250Kb/s，10～100m　　B. 20～250Kb/s，10～200m

C. 20～250Kb/s，10～100m　　D. 10～250Kb/s，10～200m

17. ZigBee 最多可连接(　　)个节点。

A. 4 096　　B. 8 192　　C. 65 000　　D. 32 000

18. ZigBee 使用的频段是(　　)。

A. 2.4GHz　　B. 915MHz　　C. 868MHz　　D. 以上三项都对

二、简答题

1. 简述网络的数据交换模式。
2. 简述互联网与物联网的关系。
3. 简述 IPv6 与物联网的关系。
4. 什么是移动通信技术？移动通信网由哪些部分组成？
5. 简述移动通信技术与物联网的关系。
6. 什么是短距离无线通信技术？常见的短距离无线通信技术有哪些？
7. 简述 6loWPAN 的优势与关键技术。

第 5 章

物联网支撑技术

在物联网技术体系架构中，除了前面所讲的感知层、网络层和应用层相关技术外，其中还有一个不可忽略的就是支撑系统。在高性能计算技术的支撑下，将网络内大量或海量的信息资源通过计算整合成一个可以互联互通的大型智能网络，为上层服务管理和大规模行业应用建立起一个高效、可靠和可信的支撑技术平台。如图 5-1 所示。

本章主要内容

- □ 云计算
- □ 中间件
- □ 数据融合

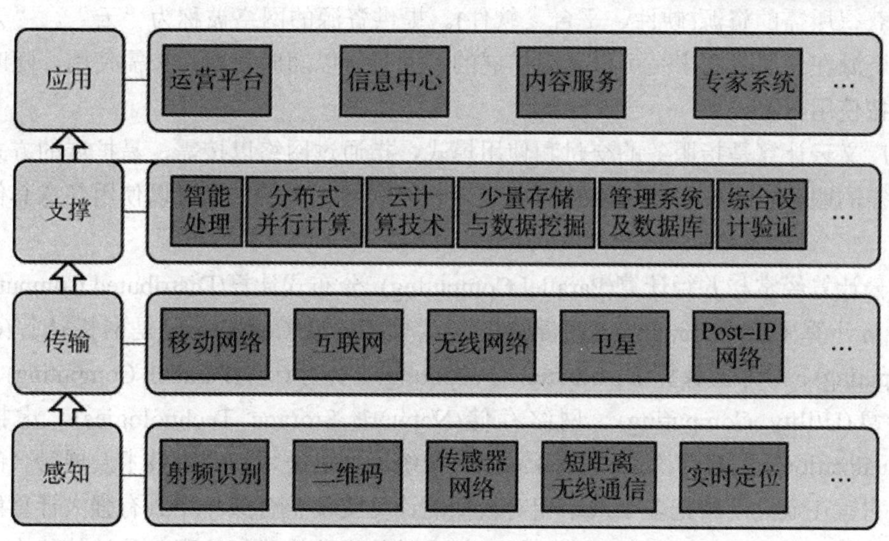

图 5-1 物联网技术体系框架(4 层)

5.1 云计算

5.1.1 云计算概述

云计算的概念是由 Google 正式提出的，在此之前也有一些类似的提法，如 Sun 提出的“网络是电脑”，Amazon 推出的弹性计算云服务等。

之所以称为“云”，是因为它在某些方面具有现实中云的特征：云一般都较大；云的规模可以动态伸缩，它的边界是模糊的；云在空中飘忽不定，你无法也无需确定它的具体位置，但它确实存在于某处。

云计算(Cloud Computing)，是一种新兴的共享基础架构的方法，可以将巨大的系统池连接在一起以提供各种 IT 服务。企业与个人用户无需再投入昂贵的硬件购置成本，只需要通过互联网来购买租赁计算力，把你的计算机当做接入口，一切都交给互联网。

1. 云计算的概念

狭义云计算是指 IT 基础设施的交付和使用模式，指通过网络以按需、易扩展的方式获得所需的资源(硬件、平台、软件)。提供资源的网络被称为“云”。“云”中的资源在使用者看来是可以无限扩展的，并且可以随时获取，按需使用，随时扩展，按使用付费。

广义云计算是指服务的交付和使用模式，指通过网络以按需、易扩展的方式获得所需的服务。这种服务可以是 IT、软件、互联网相关的，也可以使用任意其他的服务。

云计算经常与并行计算(Parallel Computing)、分布式计算(Distributed Computing)和网格计算(Grid Computing)相混淆。云计算(Cloud Computing)是网格计算(Grid Computing)、分布式计算(Distributed Computing)、并行计算(Parallel Computing)、效用计算(Utility Computing)、网络存储(Network Storage Technologies)、虚拟化(Virtualization)、负载均衡(Load Balance)等传统计算机技术和网络技术发展融合的产物。它旨在通过网络把多个成本相对较低的计算实体整合成一个具有强大计算能力的完美系统，并借助 SaaS、PaaS、IaaS 等先进的商业模式把这强大的计算能力分布到终端用户手中。Cloud Computing 的一个核心理念就是通过不断提高“云”的处理能力，进而减少用户终端的处理负担，最终使用户终端简化成一个单纯的输入输出设备，并能按需享受“云”的强大计算处理能力。

2. 云计算的特点

(1) 超大规模。“云”具有相当的规模，Google 云计算已经拥有 100 多万台服务器，Amazon、IBM、微软、Yahoo 等的“云”均拥有几十万台服务器。企业私有云一般拥有成百上千台服务器。“云”能赋予用户前所未有的计算能力。

(2) 虚拟化。云计算支持用户在任意位置、使用各种终端获取应用服务。所请求的资源来自“云”，而不是固定的有形的实体。应用在“云”中某处运行，但实际上用户无需了解、也不用担心应用运行的具体位置。图 5-2 所示的画面正说明了云计算虚拟化的特点。只需要一台笔记本或者一个手机，就可以通过网络服务来实现我们需要的一切，甚至包括超级计算这样的任务。

图 5-2　云计算

(3) 高可靠性。“云”使用了数据多副本容错、计算节点同构可互换等措施来保障服务的高可靠性，使用云计算比使用本地计算机更可靠。

(4) 通用性。云计算不针对特定的应用，在“云”的支撑下可以构造出千变万化的应用，同一个“云”可以同时支撑不同的应用运行。

(5) 高可扩展性。“云”的规模可以动态伸缩，满足应用和用户规模增长的需要。

(6) 按需服务。“云”是一个庞大的资源池，可以按需购买；云可以像自来水、电、煤气那样计费。

(7) 极其廉价。由于“云”的特殊容错措施可以采用极其廉价的节点来构成云，“云”的自动化集中式管理使大量企业无需负担日益高昂的数据中心管理成本，“云”的通用性使资源的利用率较之传统系统大幅提升，因此用户可以充分享受“云”的低成本优势，经常只要花费几百美元、几天时间就能完成以前需要数万美元、数月时间才能完成的任务。

3. 云计算的基本原理

云计算的基本原理是，通过使计算分布在大量的分布式计算机上，而非本地计算机或远程服务器中，企业数据中心的运行将更与互联网相似。这使得企业能够将资源切换到需要的应用上，根据需求访问计算机和存储系统。这是一种革命性的举措，它意味着计算能力也可以作为一种商品进行流通，就像煤气、水、电一样，取用方便，费用低廉。最大的不同在于，它是通过互联网进行传输的。云计算的应用包含这样的一种思想，把力量联合起来，给其中的每一个成员使用。从最根本的意义来说，云计算就是利用互联网上的软件和数据的能力。对于云计算，李开复(Google 全球副总裁、中国区总裁)打了一个形象的比喻：钱庄。最早人们只是把钱放在枕头底下，后来有了钱庄，很安全，不过兑现起来比较麻烦。现在发展到银行可以到任何一个网点取钱，甚至通过ATM，或者国外的渠道。就像用电不需要家家装备发电机，直接从电力公司购买一样。“云计算”带来的就是这样一种变革。

云计算目前已经发展出了云安全和云存储两大领域。如国内的瑞星和趋势科技就已开始提供云安全的产品。而微软、谷歌等国际巨头更多涉足云存储领域。搭建计算机存储、运算中心，用户通过一根网线借助浏览器就可以很方便地访问，把“云”做为资料存储以及应用服务的中心。

5.1.2 云计算服务模式及关键技术

1. 云计算服务模式

根据现在最常用，也是比较权威的 NIST(National Institute of Standards and Technology，美国国家标准技术研究院)定义，从用户体验的角度出发云计算主要分为三种服务模式。

这三种服务模式是 SaaS、PaaS 和 IaaS。对普通用户而言，他们主要面对的是 SaaS 这种服务模式，而且几乎所有的云计算服务最终的呈现形式都是 SaaS。

(1) SaaS

SaaS 是 Software as a Service(软件即服务)的简称，它是一种通过 Internet 提供软件的模式，用户无需购买软件，而是向提供商租用基于 Web 的软件，来管理企业经营活动。相对于传统的软件，SaaS 解决方案有明显的优势，包括较低的前期成本，便于维护，快速展开使用。随着企业 IT 预算持续受到严格的审查和企业减少雇用技术人员，我们可以看到中国市场未来对 SaaS 解决方案有明显的需求。

(2) PaaS

通过网络进行程序提供的服务称之为 SaaS，而云计算时代相应的服务器平台或者开发环境作为服务进行提供就成为了 PaaS(Platform as a Service，平台即服务)。所谓 PaaS 实际上是指将软件研发的平台作为一种服务，以 SaaS 的模式提交给用户。因此，PaaS 也是 SaaS 模式的一种应用。但是，PaaS 的出现可以加快 SaaS 的发展，尤其是加快 SaaS 应用的开发速度。从某种意义上说，PaaS 是 SaaS 的源泉。

在云计算应用的大环境下，PaaS 的优势显而易见：

① 开发简单。因为开发人员能限定应用自带的操作系统、中间件和数据库等软件的版本，比如 SLES 11，WAS 7 和 DB2 9.7 等，这样将非常有效缩小开发和测试的范围，从而极大地减低开发测试的难度和复杂度。

② 部署简单。首先，如果使用虚拟器件方式部署的话，能将本来需要几天的工作缩短到几分钟，能将本来几十步操作精简到轻轻一击。其次，能非常简单地将应用部署或者迁移到公有云上，以应对突发情况。

③ 维护简单。因为整个虚拟器件都是来自于同一个独立软件开发商，所以任何软件升级和技术支持，都只要和一个 ISV 联系就可以了，不仅避免了常见的扯皮现象，而且简化了相关流程。

(3) IaaS

IaaS(Infrastructure as a Service，基础设施即服务)。消费者通过 Internet 可以从完善的计算机基础设施获得服务。基于 Internet 的服务(如存储和数据库)是 IaaS 的一部分。

IaaS 最大优势在于它允许用户动态申请或释放节点，按使用量计费。运行 IaaS 的服务器规模达到几十万台之多，用户因而可以认为能够申请的资源几乎是无限的。而 IaaS 是由公众共享的，因而具有更高的资源使用效率。

2. 云计算的关键技术

云计算是一种新型的超级计算方式，以数据为中心，是一种数据密集型的超级计算，在数据存储、数据管理、编程模式等多方面具有自身独特的技术。

(1) 数据存储技术

为保证高可用、高可靠和经济性，云计算采用分布式存储的方式来存储数据，采用冗余存储的方式来保证存储数据的可靠性，即为同一份数据存储多个副本。另外，云计算系统需要同时满足大量用户的需求，并行地为大量用户提供服务。因此，云计算的数据存储技术必须具有高吞吐率和高传输率的特点。

云计算的数据存储技术主要有谷歌的非开源的 GFS(Google File System)和 Hadoop 开发团队开发的 GFS 的开源实现 HDFS(Hadoop Distributed File System)。大部分厂商，包括雅虎、英特尔的“云”计划采用的都是 HDFS 的数据存储技术。

云计算的数据存储技术未来的发展将集中在超大规模的数据存储、数据加密和安全性保证以及继续提高 I/O 速率等方面。

(2) 数据管理技术

云计算系统对大量数据集中进行处理和分析并向用户提供高效的服务。因此，数据管理技术必须能够高效地管理大数据集。其次，如何在规模巨大的数据中找到特定的数据，也是云计算数据管理技术所必须解决的问题。

对海量的数据存储，读取后进行大量的分析，数据的读操作频率远大于数据的更新频率，云中的数据管理是一种读优化的数据管理。因此，云系统的数据管理往往采用数据库领域中列存储的数据管理模式，将表按列划分后存储。

云计算的数据管理技术中最著名的是谷歌提出的 BigTable 数据管理技术。由于采用列存储的方式管理数据，如何提高数据的更新速率以及进一步提高随机读速率是未来的数据管理技术必须解决的问题。

(3) 编程模型

为了使用户能更轻松地享受云计算带来的服务，让用户能利用该编程模型编写简单的程序来实现特定的目的，云计算上的编程模型必须十分简单，必须保证后台复杂的并行执行和任务调度向用户和编程人员透明。

云计算大部分采用 Map-Reduce 的编程模式。现在大部分 IT 厂商提出的“云”计划中采用的编程模型，都是基于 Map-Reduce 的思想开发的编程工具。

5.1.3 典型云计算系统简介

云计算是个热度很高的新名词。由于它是多种技术混合演进的结果，其成熟度较高，又有大公司推动，发展极为迅速。Amazon、Google、IBM、微软和 Yahoo 等大公司是云计算的先行者。云计算领域的众多成功公司还包括 Salesforce、Facebook、Youtube、Myspace 等。

Amazon 使用弹性计算云(EC2)和简单存储服务(S3)为企业提供计算和存储服务。收费的服务项目包括存储服务器、带宽、CPU 资源以及月租费。月租费与电话月租费类似，存储服务器、带宽按容量收费，CPU 根据时长(小时)运算量收费。Amazon 在不到两年时间内，其 Amazon 上注册的开发人员达 44 万人，还有为数众多的企业级用户。云计算是 Amazon 增长最快的业务之一。

Google 是当前最大的云计算的使用者。Google 搜索引擎就建立分布在 200 多个地点、超过 100 万台服务器的支撑之上，这些设施的数量正在迅猛增长。Google 地球、地图、Gmail、Docs 等也同样使用了这些基础设施。采用 Google Docs 之类的应用，用户数据会保存在互联网上的某个位置，可以通过任何一个与互联网相连的系统十分便利地访问这些数据。

IBM 在 2007 年 11 月推出了“改变游戏规则”的“蓝云”计算平台，为客户带来即买即用的云计算平台。它包括一系列的自动化、自我管理和自我修复的虚拟化云计算软件，使来自全球的应用可以访问分布式的大型服务器池，使数据中心在类似于互联网的环境下运行计算。IBM 正在与 17 个欧洲组织合作开展云计算项目。欧盟提供了 1.7 亿欧元作为部分资金。该计划名为 RESERVOIR，以“无障碍的资源和服务虚拟化”为口号。2008 年 8 月，IBM 宣布将投资约 4 亿美元用于其设在北卡罗来纳州和日本东京的云计算数据中心的改造。

微软紧跟云计算步伐，于2008年10月推出了Windows Azure操作系统。Azure(译为“蓝天”)是继 Windows 取代 DOS 之后，微软的又一次颠覆性转型——通过在互联网架构上打造新云计算平台，让 Windows 真正由 PC 延伸到“蓝天”上。微软拥有全世界数以亿计的 Windows 用户桌面和浏览器，现在它将它们连接到“蓝天”上。Azure 的底层是微软全球基础服务系统，由遍布全球的第四代数据中心构成。

1. 云计算——IBM

IBM 计划建立一个相当规模的商业模式，在大型数据中心方面进行有意义的技术开拓工作，以此激发大家的商业兴趣，并且利用遍布于互联网上的远程主机进行更高效的运行、搜索信息以及编写程序。

在面向企业级云计算的市场中，IBM 正在着力把自己打造成行业的领导者。这个公司的战略是，销售更多为云计算量身定制的硬件、软件和服务。从 2008 年春季开始，IBM 将会提供适用于云计算的服务器电脑，包括主机。

IBM 云计算解决方案对企业现有的 IT 资源进行整合(硬件可以包括 x86 或 Power 的机器、存储服务器、交换机和路由器等网络设备，软件可以包括各种操作系统、中间件、数据库及应用等)，形成统一资源池，为企业内部用户、外部中小企业及公众用户提供云计算服务。根据用户请求自动地管理和动态地分配、部署、配置、重新配置以及回收资源，也可以动态安装软件和应用。IBM 提供六种云计算应用场景，满足不同云计算应用需求：

- 软件开发测试云；
- 创新协作云；
- 云计算互联网数据中心；
- 软件即服务云；
- 高性能计算云；
- 企业内部云。

IBM 正在封装的云计算软件名为Hsdoop，运行在Linux操作系统上。Hsdoop 基于名为 Nutch 的开源搜索项目以及 Google 的 MapReduce(映射化简)软件，MapReduce 用于连接大量电脑扩展复杂的计算任务，用于大规模数据集(大于 1TB)的并行运算。

IBM 在数据中心高效运行上做了很多努力，并且集中桌面电脑和其他设备，在数据中心中运行更多的计算任务。它们被命名为“自动的”、“有效的”网格计算。

2. 云计算——SUN

2008 年 5 月，美国太阳计算机系统公司(SUN)在 2008JavaOne 开发者大会上宣布推出“Hydrazine”计划。至此，集结在“云计算”旗帜之下的软件供应商又增加了一位重量级成员。基于“Hydrazine”计划，SUN 希望利用其核心技术打造一个包含网络环境、数据中心和其他基础设施组件在内的完整解决方案，如 SUN 的 JavaFX 丰富互联网应用程序技术、SUN 的 Glassfish 应用服务器、SUN 企业服务总线、SUN 目录服务器、MySQL、“廉价存储”和 SUN 的硬件，从而使开发人员利用 SUN 平台创建托管应用与服务，并且不用到任何其他地方就可以利用这些应用程序和服务赚钱。此外，作为“Hydrazine 计划”的一部分，SUN 还推出了“Insight 计划”。这个分析功能可以让开发人员知道谁在使用他们的产品，并且利用这个功能注入广告或者赚钱。凭借此举，SUN 正式进军“云计算”领域，也由此展开了与 IBM、微软、Google 等巨头的新一轮竞技。

3. 云计算——Google

谷歌公司(Google，谷歌)围绕互联网搜索创建了一种超动力商业模式。如今，他们又以应用托管、企业搜索以及其他更多形式向企业开放了他们的“云”。它早已以发表学术论文的形式公开其云计算三大法宝：GFS、MapReduce 和 BigTable，并在美国、中国等高校开设如何进行云计算编程的课程。目前，Google 已经允许第三方在 Google 云计算中通过 Google App Engine 运行大型并行应用程序。

谷歌推出了谷歌应用软件引擎(Google App Engine，GAE)，这种服务让开发人员可以编译基于 Python 的应用程序，并可免费使用谷歌的基础设施来进行托管(最高存储空间达 500MB)。对于超过此上限的存储空间，谷歌按“每 CPU 内核每小时”10 至 12 美分及 1GB 空间 15 至 18 美分的标准进行收费。最近，谷歌还公布了可由企业自定义的托管企业搜索服务计划。

4. 云计算——Microsoft

微软的“云计算”(Windows Azure)被认为是 Windows NT 之后，16 年来最重要的产品。它提供了“软件＋服务”模式，即在提供软件的同时提供服务，靠服务来挣钱。现在这一模式进一步落实到了“云计算”，即微软不再利用软件赚钱，而是利用软件的安装、存储、升级和维护等赚钱。

微软的云计算战略在中国提供了三种不同的运营模式，这与其他公司的云计算战略有很大的不同。

第一种是微软自己构建及运营公有云的应用和服务，向个人消费者和企业客户提供云服务的微软运营模式。例如，微软向最终使用者提供的 Online services 和 Windows live 等服务。

第二种是 ISV/SI 等各种合作伙伴基于 Windows Azure Platform 开发如 ERP、CRM 等各种云计算应用，并在 Windows Azure Platform 上为最终使用者提供服务。另外，微软运营在自己的云计算平台中的 Business Productivity Online Suite (BPOS) 也可以交给合作伙伴进行托管运营。BPOS 主要包括 Exchange Online、SharePoint Online、Office Communications Online 和 LiveMeeting Online 等服务，这种属于伙伴运营模式。

第三种是客户可以选择微软的云计算解决方案构建自己的云计算平台，微软提供包括产品、技术、平台和运维管理在内的全面支持，这是客户自建的运营模式。

5. 云计算——Amazon

亚马逊(Amazon)是最大的在线零售商，使用弹性计算云(EC2)和简单存储服务(S3)为企业提供计算和存储服务，也为独立软件开发人员及开发商提供云计算服务平台。Amazon 提供的云计算服务主要有：

- 弹性云计算 EC2；
- 简单存储服务 S3；
- 简单数据库服务 Simple DB；
- 简单队列服务 SQS；
- 弹性 MapReduce 服务；
- 内容推送服务 CloudFront；
- 电子商务服务 DevPay；
- 灵活支付服务 FPS。

下面重点介绍一下 EC2。EC2(Elastic Compute Cloud)，是一种云基础设施服务，简言之，就是一部具有无限采集能力的虚拟计算机，用户能够用它来执行一些处理任务。EC2 的主要特性包括：

(1) 灵活性：可自行配置运行的实例类型、数量，还可以选择实例运行的地理位置，可以根据用户的需求随时改变实例的使用数量；

(2) 低成本：按小时计费；

(3) 安全性：SSH、可配置的防火墙机制、监控等；

(4) 易用性：用户可以根据亚马逊提供的模块自由构建自己的应用程序，同时 EC2 还会对用户的服务请求自动进行负载平衡；

(5) 容错性：弹性 IP。

6. 我国的云计算

在我国，云计算发展也非常迅猛。2008 年 5 月 10 日，IBM 在中国无锡太湖新城科教产业园建立的中国第一个云计算中心投入运营；2008 年 6 月 24 日，IBM 在北京 IBM 中国创新中心成立了第二家中国的云计算中心——IBM 大中华区云计算中心；2008 年 11 月 28 日，广东电子工业研究院与东莞松山湖科技产业园管委会签约，广东电子工业研究院将在东莞松山湖投资 2 亿元建立云计算平台；2008 年 12 月 30 日，阿里巴巴集团旗下子公司阿里软件与江苏省南京市政府正式签订了 2009 年战略合作框架协议，计划于 2009 年初在南京建立国内首个“电子商务云计算中心”，首期投资额将达上亿元人民币；世纪互联推出了 CloudEx 产品线，包括完整的互联网主机服务“CloudEx Computing Service”，基于在线存储虚拟化的“CloudEx Storage Service”，供个人及企业进行互联网云端备份的数据保全服务等系列互联网云计算服务；中国移动研究院做云计算的探索起步较早，已经完成了云计算中心试验。

我国企业创造的“云安全”概念，在国际云计算领域独树一帜。云安全通过网状的大量客户端对网络中软件行为的异常监测，获取互联网中木马、恶意程序的最新信息，推送到服务端进行自动分析和处理，再把病毒和木马的解决方案分发到每一个客户端。云安全的策略构想是：使用者越多，每个使用者就越安全，因为如此庞大的用户群，足以覆盖互联网的每个角落，只要某个网站被挂马或某个新木马病毒出现，就会立刻被截获。云安全的发展像一阵风，瑞星、趋势、卡巴斯基、MCAFEE、SYMANTEC、江民科技、PANDA、金山、360 安全卫士等都推出了云安全解决方案。瑞星基于云安全策略开发的产品，每天拦截数百万次木马攻击。趋势科技云安全已经在全球建立了 5 大数据中心，几万部在线服务器。云安全可以支持平均每天 55 亿条点击查询，每天收集分析 2.5 亿个样本，资料库第一次命中率就可以达到 99%。借助云安全，趋势科技现在每天阻断的病毒感染最高达 1 000 万次。

云计算的广泛应用，将从根本上改变信息获取和知识传播的方式，促进基础设施运营、软件等信息产业向服务化转型，催生跨行业融合的新型服务业态。

5.1.4 云计算与物联网

1. 云计算与物联网的关系

云计算是物联网发展的基石，并且从以下两个方面促进物联网的实现。

首先，云计算是实现物联网的核心，运用云计算模式使物联网中以兆计算的各类物品的实时动态管理和智能分析变得可能。物联网通过将射频识别技术、传感技术、纳米技术等新技术充分运用在各行业之中，将各种物体充分连接，并通过无线网络将采集到的各种实时动态信息送达计算机处理中心进行汇总、分析和处理。

其次，云计算促进物联网和互联网的智能融合，从而构建智慧地球。物联网和互联网的融合，需要更高层次的整合，需要“更透彻的感知，更安全的互联互通，更深入的智能化”。这同样也需要依靠高效的、动态的、可以大规模扩展的技术资源处理能力，而这正是云计算模式所擅长的。同时，云计算的创新型服务交付模式，简化服务的交付，加强物联网和互联网之间及其内部的互联互通，可以实现新商业模式的快速创新，促进物联网和互联网的智能融合。

物联网和云计算的关系非常密切。物联网发展的最终目的就是实际的应用，而实际的应用必然存在海量的数据存储和计算要求，云计算是最好的解决方式。

2. 云计算与物联网的结合方式

云计算与物联网各自具备很多优势，如果把云计算与物联网结合起来，我们可以看出，云计算其实就相当于一个人的大脑，而物联网就是其眼睛、鼻子、耳朵和四肢等。云计算与物联网的结合方式可以分为以下几种。

一是单中心，多终端。此类模式中，分布范围较小的各物联网终端(传感器、摄像头或 3G 手机等)，把云中心或部分云中心作为数据/处理中心，终端所获得信息、数据统一由云中心处理及存储，云中心提供统一界面给使用者操作或者查看。这类应用非常多，如小区及家庭的监控、对某一高速路段的监测、幼儿园小朋友监管以及某些公共设施的保护等都可以用此类信息。这类主要应用的云中心，可提供海量存储和统一界面、分级管理等功能，对日常生活提供较好的帮助。一般此类云中心多数为私有云。

二是多中心，大量终端。对于很多区域跨度加大的企业、单位而言，多中心、大量终端的模式较适合。譬如，一个跨多地区或者多国家的企业，因其分公司或分厂较多，要对其各公司或工厂的生产流程进行监控、对相关的产品进行质量跟踪等。同样，有些数据或者信息需要及时甚至实时共享给各个终端的使用者也可采取这种方式。中国联通的“互联云”思想就是基于此思路提出的。这个模式的前提是我们的云中心必须包含公共云和私有云，并且他们之间的互联没有障碍。这样，对于有些机密的事情，比如企业机密等可较好地保密而又不影响信息的传递与传播。

三是信息、应用分层处理，海量终端。这种模式可以针对用户的范围广、信息及数据种类多、安全性要求高等特征来打造。当前，客户对各种海量数据的处理需求越来越多，针对此情况，我们可以根据客户需求及云中心的分布进行合理的分配。对需要大量数据传送，但是安全性要求不高的，如视频数据、游戏数据等，我们可以采取本地云中心处理或存储。对于计算要求高，数据量不大的，可以放在专门负责高端运算的云中心里。而对于数据安全要求非常高的信息和数据，可以放在具有灾备中心的云中心里。

云计算和物联网都是新兴事物，不过现在已经有了很多的应用。但是两者结合的案例目前还是比较少的。中国联通提出“互联云”的概念，主要目的是针对世界范围内的云计算网络和物联网世界提出一个信息产业的解决方案。

5.2 中间件

5.2.1 中间件概述

随着计算机技术的发展，IT 厂商出于商业和技术利益的考虑，各自产品之间形成了差异，技术在不断进步，但差异却并没有因此减少。计算机用户出于历史原因和降低风险的考虑，必然也无法避免多厂商产品并存的局面。于是，如何屏蔽不同厂商产品之间的差异，如何减少应用软件开发与工作的复杂性，就成为技术不断进步之后，人们不得不面对的现实问题。显然，由一个厂商去统一众多产品之间的差异是不可能的，而单独由计算机用户在自己的应用软件中去弥补其中的大片空档，由于技术深度和技术广度的要求，必然也是勉为其难。于是，中间件应运而生。中间件试图通过屏蔽各种复杂的技术细节使技术问题简单化。在中间件产生以前，应用软件直接使用操作系统、网络协议和数据库等进行开发，这些都是计算机最底层的东西，越底层越复杂，开发者不得不面临许多很棘手的问题：

(1) 一个应用系统可能跨越多种平台，如 UNIX、Windows，如何屏蔽这些平台之间的差异？

(2) 如何处理复杂多变的网络环境，如何在脆弱的网络环境上实现可靠的数据传送？

(3) 一笔交易可能会涉及多个数据库，如何保证数据的一致性和完整性？

(4) 如何同时支持成千上万乃至更多用户的并发服务请求？

(5) 如何提高系统的可靠性，实现故障自动恢复和故障迁移？

(6) 如何解决与已有应用系统的接口？

这些与用户的业务没有直接关系，但又必须解决，耗费了大量有限的时间和精力。

于是，有人提出能不能将应用软件所要面临的共性问题进行提炼、抽象，在操作系统之上再形成一个可复用的部分，供成千上万的应用软件重复使用。这一技术思想最终构成了中间件这类软件。

中间件(Middleware)现在是与操作系统、数据库并列的三大基础软件之一。顾名思义，中间件处于操作系统软件与用户的应用软件的中间。中间件在操作系统、网络和数据库之上，应用软件的下层，总的作用是为处于自己上层的应用软件提供运行与开发的环境，帮助用户灵活、高效地开发和集成复杂的应用软件。如图 5-3 所示。

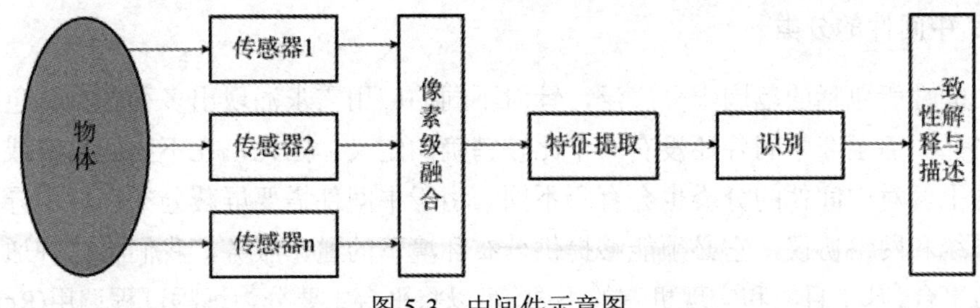

图 5-3　中间件示意图

互联网数据中心对中间件的定义为：中间件是一种独立的系统软件或服务程序，分布式应用软件借助这种软件在不同的技术之间共享资源，中间件位于客户机服务器的操作系统之上，管理计算资源和网络通信。

互联网数据中心对中间件的定义表明，中间件是一类软件，而非一种软件；中间件不仅仅实现互联，还要实现应用之间的互操作，中间件是基于分布式处理的软件，最突出的特点是其网络通信功能。

最早具有中间件技术思想及功能的软件是 IBM 的 CICS，但由于 CICS 不是分布式环境的产物，因此人们一般把 Tuxedo 作为第一个严格意义上的中间件产品。Tuxedo 是 1984 年在当时属于 AT&T 的贝尔实验室开发完成的，但由于分布式处理当时并没有在商业应用上获得像今天一样的成功，Tuxedo 在很长一段时期里只是实验室产品，后来被 Novell 收购，在经过 Novell 并不成功的商业推广之后，1995 年被现在的 BEA 公司收购。国内在中间件领域的起步时间也比较早，如东方通科技早在 1992 年就开始中间件的研究与开发，1993 年推出第一个产品 TongLINK/Q。

1. 中间件的作用

中间件屏蔽了底层操作系统的复杂性，使程序开发人员面对一个简单而统一的开发环境，减少程序设计的复杂性，将注意力集中在自己的业务上，不必再为程序在不同系统软件上的移植而重复工作，从而大大减少了技术上的负担。

中间件带给应用系统的，不只是开发的简便、开发周期的缩短，也减少了系统的维护、运行和管理的工作量，还减少了计算机总体费用的投入。Standish 的调查报告显示，由于采用了中间件技术，应用系统的总建设费用可以减少 50%左右。在网络经济大发展、电子商务大发展的今天，从中间件获得利益的不只是 IT 厂商，IT 用户同样是赢家，并且是更有把握的赢家。

同时，中间件作为新层次的基础软件，其重要作用是将不同时期、在不同操作系统上开发的应用软件集成起来，彼此像一个天衣无缝的整体协调工作，这是操作系统、数据库管理系统本身做不了的。中间件的这一作用，使得我们以往在应用软件上的劳动成果在技术不断发展之后，仍然物有所用，节约了大量的人力、财力。

2. 中间件的分类

中间件所包括的范围十分广泛，针对不同的应用需求涌现出多种各具特色的中间件产品。但至今中间件还没有一个比较精确的定义，因此，在不同的角度或不同的层次上，对中间件的分类也会有所不同。由于中间件需要屏蔽分布环境中异构的操作系统和网络协议，它必须能够提供分布环境下的通讯服务，我们将这种通讯服务称为平台。基于目的和实现机制的不同，可以将平台主要分为远程过程调用(Remote Procedure Call)、面向消息的中间件(Message-Oriented Middleware)和对象请求代理(Object Request Brokers)三类。

(1) 远程过程调用(RPC)

远程过程调用是一种广泛使用的分布式应用程序处理方法。一个应用程序使用RPC来“远程”执行一个位于不同地址空间里的过程，并且从效果上看和执行本地调用相同。事实上，一个RPC应用分为两个部分：server(服务器)和client(客户端)。server提供一个或多个远程过程；client向server发出远程调用。server和client可以位于同一台计算机，也可以位于不同的计算机，甚至运行在不同的操作系统之上。它们通过网络进行通讯。相应的stub和运行支持提供数据转换和通讯服务，从而屏蔽不同的操作系统和网络协议。在这里RPC通讯是同步的，采用线程可以进行异步调用。

在RPC模型中，client和server只要具备了相应的RPC接口，并且具有RPC运行支持，就可以完成相应的互操作，而不必限制于特定的server。因此，RPC为client/server分布式计算提供了有力的支持。同时，远程过程调用RPC所提供的是基于过程的服务访问，client与server进行直接连接，没有中间机构来处理请求，因此也具有一定的局限性。比如，RPC通常需要一些网络细节以定位server；在client发出请求的同时，要求server必须是活动的等。

(2) 面向消息的中间件(MOM)

MOM指的是利用高效可靠的消息传递机制进行与平台无关的数据交流，并基于数据通信来进行分布式系统的集成。通过提供消息传递和消息排队模型，它可在分布环境下扩展进程间的通信，并支持多通讯协议、语言、应用程序、硬件和软件平台。目前流行的MOM中间件产品有IBM的MQSeries、BEA的MessageQ等。

通讯程序可在不同的时间运行，程序不在网络上直接相互通话，而是间接地将消息放入消息队列，因为程序间没有直接的联系，所以它们不必同时运行。消息放入适当的队列时，目标程序甚至根本不需要正在运行；即使目标程序在运行，也不意味着要立即处理该消息。

对应用程序的结构没有约束，在复杂的应用场合中，通讯程序之间不仅可以是一对一的关系，还可以进行一对多和多对一方式，甚至是上述多种方式的组合。多种通讯方式的构造并没有增加应用程序的复杂性。

程序将消息放入消息队列或从消息队列中取出消息来进行通讯，与此关联的全部活动，比如维护消息队列、维护程序和队列之间的关系、处理网络的重新启动和在网络中移动消息等是 MOM 的任务，程序不直接与其他程序通话，并且它们不涉及网络通信的复杂性。

(3) 对象请求代理(ORB)

随着对象技术与分布式计算技术的发展，两者相互结合形成了分布对象计算，并发展为当今软件技术的主流方向。1990 年底，对象管理集团 OMG 首次推出对象管理结构 OMA(Object Management Architecture)，对象请求代理(Object Request Broker)是这个模型的核心组件。它的作用在于提供一个通信框架，透明地在异构的分布计算环境中传递对象请求。CORBA 通用对象请求代理体系结构规范包括了 ORB 的所有标准接口。1991 年推出的 CORBA 1.1 定义了接口描述语言 OMG IDL 和支持Client/Server对象在具体的 ORB 上进行互操作的 API。CORBA 2.0 规范描述的是不同厂商提供的 ORB 之间的互操作。

对象请求代理(ORB)是对象总线，它在 CORBA 规范中处于核心地位，定义异构环境下对象透明地发送请求和接收响应的基本机制，是建立对象之间 Client/Server 关系的中间件。ORB 使对象可以透明地向其他对象发出请求或接受其他对象的响应，这些对象可以位于本地也可以位于远程机器。ORB 拦截请求调用，并负责找到可以实现请求的对象、传送参数、调用相应的方法、返回结果等。client 对象并不知道同 server 对象通讯、激活或存储 server 对象的机制，也不必知道 server 对象位于何处、它是用何种语言实现的、使用什么操作系统或其他不属于对象接口的系统成分。

值得指出的是 client 和 server 角色只是用来协调对象之间的相互作用，根据相应的场合，ORB 上的对象可以是 client，也可以是 server，甚至兼有两者。当对象发出一个请求时，它是处于 client 角色；当它在接收请求时，它就处于 server 角色。大部分的对象都是既扮演 client 角色又扮演 server 角色。另外由于 ORB 负责对象请求的传送和 server 的管理，client 和 server 之间并不直接连接，因此，与 RPC 所支持的单纯的 Client/Server 结构相比，ORB 可以支持更加复杂的结构。

中间件向上提供不同形式的通讯服务，包括同步、排队、订阅发布、广播等，在这些基本的通讯平台之上，可构筑各种框架，为应用程序提供不同领域内的服务，如事务处理监控器、分布数据访问、对象事务管理器 OTM 等。平台为上层应用屏蔽了异构平台的差异，而其上的框架又定义了相应领域内的应用的系统结构、标准的服务组件等，用户只需告诉框架所关心的事件，然后提供处理这些事件的代码。当事件发生时，框架则会调用用户的代码。用户代码不用调用框架，用户程序也不必关心框架结构、执行流程、对系统级 API 的调用等，所有这些由框架负责完成。因此，基于中间件开发的应用具有良好的可扩充性、易管理性、高可用性和可移植性。

如今，市场上又推出了很多新的概念，例如三层结构、构件、Web 服务、SOA(面向服务的架构)等。实际上，他们都不是一个产品，而是一种技术的实现方法，是开发一个软件的一种方法论。我们知道，最早的软件开发方法就是编程、写代码，其缺点在于无法复用，后来出现了构件化的软件开发方法，通过把编程中一些常用功能进行封装，并规范统一接口，供其他程序调用，例如我们开发一个新软件，可能要用到构件 1、构件 2、构件 3，那么，我们只要对其进行本地组装，就可以得到我们想要的应用软件。在互联网得到普及之后，软件开发方法在构件化基础上又有新发展，核心思想是软件并不需要囊括构件，所需要的仅仅是构件的运行结果，例如编写一个通信传输软件，就可以到网上寻找构件，并提出服务请求，得到结果后返回，而不需要下载构件并打包，这就是现在所说的 SOA。想要实现 SOA，就要规范构件接口，同时还要规范构件所提交的服务结果，如此，新的软件开发的思想才能够行得通。

5.2.2 物联网中间件

物联网产业发展的最终目的就是要带来实际的应用，而软件和中间件是做好应用的关键和核心。根据物联网的定义，任何末端设备和智能物件只要嵌入了芯片和软件都是物联网的连接对象，可以说所有嵌入式软件都是直接或间接地为物联网服务的。

从本质上看，物联网中间件是物联网应用的共性需求(感知、互联互通和智能)。已存在的各种中间件及信息处理技术，包括信息感知技术、下一代网络技术、人工智能与自动化技术的聚合与技术提升。然而在目前阶段，一方面，受限于底层不同的网络技术和硬件平台，物联网中间件研究主要还集中在底层的感知和互联互通方面，现实目标包括屏蔽底层硬件及网络平台差异，支持物联网应用开发、运行时共享和开放互联互通，保障物联网相关系统的可靠部署与可靠管理等内容；另一方面，当前物联网应用复杂度和规模还处于初级阶段，物联网中间件支持大规模物联网应用还存在环境复杂多变、异构物理设备、远距离多样式无线通信、大规模部署、海量数据融合、复杂事件处理、综合运维管理等诸多仍未克服的障碍。根据物联网分层体系结构其所涉及的中间件如图 5-4 所示。

图 5-4　物联网中间件示意图

在物联网底层感知与互联互通方面，EPC 中间件、RFID 中间件相关规范已经过多年的发展，相关商业产品在业界已被广泛接受和使用；WSN 中间件，以及面向开放互联的 OSGi 中间件，目前是各界研究的热点；在大规模物联网应用方面，事件驱动架构、复杂事件处理 CEP 中间件、面向服务的中间件技术则是物联网大规模应用的核心研究内容之一。

1. EPC 中间件

EPC(Electronic Product Code)中间件扮演电子产品标签和应用程序之间的中介角色。应用程序使用 EPC 中间件所提供的一组通用应用程序接口，即可连到 RFID 读写器，读取 RFID 标签数据。基于此标准接口，即使存储 RFID 标签数据的数据库软件或后端应用程序增加或改由其他软件代替，或者 RFID 读写器种类增加等情况发生时，应用端不需修改也能处理，省去多对多连接的维护复杂性等问题。

在 EPC 电子标签标准化方面，美国领先成立了 EPC Global(电子产品代码环球协会)。参加的有全球最大的零售商沃尔玛连锁集团、英国 Tesco 等 100 多家美国和欧洲的流通企业，并由美国 IBM 公司、微软、麻省理工学院自动化识别系统中心等信息技术企业和大学进行技术研究支持。

EPC Global 主要针对 RFID 编码及应用开发规范方面进行研究，其主要职责是在全球范围内对各个行业建立和维护 EPC 网络，保证供应链各环节信息的自动、实时识别采用全球统一标准。EPC 技术规范包括标签编码规范、射频标签逻辑通信接口规范、识读器参考实现、Savant 中间件规范、ONS 对象名解析服务规范、PML 语言等内容。其中：

(1) EPC 标签编码规范通过统一的、规范化的编码来建立全球通用的物品信息交换语言；

(2) EPC 射频标签逻辑通信接口规范制定了 EPC(Class 0-ReadOnly，Class 1-Write Once，Read Many，Class 2/3/4)标签的空中接口与交互协议；

(3) EPC 标签识读器提供一个多频带低成本 RFID 标签识读器参考平台；

(4) Savant 中间件规范，支持灵活的物体标记语言查询，负责管理和传送产品电子标签相关数据，可对来自不同识读器发出的海量标签流或传感器数据流进行分层、模块化处理；

(5) ONS 本地物体名称解析服务规范能够帮助本地服务器吸收用标签识读器侦测到的 EPC 标签的全球信息；

(6) 物体标记语言(PML)规范，类似于 XML，可广泛应用在存货跟踪、事务自动处理、供应链管理、机器操纵和物对物通讯等方面。

在国际上，目前比较知名的 EPC 中间件有 IBM、Oracle、Microsoft、SAP、Sun、Sybase、BEA 等厂商的相关产品，这些产品部分或全部遵照 EPC Global 规范实现，在稳定性、先进性、海量数据的处理能力方面都比较完善，已经得到了企业的认同，并可以与其他 EPC 系统进行无缝对接和集成。

2. RFID 中间件

RFID 中间件是物联网软件系统中的关键和灵魂，为解决分布异构问题，人们提出了中间件的概念。中间件是位于平台(硬件和操作系统)和应用之间的通用服务，这些服务具有标准的程序接口和协议。针对不同的操作系统和硬件平台，它们可以有符合接口和协议规范的多种实现。物联网就是分布异构的一个完全实例，一个庞大的物联网系统，需要各种智能终端的支持，而智能终端的种类又形形色色，RFID 是物联网传递信息的一个强有力技术，其 RFID 中间件能有效支持此功能，RFID 中间件是一种面向消息的中间件，承担着 RFID 硬件和物联网应用程序之间的数据转换和传递的任务，隔离数据层与应用层，使应用程序之间数据通透，提高物联网系统的灵活性和可维护性。其在 PC 或服务器上已经有较好的应用实例，而在智能终端上尚未有比较系统的实现。

由于 RFID 标准接口对于可移植性和标准协议对于互操作性的重要性，RFID 中间件已成为物联网标准化工作的主要部分。对于智能终端应用软件开发，RFID 中间件远比操作系统和网络服务更为重要，RFID 中间件提供的程序接口定义了一个相对稳定的高层应用环境，不管底层的移动设备硬件和系统软件怎样更新换代，只要将中间件升级更新，并保持 RFID 中间件对外的接口定义不变，应用软件几乎不需任何修改，从而保护了企业在应用软件开发和维护中的重大投资，更有利于开发出丰富实用的应用软件。

随着物联网技术的发展，RFID 中间件主要分为应用程序中间件、架构中间件和解决方案中间件。应用程序中间件主要通过驱动程序控制阅读器，读取 RFID 标签数据，与硬件耦合度大、共用性差。解决方案中间件是在中间件平台的基础上，按照用户需求，提供定制的软件和硬件。架构中间件是可重构的通用 RFID 中间件，能够根据不同的硬件设备，向应用层提供灵活的数据接口，能够完成数据的采集、过滤，平台维护、管理等功能。

(1) RFID 中间件架构分层

分层 RFID 中间件架构是将整个系统划分为应用接口层、数据处理层、信息服务层、设备管理层。应用接口层向高层应用程序提供服务接口，可以在其上层进行服务定制和任务设定；数据处理层负责 RFID 数据过滤、数据校对、压缩/解压、加密/解密等实现，对原始 RFID 标签数据进行初步处理，提高 RFID 数据有效性，减少数据通信量；信息服务层完成 RFID 数据的接收与发送，主要负责信息通信有效性、安全性控制和路由选择等；设备管理层提供 RFID 中间件自身的配置管理，提供对读写器的监控、基本配置管理等，进行不同 RFID 数据源对应协议转换，实现中间件的可重构性。

(2) 安全机制

物联网中 RFID 数据是海量的，阅读器在读取数据时可能存在重复与错误情况，而移动终端主要依赖无线通信技术进行信息传输，受到带宽与 RFID 对数据实时处理需求的限制，必须减少在信道中传输的有效数据量。RFID 数据压缩要求在不丢失信息的前提下，缩减数据量以减少存储空间，提高其传输、存储和处理效率。RFID 标签数据为纯文本数据，自适应算术编码为无损数据压缩算法，对文本数据具有较优的压缩效果。通过该算法，能够有效减少 RFID 数据传输量，提高数据实时性和可用性。

对于 RFID 中间件来说，信息安全是一个至关重要的问题。随着 RFID 技术在不同行业中的广泛应用，特别是对于银行等对安全性要求严格的部门，解决 RFID 中间件系统的安全性尤为紧迫。另一方面，RFID 数据在人员定位、轨迹跟踪等方面的应用，涉及应用对象或用户的隐私信息，保护此类信息不被非法截获或泄漏，也是 RFID 中间件系统的重要责任。常用的信息安全技术包括数字签名、信息认证、数据加密等，最为常用和有效的信息安全技术是数据加密。

数据加密方法分对称密钥加密和非对称密钥加密两种。非对称加密算法加密速度慢、密钥尺寸大，不适于应用到移动终端设备进行通信加密；选择合适的对称加密算法，能够有效提高 RFID 数据传输安全性与可靠性。

(3) RFID 与移动终端的融合

由于存储容量限制，RFID 标签只记录标识物的关键属性信息和身份识别信息，一般 RFID 数据服务根据获取的 RFID 标识信息构造文本数据服务。随着移动终端特别是智能手机性能的提高，音频、视频等多媒体服务也能够顺利运行，给用户带来多途径、多样化、多视角信息服务体验。通过分析 RFID 标签数据与移动终端多媒体服务特性，来研究它们之间的服务融合方式和实现方法，为用户提供 RFID 数据与多媒体叠加的信息服务，提高 RFID 信息服务的可用性，拓展物联网服务的应用领域。

当前市场上，已经成熟的RFID中间件产品大都是运行在PC机或服务器端，由于海量的RFID数据要通过网络传输，大量无效的信息占用较多带宽，而且数据处理都要集中在服务器端，包括筛选、过滤、冗余检测、数据转换等复杂的处理，大大增加了服务器的压力，影响系统的性能发挥。另外，由于中间件运行载体的位置固定，使得RFID技术应用领域有限，丧失其灵活性和广泛性，无法充分发挥物联网的优越性能。

随着技术的进步，移动终端(如智能手机、PDA等)的内存容量、CPU的处理能力不断增强。为了克服RFID中间件运行载体的位置固定性带来的缺陷，许多厂商或科研单位正在研制基于移动终端的RFID阅读器。面向移动终端轻量级RFID中间件能有效利用移动终端的内存、CPU等硬件资源及信息服务类软件资源，完成RFID粗粒度数据预处理，优化RFID数据结构，减少有效数据在网络中的传输量，保证服务层与用户层数据一致性，为应用程序提供可靠的服务接口。

RFID中间件又称RFID管理软件，它屏蔽了RFID设备的多样性和复杂性，能够为后台业务系统提供强大的支撑，从而驱动更广泛、更丰富的RFID应用。Android作为移动终端的一个技术支撑，超过iOS成为市场份额最大的移动终端的操作系统。显然，Android平台自然成为一个能承载RFID的不可或缺的技术平台，可以在Android上开发出一套易用、灵活、易扩展的中间件，作为其他应用的纽带，开发出更多更实用的应用，从而有效促进物联网的发展。现在，各大移动终端厂商已经在筹划进入RFID领域，而开发RFID的中间件，成为最迫切的需求。

3. WSN中间件

无线传感器网络不同于传统网络，具有自己的特征，如有限的能量、通信带宽、处理和存储能力，动态变化的拓扑，节点异构等。在这种动态、复杂的分布式环境上构建应用程序并非易事。相比RFID中间件产品的成熟度和在业界的广泛应用程度，WSN中间件还处于初级研究阶段，所需解决的问题也更为复杂。

WSN中间件主要用于支持基于无线传感器应用的开发、维护、部署和执行，其中包括复杂高级感知任务的描述机制，传感器网络通信机制，传感器节点之间协调以在各传感器节点上分配和调度该任务，对合并的传感器感知数据进行数据融合以得到高级结果，并将所得结果向任务指派者进行汇报等机制。

针对上述目标，目前的WSN中间件研究提出了诸如分布式数据库、虚拟共享元组空间、事件驱动、服务发现与调用、移动代理等许多不同的设计方法。

(1) 分布式数据库

基于分布式数据库设计的WSN中间件把整个WSN网络看成一个分布式数据库，用户使用类SQL的查询命令以获取所需的数据。查询通过网络分发到各个节点，节点判定感知数据是否满足查询条件，决定数据的发送与否。典型实现如 Cougar、TinyDB、SINA 等。分布式数据库方法把整个网络抽象为一个虚拟实体，屏蔽了系统分布式问题，使开发人员摆脱了对底层问题的关注和繁琐的单节点开发。然而，建立和维护一个全局节点和网络抽象需要整个网络信息，这也限制了此类系统的扩展。

(2) 虚拟共享元组空间

所谓虚拟共享元组空间就是分布式应用利用一个共享存储模型，通过对元组的读、写和移动以实现协同。在虚拟共享元组空间中，数据被称为元组的基本数据结构，所有的数据操作与查询看上去像是本地查询和操作一样。虚拟共享元组空间通信范式在时空上都是去耦的，不需要节点的位置或标志信息，非常适合具有移动特性的 WSN，并具有很好的扩展性。但它的实现对系统资源要求也相对较高，与分布式数据库类似，考虑到资源和移动性等的约束，把传感器网络中所有连接的传感器节点映射为一个分布式共享元组空间并非易事。典型实现包括 TinyLime、Agilla 等。

(3) 事件驱动

基于事件驱动的 WSN 中间件支持应用程序指定感兴趣的某种特定的状态变化。当传感器节点检测到相应事件的发生就立即向相应程序发送通知。应用程序也可指定一个复合事件，只有发生的事件匹配了此复合事件模式才通知应用程序。这种基于事件通知的通信模式，通常采用 Pub/Sub 机制，可提供异步的、多对多的通信模型，非常适合大规模的 WSN 应用，典型实现包括 DSWare、Mires、Impala 等。尽管基于事件的范式具有许多优点，然而在约束环境下的事件检测及复合事件检测对于 WSN 仍面临许多挑战，事件检测的时效性、可靠性及移动性支持等仍值得进一步研究。

(4) 服务发现

基于服务发现机制的 WSN 中间件，可使得上层应用通过使用服务发现协议，来定位可满足物联网应用数据需求的传感器节点。例如，MiLAN 中间件可由应用根据自身的传感器数据类型需求，设定传感器数据类型、状态、QoS 以及数据子集等信息描述，通过服务发现中间件，在传感器网络中的任意传感器节点上进行匹配，寻找满足上层应用的传感器数据。MiLAN 甚至可为上层应用提供虚拟传感器功能，例如通过对两个或多个传感器数据进行融合，以提高传感器数据质量等。由于 MiLAN 采用传统的 SDP、SLP 等服务发现协议，这对资源受限的 WSN 网络类型来说具有一定的局限性。

(5) 移动代理

移动代理(或移动代码)可以被动态注入并运行在传感器网络中。这些可移动代码可以收集本地的传感器数据，然后自动迁移或将自身拷贝至其他传感器节点上运行，并能够与其他远程移动代理(包括自身拷贝)进行通信。SensorWare 是此类型中间件的典型，基于 TCL(Tool Command Language，工具命令语言)动态调用脚本语言实现。

除上述提到的 WSN 中间件类型外，还有许多针对 WSN 特点而设计的其他方法。另外，在无线传感器网络环境中，WSN 中间件和传感器节点硬件平台(如 ARM、Atmel 等)、适用操作系统(TinyOS、ucLinux、Contiki OS、Mantis OS、SOS、MagnetOS、SenOS、PEEROS、AmbitentRT、Bertha 等)、无线网络协议栈(包括链路、路由、转发、节能)、节点资源管理(时间同步、定位、电源消耗)等功能联系紧密。

4. OSGi 中间件

OSGi(Open Services Gateway initiative)是一个 1999 年成立的开放标准联盟，旨在建立一个开放的服务规范，一方面，为通过网络向设备提供服务建立开放的标准，另一方面，为各种嵌入式设备提供通用的软件运行平台，以屏蔽设备操作系统与硬件的区别。OSGi 规范基于 Java 技术，可为设备的网络服务定义一个标准的、面向组件的计算环境，并提供已开发的像 HTTP 服务器、配置、日志、安全、用户管理、XML 等很多公共功能标准组件。OSGi 组件可以在无需网络设备重启下动态加载或移除，以满足不同应用的不同需求。

OSGi 规范的核心组件是 OSGi 框架，该框架为应用组件(Bundle)提供了一个标准运行环境，包括允许不同的应用组件共享同一个 Java 虚拟机，管理应用组件的生命期(动态加载、卸载、更新、启动、停止等)、Java 安装包、安全、应用间依赖关系、服务注册与动态协作机制、事件通知和策略管理的功能。

基于 OSGi 的物联网中间件技术早已被广泛地用到了手机和智能机器与机器终端上，在汽车业(汽车中的嵌入式系统)、工业自动化、智能楼宇、网格计算、云计算、各种机顶盒等领域都有广泛应用。有业界人士认为，OSGi 是“万能中间件”(Universal Middleware)，可以毫不夸张地说，OSGi 中间件平台一定会在物联网产业发展过程中大有作为。

5. CEP 中间件

复杂事件处理(Complex Event Progressing)技术是 20 世纪 90 年代中期由斯坦福大学的 David Luckham 教授所提出，是一种新兴的基于事件流的技术。它将系统数据看做不同类型的事件，通过分析事件间的关系如成员关系、时间关系、因果关系、包含关系等，建立不同的事件关系序列库，即规则库，利用过滤、关联、聚合等技术，最终由简单事件产生高级事件或商业流程。不同的应用系统可以通过它得到不同的高级事件。

复杂事件处理技术可以从系统中获取大量信息，进行过滤组合，继而判断推理决策的过程。这些信息统称事件，复杂事件处理工具提供规则引擎和持续查询语言技术来处理这些事件，同时工具还支持从各种异构系统中获取这些事件的能力。获取的手段有两种，一是从目标系统中去获取，二是已有系统把事件推送给复杂事件处理工具。

物联网应用的一大特点，就是对海量传感器数据或事件的实时处理。当为数众多的传感器节点产生出大量事件时，必定会让整个系统效能有所延迟。

由于面向服务的中间件架构无法满足物联网的海量数据及实时事件处理需求，物联网应用服务流程开始向以事件为基础的 EDA 架构(Event-Driven Architecture)演进。物联网应用采用事件驱动架构的主要目的是使物联网应用系统能针对海量传感器事件，在很短的时间内立即做出反应。事件驱动架构不仅可以依数据/事件发送端决定目的，更可以动态依据事件内容决定后续流程。

复杂事件处理代表一个新的开发理念和架构，具有很多特征，例如分析计算是基于数据流而不是基于简单数据的方式进行的。它不是数据库技术层面的突破，而是整个方法论的突破。目前，复杂事件处理中间件主要面向金融、监控等领域，包括 IBM 流计算中间件 InfoSphere Streams，以及 Sybase、Tibico 等的相关产品。

6. SOA 中间件

SOA(Service-Oriented Architecture)，面向服务架构，它将应用程序的不同功能单元(称为服务)通过这些服务之间定义良好的接口和契约联系起来。接口是采用中立的方式进行定义的，它应该独立于实现服务的硬件平台、操作系统和编程语言。这使构建在各种这样的系统中的服务可以一种统一和通用的方式进行交互。SOA 将能够帮助软件工程师们站在一个新的高度理解企业级架构中的各种组件的开发、部署形式，它将帮助企业系统架构者更迅速、更可靠、更具重用性架构整个业务系统。较之以往，以 SOA 架构的系统能够更加从容地面对业务的急剧变化。

不同种类的操作系统、应用软件、系统软件和应用基础结构(Application Infrastructure)相互交织，这便是 IT 企业的现状。一些现存的应用程序被用来处理当前的业务流程(Business Processes)，因此从头建立一个新的基础环境是不可能的。企业应该能对业务的变化做出快速的反应，利用对现有的应用程序和应用基础结构(Application Infrastructure)的投资来解决新的业务需求，为客户、商业伙伴以及供应商提供新的互动渠道，并呈现一个可以支持有机业务(Organic Business)的构架。SOA 凭借其松耦合的特性，使企业可以按照模块化的方式来添加新服务或更新现有服务，以解决新的业务需要，提供选择从而可以通过不同的渠道提供服务，并可以把企业现有的或已有的应用作为服务，从而保护了现有的 IT 基础建设投资。

虽然面向服务的体系结构不是一个新鲜事物，但它却是更传统的面向对象的模型的替代模型，面向对象的模型是紧耦合的，已经存在二十多年了。虽然基于 SOA 的系统并不排除使用面向对象的设计来构建单个服务，但是其整体设计却是面向服务的。由于它考虑到了系统内的对象，所以虽然 SOA 是基于对象的，但是作为一个整体，它却不是面向对象的。不同之处在于接口本身。SOA 系统原型的一个典型例子是通用对象请求代理体系结构(Common Object Request Broker Architecture，CORBA)，它已经出现很长时间了，其定义的概念与 SOA 相似。

然而，现在的 SOA 已经有所不同了，因为它依赖于一些更新的进展，这些进展是以可扩展标记语言(eXtensible Markup Language，XML)为基础的。通过使用基于 XML 的语言(称为 Web 服务描述语言(Web Services Definition Language，WSDL))来描述接口，服务已经转到更动态且更灵活的接口系统中，非以前 CORBA 中的接口描述语言(Interface Definition Language，IDL)可比了。

SOA 的实施具有几个鲜明的基本特征。实施 SOA 的关键目标是实现企业 IT 资产的最大化重用。要实现这一目标，就要在实施 SOA 的过程中牢记以下特征：

- 可从企业外部访问；
- 随时可用；
- 粗粒度的服务接口分级；
- 松散耦合；
- 可重用的服务；
- 服务接口设计管理；
- 标准化的服务接口；
- 支持各种消息模式；
- 精确定义的服务契约。

另外，由于行业应用的不同，即使是 RFID 应用，也可能因其在商场、物流、健康医疗、食品回溯等领域的不同，而具有不同的应用架构和信息处理模型。针对智能电网、智能交通、智能物流、智能安防、军事应用等领域的物联网中间件，也是当前物联网中间件研究的热点内容。

5.2.3 物联网中间件研究项目

除相关物联网标准组织外，目前还有许多研究机构、厂商和产业联盟也致力于物联网中间件的研究和标准化等方面的工作。

欧盟 Hydra(Networked Embedded System Middleware for Heterogeneous Physical Devices in a Distributed Architecture)物联网中间件项目(FP6 IST-2005-034891)致力于开发可广泛部署的智能网络嵌入式中间件平台，使之可运行于新的或已存在的分布式有线/无线网络设备中。Hydra 采用对底层通信透明的面向服务的体系结构，可运行在固定或移动设备中，支持集中或分布式的体系结构，以及安全和信任、反射特性和模型驱动的应用开发。

欧洲 IOT-A(Internet of Things Architecture)项目致力于当前物联网(Intranets of

Things)向未来物联网的转变，以及物联网业务流程建模、原型实现，并对物联网工业应用作出贡献。其具体内容包括搭建物联网系统互操作模型，建立有效的服务层响应机制，提供基于开放协议的服务协议，定义官方物联网体系结构以及设备平台组件等。

物联网应用需求对现有中间件带来了巨大挑战，这主要体现在物联网资源环境受限、系统规模庞大、设备异构及网络动态性、数据过滤与整合、系统安全等方面。

随着对技术的深入研究，未来的物联网中间件必将能够以更有效的机制支持传感器节点的低功耗通信并延长传感器节点的寿命，能够支持在网络动态变化情况下维持整个系统的性能和健壮性，能够屏蔽各种异构硬件、软件、网络带来的差异，能够在可靠性、能量消耗以及系统响应速度之间进行有效折中，能够支持物联网服务的动态发现以及动态定位，能够对海量数据进行数据融合并剔除冗余数据，能够在面向领域的特性需求与中间件共性服务之间实现平衡，并能应对越来越多的安全方面的挑战。

5.3　数据融合

物联网是物物相连的互联网，涉及万事万物，所以其数据量呈现一些新的特点：海量数据、多态性、关联性、数据与时间、空间相关等。如何对收集的数据进行稳定地存储、高效地组织，并最终实现有效的整合和利用，是物联网发展必须面对的关键问题。

物联网的采集点非常多，采集信号复杂。数据库在整个物联网中发挥着记忆(数据存储)、分析(数据挖掘)的作用。所以选择一个适合的数据平台就显得尤为重要，其原则有二：一是根据数据类别和实际应用选择正确的数据库类型。业务数据、管理数据要使用关系型数据库，海量数据、实时数据要使用实时数据库。二是必须具有前瞻性。物联网项目的最终目的是为了将来的广泛深入应用。

5.3.1　物联网数据库

在人们的日常生活和社会生产中都有大量的数据产生，数据成为一种需要被管理和加工的非常重要的资源。如何实现对数据科学地进行收集、整理、存储、加工、传输是人们长期以来十分关注的问题。数据处理就是指对原始数据进行上述活动的技术。数据处理的目的是从大量的数据中获得所需的资料，提取有用的数据成分作为指挥生产、优化管理、补充知识的决策依据。数据库就是为了实现高效率的数据处理和数据的合理存储，它有利于数据相对于处理程序的独立性和数据的共享，并能保证数据的完整性和安全性。

数据库是统一管理的相关数据的集合，能为各种用户共享，具有最小冗余度，数据间联系密切，又有较高的数据独立性。人们收集并抽取出一个应用所需要的大量数据之后，应将其保存起来以供进一步加工处理，进一步抽取有用信息。在科学技术飞速发展的今天，数据量急剧增加。过去人们把数据存放在文件柜里，现在人们借助计算机和数据库技术科学地保存和管理大量复杂的数据，以便能方便而充分地利用这些宝贵的信息资源。数据库中的数据按一定的数据模型组织、描述和存储，具有较小的冗余度、较高的数据独立性和易扩展性，并可为各种用户共享。

数据库管理系统(DBMS)是操纵和管理数据库的软件系统，它由一组计算机程序构成，管理并控制数据资源的使用。在计算机软件系统的体系结构中，数据库管理系统位于用户和操作系统之间。

DBMS 是数据库系统的核心，主要用于实现对共享数据有效的组织、管理和存取，它的基本功能包括以下几个方面。

(1) 数据库定义功能

数据库定义就是对数据库的结构进行描述，包括：外模式、模式、内模式的定义；数据库完整性的定义；安全保密定义(如用户口令、级别、存取权限)以及存取路径(如索引)的定义。这些定义存储在数据字典(亦称为系统目录)中，是 DBMS 运行的基本依据。DBMS 提供数据定义语言(Data Definition Language，DDL)，用户通过它可以方便地对数据库结构进行定义。

(2) 数据操纵功能

DBMS 还提供数据操纵语言(Data Manipulation Language，DML)，用户可以使用 DML 操纵数据，实现对数据库的基本操作，如检索、插入、删除和修改等。一个好的 DBMS 应该提供功能强、易学易用的 DML，以及方便的操作方式和较高的数据存取效率。DML 有宿主型语言和自立型语言两类。前者的语句不能独立使用，必须嵌入某种主语言，如 C 语言、Pascal 语言；后者可以独立使用，通常供终端用户使用。

(3) 数据库的运行管理

数据库在建立、运用和维护时由 DBMS 统一管理、统一控制，以保证数据的安全性、完整性、多用户对数据的并发使用及发生故障后的系统恢复，从而保证数据库系统的正常运行。

(4) 数据组织、存储和管理功能

DBMS 要分类组织、存储和管理各种数据，包括数据字典、用户数据、存取路径等，要确定以何种文件结构和存取方式在存储级上组织这些数据以及如何实现数据之间的联系。数据组织和存储的基本目标是提高存储空间的利用率和方便存取，并提供多种存取方法(如索引查找、Hash 查找、顺序查找等)来提高存取效率。

(5) 数据库的建立和维护功能

它包括数据库初始数据的输入、转换功能，数据库的转储、恢复功能，数据库的重组织功能和性能监视、分析功能等。

(6) 其他功能

DBMS的基本功能还包括DBMS与网络中其他软件系统的通信功能，一个DBMS与另一个 DBMS 或文件系统的数据转换功能，异构数据库之间的互访和互操作功能等。

数据库系统是为适应数据处理的需要而发展起来的一种较为理想的数据处理的核心机构。计算机的高速处理能力和大容量存储器提供了实现数据管理自动化的条件。对数据库系统的基本要求如下：

① 能够保证数据的独立性。数据和程序相互独立有利于加快软件开发速度，节省开发费用。

② 冗余数据少，数据共享程度高。

③ 系统的用户接口简单，用户容易掌握，使用方便。

④ 能够确保系统可靠运行，出现故障时能迅速排除；能够保护数据不受非授权者访问或破坏；能够防止错误数据的产生，一旦产生也能及时发现。

⑤ 有重新组织数据的能力，能改变数据的存储结构或数据存储位置，以适应用户操作特性的变化，改善由于频繁插入、删除操作造成的数据组织零乱和时空性能变坏的状况。

⑥ 具有可修改性和可扩充性。

⑦ 能够充分描述数据间的内在联系。

1. 常用数据库

(1) 麦杰的 openPlant 实时数据库

实时数据库系统是数据库理论在新领域的扩展，在电力、化工、钢铁、冶金、造纸、交通控制和证券金融等领域有着非常广阔的应用前景。它可以为企业提供高速、及时的实时数据服务，能够对快速变化的实时数据进行长期高效的历史存储，是工厂控制层与生产管理系统之间连接的桥梁，同时也是流程模拟、先进控制、在线优化、故障诊断等系统的数据平台。

openPlant 实时数据库系统采用当今先进的技术和架构，可安全、稳定地实现与现场各控制系统的接口，并能对采集来的数据进行高效的数据压缩和长期的历史存储，同时提供方便易用的客户端应用和通用的数据接口(API、DDE、ODBC、JDBC、OPC 等)，使企业的管理和决策人员能及时、全面地了解当前的生产情况，也可回顾过去的生产情况，及时发现生产中所存在的问题，提高设备利用率，降低生产成本，增强企业的核心竞争力。

(2) IBM 的 DB2

作为关系数据库领域的开拓者和领航人，IBM 在 1977 年完成了 System R 系统的原型，1980年开始提供集成的数据库服务器——System/38，随后是 SQL/DSforVSE 和 VM，其初始版本与 SystemR 研究原型密切相关。1983 年 IBM 推出 DB2 forMVSV1。该版本的目标是提供这一新方案所承诺的简单性、数据不相关性和用户生产率。1988 年 DB2 for MVS 提供了强大的在线事务处理(OLTP)支持，1989 年和 1993 年分别以远程工作单元和分布式工作单元实现了分布式数据库支持。最近推出的 DB2 Universal Database 6.1 则是通用数据库的典范，是第一个具备网上功能的多媒体关系数据库管理系统，支持包括 Linux 在内的一系列平台。

(3) Oracle

Oracle 前身叫 SDL，由 Larry Ellison 和另两个编程人员在 1977 年创办，他们开发了自己的拳头产品，在市场上大量销售。1979 年，Oracle 公司引入了第一个商用 SQL 关系数据库管理系统。Oracle 公司是最早开发关系数据库的厂商之一，其产品支持最广泛的操作系统平台。目前 Oracle 关系数据库产品的市场占有率名列前茅。

(4) Informix

Informix在 1980 年成立，目的是为 Unix 等开放操作系统提供专业的关系型数据库产品。公司的名称 Informix 便是 Information 和 Unix 的结合。Informix 第一个真正支持 SQL 语言的关系数据库产品是 Informix SE(Standard Engine)。InformixSE 是在当时的微机Unix 环境下主要的数据库产品。它也是第一个被移植到 Linux 上的商业数据库产品。

(5) Sybase

Sybase公司成立于 1984 年，公司名称“Sybase”是“system”和“database” 相结合的含义。Sybase 公司的创始人之一 Bob Epstein 是 Ingres 大学版(与 System/R 同时期的关系数据库模型产品)的主要设计人员。公司的第一个关系数据库产品是 1987 年 5 月推出的 Sybase SQL Server 1.0。Sybase 首先提出 Client/Server(客户机/服务器)数据库体系结构的思想，并率先在 Sybase SQL Server 中实现。

(6) SQL Server

1987 年，微软和 IBM 合作开发完成 OS/2，IBM 在其销售的 OS/2 Extended Edition 系统中绑定了 OS/2 Database Manager，而微软产品线中尚缺少数据库产品。为此，微软将目光投向 Sybase，同 Sybase 签订了合作协议，使用 Sybase 的技术开发基于 OS/2 平台的关系型数据库。1989 年，微软发布了 SQL Server 1.0 版。

(7) PostgreSQL

PostgreSQL 是一种特性非常齐全的自由软件的对象——关系型数据库管理系统(ORDBMS)，它的很多特性是当今许多商业数据库的前身。PostgreSQL 最早开始于 BSD 的 Ingres 项目。PostgreSQL 的特性覆盖了 SQL-2/SQL-92 和 SQL-3。首先，它包括了可以说是目前世界上最丰富的数据类型的支持；其次，目前 PostgreSQL 是唯一支持事务、子查询、多版本并行控制系统、数据完整性检查等特性的一种自由软件的数据库管理系统。

(8) MySQL

MySQL 是一个小型关系型数据库管理系统，开发者为瑞典 MySQL AB 公司。该公司在 2008 年 1 月 16 日被 Sun 公司收购。而 2009 年，Sun 又被 Oracle 收购。对于 MySQL 的前途，没有任何人抱乐观的态度。目前 MySQL 被广泛地应用在 Internet 上的中小型网站中。由于其体积小、速度快、总体拥有成本低，尤其是开放源码这一特点，使许多中小型网站为了降低网站总体拥有成本而选择了 MySQL 作为网站数据库。

(9) Access 数据库

Access 数据库是美国微软公司于 1994 年推出的微机数据库管理系统。它具有界面友好、易学易用、开发简单、接口灵活等特点，是典型的新一代桌面数据库管理系统。其主要特点如下：

① 完善地管理各种数据库对象，具有强大的数据组织、用户管理、安全检查等功能。

② 强大的数据处理功能。在一个工作组级别的网络环境中，使用 Access 开发的多用户数据库管理系统具有传统的 XBASE(DBASE、FoxBASE 的统称)数据库系统所无法实现的客户机/服务器结构和相应的数据库安全机制，Access 具备了许多先进的大型数据库管理系统所具备的特征，如事务处理/出错回滚能力等。

③ 可以方便地生成各种数据对象，利用存储的数据建立窗体和报表，可视性好。

④ 作为 Office 套件的一部分，可以与 Office 集成，实现无缝连接。

⑤ 能够利用 Web 检索和发布数据，实现与 Internet 的连接。 Access 主要适用于中小型应用系统，或作为客户机/服务器结构中的客户端数据库。

(10) SQLite

SQLite 是遵守数据库事务正确执行的四个基本要素(原子性：Atomicity、一致性：Consistency、隔离性：Isolation、持久性：Durability，ACID)的关联式资料库管理系统，它包含在一个相对小的库中。它是 D.RichardHipp 建立的公有领域项目。不像常见的客户端/服务器结构范例，SQLite引擎不是程序与之通信的独立进程，而是连接到程序中成为它的一个主要部分，所以主要的通信协议是在编程语言内的直接API调用。这在消耗总量、延迟时间和整体简单性上有积极的作用。整个数据库(定义、表、索引和数据本身)都在宿主主机上存储在一个单一的文件中。它的简单的设计是通过在开始一个事务的时候锁定整个数据文件而完成的。

(11) FoxPro 数据库

FoxPro 数据库最初由美国 Fox 公司在 1988 年推出，1992 年 Fox 公司被 Microsoft

公司收购后，相继推出了 FoxPro2.5、2.6 和 Visual FoxPro 等版本，其功能和性能有了较大的提高。FoxPro2.5、2.6 分为 DOS 和 Windows 两种版本，分别运行于 DOS 和 Windows 环境下。FoxPro 比 FoxBASE 在功能和性能上又有了很大的改进，主要是引入了窗口、按钮、列表框和文本框等控件，进一步提高了系统的开发能力。

2. 关系数据库

关系数据库，是建立在关系数据库模型基础上的数据库，它借助于集合代数等概念和方法来处理数据库中的数据，是物联网应用的主流数据库之一。关系数据库是目前应用最广泛的数据库，它的主要特点包括：

- 用关系数据模型(简称关系模型)来组织数据；
- 以关系代数为基础处理数据库中的数据；
- 拥有许多性能良好的关系数据库管理系统(RDBMS)。

目前主流的关系数据库有 Oracle、SQL、Access、DB2、SQL Server、Sybase 等。

3. 实时数据库

实时数据库(Real Time DataBase，RTDB)是数据库系统发展的一个分支，是数据库技术结合实时处理技术产生的。作为两种主流的数据库，实时数据库比起我们更熟悉的以甲骨文为代表的关系型数据库来说更胜任海量并发数据的采集、存储。面对越来越多的数据，关系型数据库的处理响应速度会出现延迟甚至假死，而实时数据库不会出现这样的情况。这是数据库结构造成的性能差异，两者对应的应用范围是不一样的。关系型数据库适合业务数据的存储，而实时数据库更胜任海量实时数据的存储。

对于物联网来说，仓储管理、标签管理、身份管理之类，数据量小，实时性要求低的，适合使用关系型数据库，但是智能电网、水域监测、智能交通、智能医疗更适用实时数据库，这些行业现在或不远的将来一定会面临海量并发、实时性要求极高的情况。

实时数据库的一个重要特性就是实时性，包括数据实时性和事务实时性。数据实时性是现场 I/O 数据的更新周期，作为实时数据库，不能不考虑数据实时性。一般数据的实时性主要受现场设备的制约，特别是对于一些比较老的系统而言，情况更是这样。事务实时性是指数据库对其事务处理的速度。它可以是事件触发方式或定时触发方式。事件触发是指该事件一旦发生可以立刻获得调度，这类事件可以得到立即处理，但是比较消耗系统资源；而定时触发是指在一定时间范围内获得调度权。作为一个完整的实时数据库，从系统的稳定性和实时性而言，必须同时提供两种调度方式。

简单来说，实时数据库是“对实时性要求高的时标型信息的数据库管理系统”，它的主要功能包括：

① 集成各种异构通讯协议的数据源，形成统一的访问实时数据接口；

② 完成对实时数据的集中海量存储；

③ 支持实时数据读写操作和历史数据的高效查询；

④ 提供实时计算、实时分析处理等功能；

⑤ 实时数据的组织和访问权限管理。

目前实时数据库已经应用到众多领域，它的应用范围还在不断扩展。主要有：

① 为工业企业生产信息的存储和访问提供统一数据源，支持实时监控和高级控制；

② 作为企业实时信息中枢，支持 MES(制造执行系统)应用(如调度系统，优化系统，物料平衡系统等)；

③ 为智能社会提供信息基础(如智能物流、智能交通、智能家居、环境监测等)。

目前被广泛应用的主流实时数据库及相关公司主要有：

(1) 美国 OSI 公司的 PI(Plant Information System)

PI 采用了旋转门压缩专利技术和独到的二次过滤技术，使进入到 PI 数据库的数据经过了最有效的压缩，极大地节省了硬盘空间。据计算，每 1 万点数据存储一年，仅需要 4G 的空间，即一个普通硬盘也可存储五到十年的数据，是效率最高，使用最简单，使用最广泛的实时数据库，因为其杰出的性能，PI 已经多次提高了它的价格，且公开了其算法。

(2) 美国 HONEYWELL 公司的 PHD(Process History Database)

HONEYWELL 占据了 DCS(Distributed Control System，分布式控制系统)大部分份额，因此 PHD 使用得也比较广泛，PHD 在内部其实使用了 Oracle 关系数据库，因此购买 PHD 就必须先购买 Oracle。因为 PHD 内部使用 Oracle 简化了开发量和 Oracle 的性能限制比较严重，所以 PHD 的价格较低，算不上正宗的实时数据库。

(3) 美国 AspenTech 公司的 IP21(InfoPlus.21)

InfoPlus.21 是实时数据库软件，是用于集成生产过程信息(如各种工艺参数)与高层次应用程序(如先进控制、优化、过程管理)的基础数据平台，它使用户可以访问和集成来自整个工厂范围内 DCS 及 PLC(Programmable Logic Controller，可编程逻辑控制器)的数据，它通过功能极强的分析工具、历史数据管理、图形化的用户界面和大量的过程接口来访问和集成数据。

InfoPlus.21 是一个智能化的实用化的信息管理系统，它可以提供给你最需要的东西：合适的实时应用支持、多线程、客户机/服务器结构。先进的过程数据服务器和历史数据管理在应用的任何地方都是可行的，特别是它的灵活的数据结构可以根据应用的需要重新定义以适合你自己的应用系统的需要，它对 OLE、DDE、@aglance 以及 ODBC 查询访问的支持，使用户可以方便地在支持这些传输协议的应用软件及实时数据库之间交换数据，如 Excel 与实时数据库可以通过@aglance 交换数据，同时利用 ODBC 可以与对 ODBC 支持的关系数据库集成在一起，如 Oracle、Sybase 等。它被广泛应用于炼油、金属冶炼、造纸业、石化企业、油田、制药、电厂等。

(4) INSTEP 公司的 eDNA

美国 INSTEP 软件公司是高技术、低成本的软件及解决方案提供商之一，其旗舰产品实时/历史流程数据库 eDNA 具有业界独一无二的无损压缩技术并采用完全分布式体系结构。

由于产品定价较低、质量尚可，投标成功率明显高于 PI 数据库，销量仅次于 PI 数据库，目前 eDNA 在国内电厂的知名度很高，是国内高端品牌的主要竞争对手。

(5) 麦杰科技

上海麦杰科技是国内“本土实时数据库系统行业的领头羊”企业，累计实现应用案例近 50 个。由于主要的研发工作全部在国内进行，麦杰科技各方面成本比国外厂家都低，在与其国外同类产品竞争时具有先天的优势。

但由于 openPlant 定位于本土高端品牌，定价明显高于国内其他本土品牌，与国际中低端产品 eDNA 形成激烈竞争，由于国内用户对国际品牌有很强的盲从性，openPlant 实时数据库的应用还需要大量的应用案例以建立更为突出的品牌优势。

(6) 三维力控

北京三维力控科技股份有限公司成立于 2002 年，是大庆三维集团在北京的分公司，其核心发展方向为管控一体化市场。该公司所开发的 pSpace 实时数据库产品广泛应用于石化、电力、钢铁等领域。

pSpace 实时数据库产品的研发是基于该公司组态软件产品的基础，和同行业其他企业产品相比具有一定的价格优势。

此外，由于公司在前期研发组态软件产品过程中积累了大量的行业客户，这为其 pSpace 实时数据库产品的市场开拓铺平了道路。在石化、电力、钢铁等行业已经有 50 多个项目采用了该公司的 pSpace 实时数据库产品。

4. 数据库与物联网

物联网作为一种海量信息双向传递、虚拟网络与现实世界主动交互的新型系统，在原始数据感知收集、基于信息内容和传输模式的关联分析、实际物理系统 QoS 指标驱动等信息流传递过程中，具有其独立于以往系统的高实时、低冗余、多用户、复杂信息流耦合交互等特性，现有的理论机制很难提供全面可靠的服务与技术保障，这对物联网的研究提出了全新的挑战。

当前数据库理论与技术的发展极其迅速，其应用日益广泛，层次、网状、关系型数据库在传统的管理事务型应用领域获得了极大成功，随着数据库的应用向新的领域扩展，如 CAD/CAM、CIMS、数据通信、电力调度、交通控制、物流跟踪、作战指挥、实时仿真等，这些应用既需要数据库来支持大量数据的共享，维护其数据的一致性，又需要实时处理来支持其任务(事务)与数据的定时限制。

实时数据库是工业信息化中的核心基础软件，在“信息化与工业化融合”过程中起着核心作用。随着工业自动化系统监测和控制对象的不断复杂化，对数据采集规模、采集精度以及采集速度的要求不断提高，加之历史数据在系统设计、系统优化、故障预诊断、故障过程记录以及事后故障分析等方面价值的认识不断深入，对这类海量时序数据访问的便利性和响应速度的要求也在不断提高。

5.3.2　物联网数据融合

1. 数据融合的概念与定义

数据融合概念是针对多传感器系统提出的。在多传感器系统中，由于信息表现形式的多样性，数据量的巨大性，数据关系的复杂性，以及要求数据处理的实时性、准确性和可靠性，都已大大超出了人脑的信息综合处理能力，在这种情况下，多传感器数据融合技术应运而生。多传感器数据融合由美国国防部在 20 世纪 70 年代最先提出，之后英、法、日、俄等国也做了大量的研究。近 40 年来数据融合技术得到了巨大的发展，同时伴随着电子技术、信号检测与处理技术、计算机技术、网络通信技术以及控制技术的飞速发展，数据融合已被应用在多个领域，在现代科学技术中的地位也日渐突出。

数据融合又称作信息融合或多传感器数据融合，是指利用计算机对按时间序列获得的若干观测信息，在一定准则下加以自动分析、综合，为完成所需的决策和评估任务而进行的信息处理技术。它有三层含义：

(1) 数据的全空间，即数据包括确定的和模糊的、全空间的和子空间的、同步的和异步的、数字的和非数字的，它是复杂的多维多源的，覆盖全频段；

(2) 数据的融合不同于组合，组合指的是外部特性，融合指的是内部特性，它是系统动态过程中的一种数据综合加工处理；

(3) 数据的互补过程，数据表达方式的互补、结构上的互补、功能上的互补、不同层次的互补，是数据融合的核心，只有互补数据的融合才可以使系统发生质的飞跃。

1) 数据融合原理

数据融合技术的基本原理就像人脑综合处理信息一样，充分利用多个传感器资源，通过对多传感器及其观测信息的合理支配和使用，把多传感器在空间或时间上冗余或互补信息依据某种准则来进行组合，以获得被测对象的一致性解释或描述。具体地说，多传感器数据融合原理如下：

(1) N 个不同类型的传感器(有源或无源的)收集观测目标的数据；

(2) 对传感器的输出数据(离散的或连续的时间函数数据、输出矢量、成像数据或一个直接的属性说明)进行特征提取的变换，提取代表观测数据的特征矢量 Yi；

(3) 对特征矢量 Yi 进行模式识别处理(如，聚类算法、自适应神经网络或其他能将特征矢量 Yi 变换成目标属性判决的统计模式识别法等)以完成各传感器关于目标的说明；

(4) 将各传感器关于目标的说明数据按同一目标进行分组，即关联；

(5) 利用融合算法将每一目标各传感器数据进行合成，得到该目标的一致性解释与描述。

数据融合的实质是针对多维数据进行关联或综合分析，进而选取适当的融合模式和处理算法，用以提高数据的质量，为知识提取奠定基础。数据融合的一般模型如图 5-5 所示。

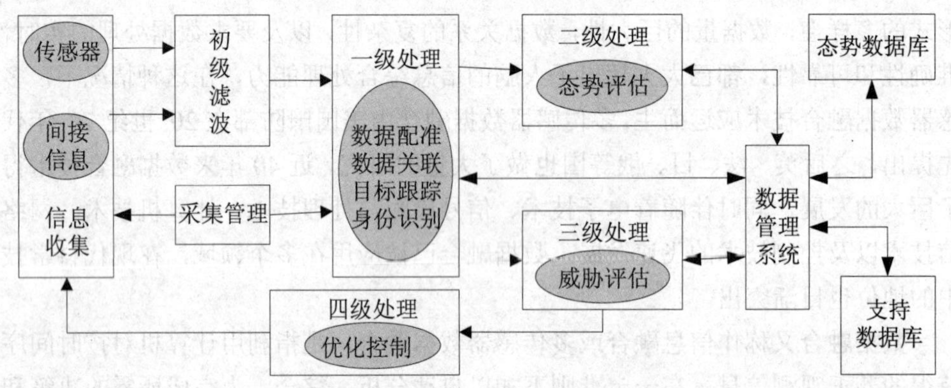

图 5-5　数据融合的一般模型

2) 数据融合方法

利用多个传感器所获取的关于对象和环境全面、完整的信息，主要体现在融合算法上。因此，多传感器系统的核心问题是选择合适的融合算法。对于多传感器系统来说，信息具有多样性和复杂性，因此，对信息融合方法的基本要求是要有并行处理能力，还要有方法的运算速度和精度、与前续预处理系统和后续信息识别系统的接口性能、对不同技术和方法的协调能力、对信息样本的要求等。一般情况下，基于非线性的数学方法，如果它具有容错性、自适应性、联想记忆和并行处理能力，都可以用来作为融合方法。

多传感器数据融合虽然未形成完整的理论体系和有效的融合算法，但在不少应用领域根据各自的具体应用背景，已经提出了许多成熟并且有效的融合方法。多传感器数据融合的常用方法基本上可概括为随机和人工智能两大类，随机类方法有加权平均法、卡尔曼滤波法、多贝叶斯估计法、Dempster-Shafer(D-S)证据推理、产生式规则等；而人工智能类则有模糊逻辑理论、神经网络、粗集理论、专家系统等。可以预见，神经网络和人工智能等新概念、新技术在多传感器数据融合中将起到越来越重要的作用。

(1) 随机类方法

① 加权平均法

信号级融合方法最简单、最直观的方法是加权平均法，该方法将一组传感器提供的冗余信息进行加权平均，结果作为融合值，该方法是一种直接对数据源进行操作的方法。

② 卡尔曼滤波法

卡尔曼滤波主要用于融合低层次实时动态多传感器冗余数据。该方法用测量模型的统计特性递推，决定统计意义下的最优融合和数据估计。如果系统具有线性动力学模型，且系统与传感器的误差符合高斯白噪声模型，则卡尔曼滤波将为融合数据提供唯一统计意义下的最优估计。卡尔曼滤波的递推特性使系统处理不需要大量的数据存储和计算。但是，采用单一的卡尔曼滤波器对多传感器组合系统进行数据统计时，存在很多严重的问题，例如：在组合信息大量冗余的情况下，计算量将以滤波器维数的三次方剧增，实时性将得不到满足；传感器子系统的增加使故障随之增加，在某一系统出现故障而没有来得及被检测出时，故障会污染整个系统，使可靠性降低。

③ 多贝叶斯估计法

多贝叶斯估计为数据融合提供了一种手段，它使传感器信息依据概率原则进行组合。测量不确定性以条件概率表示，当传感器组的观测坐标一致时，可以直接对传感器的数据进行融合，但大多数情况下，传感器测量数据要以间接方式采用贝叶斯估计进行数据融合。

多贝叶斯估计将每一个传感器作为一个贝叶斯估计，将各个单独物体的关联概率分布合成一个联合的后验的概率分布函数，通过使用联合分布函数的似然函数为最小，提供多传感器信息的最终融合值，融合信息与环境的一个先验模型提供整个环境的一个特征描述。

④ D-S 证据推理方法

D-S 证据推理是贝叶斯推理的扩充，其三个基本要点是：基本概率赋值函数、信任函数和似然函数。D-S 方法的推理结构是自上而下的，分三级。第一级为目标合成，其作用是把来自独立传感器的观测结果合成为一个总的输出结果(ID)；第二级为推断，其作用是获得传感器的观测结果并进行推断，将传感器观测结果扩展成目标报告。这种推理的基础是：一定的传感器报告以某种可信度在逻辑上会产生可信的某些目标报告；第三级为更新，各种传感器一般都存在随机误差，所以，在时间上充分独立地来自同一传感器的一组连续报告比任何单一报告可靠。因此，在推理和多传感器合成之前，要先组合(更新)传感器的观测数据。

⑤ 产生式规则

产生式规则采用符号表示目标特征和相应传感器信息之间的联系，与每一个规则相联系的置信因子表示它的不确定性程度。当在同一个逻辑推理过程中，两个或多个规则形成一个联合规则时，可以产生融合。应用产生式规则进行融合的主要问题是每个规则的置信因子的定义与系统中其他规则的置信因子相关，如果系统中引入新的传感器，需要加入相应的附加规则。

(2) 人工智能类方法

① 模糊逻辑推理

模糊逻辑是多值逻辑，通过指定一个 0 到 1 之间的实数表示真实度，相当于隐含算子的前提，允许将多个传感器信息融合过程中的不确定性直接表示在推理过程中。如果采用某种系统化的方法对融合过程中的不确定性进行推理建模，则可以产生一致性模糊推理。与概率统计方法相比，逻辑推理存在许多优点，它在一定程度上克服了概率论所面临的问题，它对信息的表示和处理更加接近人类的思维方式，它一般比较适合于在高层次上的应用(如决策)，但是，逻辑推理本身还不够成熟和系统化。此外，由于逻辑推理对信息的描述存在很大的主观因素，所以，信息的表示和处理缺乏客观性。

模糊集合理论对于数据融合的实际价值在于它外延到模糊逻辑，模糊逻辑是一种多值逻辑，隶属度可视为一个数据真值的不精确表示。在软件解决方案框架过程模型设计中，存在的不确定性可以直接用模糊逻辑表示，然后，使用多值逻辑推理，根据模糊集合理论的各种演算对各种命题进行合并，进而实现数据融合。

② 人工神经网络法

神经网络具有很强的容错性以及自学习、自组织及自适应能力，能够模拟复杂的非线性映射。神经网络的这些特性和强大的非线性处理能力，恰好满足了多传感器数据融合技术处理的要求。在多传感器系统中，各信息源所提供的环境信息都具有一定程度的不确定性，对这些不确定信息的融合过程实际上是一个不确定性推理过程。神经网络根据当前系统所接受的样本相似性确定分类标准，这种确定方法主要表现在网络的权值分布上，同时，可以采用神经网络特定的学习算法来获取知识，得到不确定性推理机制。利用神经网络的信号处理能力和自动推理功能，即实现了多传感器数据融合。

在实际应用中，选择哪种数据融合方法依具体的应用而定，并且，由于各种方法之间的互补性，实际上，常将两种或两种以上的方法组合进行多传感器数据融合。

3) 数据融合存在的问题

数据融合技术方兴未艾，几乎一切信息处理方法都可以应用于数据融合系统。随着传感器技术、数据处理技术、计算机技术、网络通信技术、人工智能技术、并行计算软件和硬件技术等相关技术的发展，尤其是人工智能技术的进步，新的、更有效的数据融合方法将不断推出，多传感器数据融合必将成为未来复杂工业系统智能检测与数据处理的重要技术，其应用领域将不断扩大。多传感器数据融合不是一门单一的技术，而是一门跨学科的综合理论和方法，并且，是一个不很成熟的新研究领域，尚处在不断变化和发展过程中。其主要问题有：

(1) 尚未建立统一的融合理论和有效广义融合模型及算法；

(2) 对数据融合的具体方法的研究尚处于初级阶段；

(3) 还没有很好解决融合系统中的容错性或鲁棒性问题；

(4) 关联的二义性是数据融合中的主要障碍；

(5) 数据融合系统的设计还存在许多实际问题。

4) 数据融合发展趋势

(1) 建立统一的融合理论、数据融合的体系结构和广义融合模型；

(2) 解决数据配准、数据预处理、数据库构建、数据库管理、人机接口、通用软件包开发问题，利用成熟的辅助技术，建立面向具体应用需求的数据融合系统；

(3) 将人工智能技术，如神经网络、遗传算法、模糊理论、专家理论等引入到数据融合领域；利用集成的计算智能方法(如，模糊逻辑＋神经网络，遗传算法＋模糊＋神经网络等)提高多传感融合的性能；

(4) 解决不确定性因素的表达和推理演算，例如：引入灰数的概念；

(5) 利用有关的先验数据提高数据融合的性能，研究更加先进复杂的融合算法(未知和动态环境中，采用并行计算机结构多传感器集成与融合方法的研究等)；

(6) 在多平台/单平台、异类/同类多传感器的应用背景下，建立计算复杂程度低，同时，又能满足任务要求的数据处理模型和算法；

(7) 构建数据融合测试评估平台和多传感器管理体系；

(8) 将已有的融合方法工程化与商品化，开发能够提供多种复杂融合算法的处理硬件，以便在数据获取的同时就实时地完成融合。

2. 物联网中的数据融合

(1) 物联网数据融合所要解决的关键问题和要求

① 物联网数据融合需要研究解决的关键问题

- 数据融合节点的选择。融合节点的选择与网络层路由协议有密切关系，需要依靠路由协议建立路由回路数据，并且需要使用路由结构中的某些节点作为数据融合的节点。
- 数据融合时机。
- 数据融合算法。

② 物联网数据融合技术要求

物联网与以往的多传感器数据融合有所不同，它具有自己独特的融合技术要求，具体包括以下几点：

- 稳定性。
- 数据关联。
- 能量约束。
- 协议的可扩展性。

(2) 物联网数据管理技术

在物联网实现中，分布式动态实时数据管理是重要的技术之一，该技术通过部署或者指定一些节点作为代理节点，代理节点根据感知任务收集兴趣数据，感知任务通过分布式数据库的查询语言下达给目标区域的感知节点。在整个物联网体系中，传感网可作为分布式数据库独立存在，实现对客观物理世界的实时、动态的感知与管理。这样做的目的是，将物联网数据处理方法与网络的具体实现方法分离开来，使得用户和应用程序只需要查询数据的逻辑结构，而无需关心物联网具体如何获取信息。

物联网数据管理主要包括对感知数据的获取、存储、查询、挖掘和操作，目的就是把物联网上数据的逻辑视图和网络的物理实现分离开来，使用户和应用程序只需关心查询的逻辑结构，而无需关心物联网的实现细节。其主要特点是：

① 与传感网支撑环境直接相关。

② 数据需在传感网内处理。

③ 能够处理感知数据的误差。

④ 查询策略需适应最小化能量消耗与网络拓扑结构的变化。

3. 物联网中数据融合的层次结构

通过对多感知节点信息的协调优化，数据融合技术可以有效地减少整个网络中不必要的通信开销，提高数据的准确度和收集效率。因此，传送已融合的数据要比传送未经处理的数据节省能量，可以延长网络的生存周期。但对物联网而言，数据融合技术将面临更多挑战，例如，感知节点能源有限、多数据流的同步、数据的时间敏感特性、网络带宽的限制、无线通信的不可靠性和网络的动态特性等。因此，物联网中的数据融合需要有其独特的层次性结构体系。

(1) 工作原理

数据融合中心对来自多个传感器的信息进行融合，也可以将来自多个传感器的信息和人机界面的观测事实进行信息融合(这种融合通常是决策级融合)，提取征兆信息，在推理机作用下，将征兆与知识库中的知识匹配，作出故障诊断决策，提供给用户。在基于信息融合的故障诊断系统中可以加入自学习模块，故障决策经自学习模块反馈给知识库，并对相应的置信度因子进行修改，更新知识库。同时，自学习模块能根据知识库中的知识和用户对系统提问的动态应答进行推理，以获得新知识，总结新经验，不断扩充知识库，实现专家系统的自学习功能。

(2) 传感网数据管理系统结构

目前，针对传感网的数据管理系统结构主要有集中式结构、半分布式结构、分布式结构和层次式结构 4 种类型。

① 集中式结构。在集中式结构中，节点首先将感知数据按事先指定的方式传送到中心节点，统一由中心节点处理。这种方法简单，但中心节点会成为系统性能的瓶颈，而且容错性较差。

② 半分布式结构。利用节点自身具有的计算和存储能力，对原始数据进行一定的处理，然后再传送到中心节点。

③ 分布式结构。每个节点独立处理数据查询命令。显然，分布式结构是建立在所有感知节点都具有较强的通信、存储与计算能力基础之上的。

④ 层次式结构。

目前，针对传感网的大多数数据管理系统研究集中在半分布式结构。典型的研究成果有美国加州大学伯克利分校(UC Berkeley)的 Fjord 系统和康奈尔(Cornell)大学的 Cougar 系统。

① Fjord 系统。Fjord 系统是 Telegraph 项目的一部分，它是一种自适应的数据流系统。主要由自适应处理引擎和传感器代理两部分构成，它基于流数据计算模型处理查询，并考虑了根据计算环境的变化动态调整查询执行计划的问题。

② Cougar 系统。Cougar 系统的特点是尽可能在传感网内部进行查询处理，只有与查询相关的数据才能从传感网中提取出来，以减少通信开销。Cougar 系统的感知节点不仅需要处理本地的数据，同时还要与邻近的节点进行通信，协作完成查询处理的某些任务。

(3) 数据融合的层次划分

数据融合大部分是根据具体问题及其特定对象来建立自己的融合层次。例如，有些应用，将数据融合划分为检测层、位置层、属性层、态势评估和威胁评估；有的根据输入输出数据的特征提出了基于输入/输出特征的融合层次化描述。数据融合层次的划分目前还没有统一标准。

根据多传感器数据融合模型定义和传感网的自身特点，通常按照节点处理层次、融合前后的数据量变化、信息抽象的层次，来划分传感网数据融合的层次结构。

① 数据层融合

它是直接在采集到的原始数据层上进行的融合，在各种传感器的原始测报未经预处理之前就进行数据的综合与分析。数据层融合一般采用集中式融合体系进行融合处理。这是低层次的融合，如成像传感器中通过对包含某一像素的模糊图像进行图像处理来确认目标属性的过程就属于数据层融合。如图 5-6 所示。

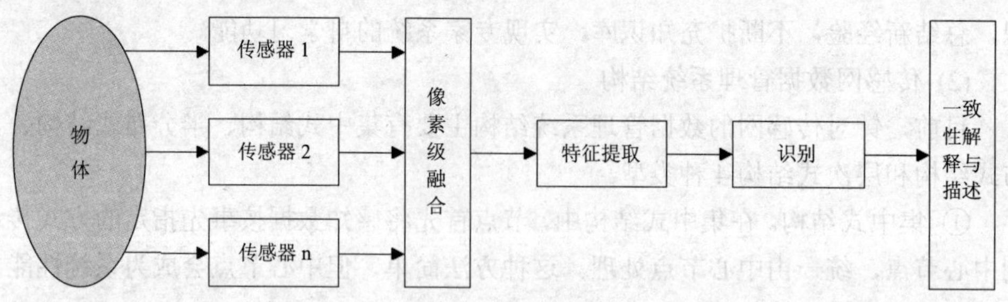

图 5-6　数据层融合

② 特征层融合

特征层融合属于中间层次的融合，它先对来自传感器的原始信息进行特征提取(特征可以是目标的边缘、方向、速度等)，然后对特征信息进行综合分析和处理。特征层融合的优点在于实现了可观的信息压缩，有利于实时处理，并且由于所提取的特征直接与决策分析有关，因而融合结果能最大限度地给出决策分析所需要的特征。特征层融合一般采用分布式或集中式的融合体系。特征层融合可分为两大类：一类是目标状态融合，另一类是目标特性融合。如图 5-7 所示。

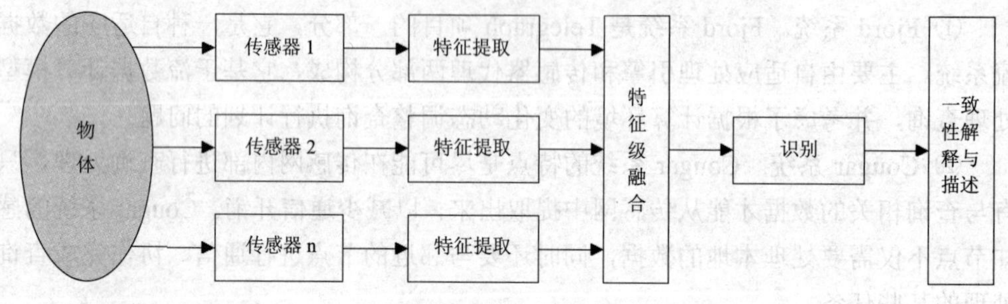

图 5-7　特征层融合

③ 决策层融合

决策层融合通过不同类型的传感器观测同一个目标，每个传感器在本地完成基本的处理，其中包括预处理、特征抽取、识别或判决，以建立对所观察目标的初步结论。然后通过关联处理进行决策层融合判决，最终获得联合推断结果。如图 5-8 所示。

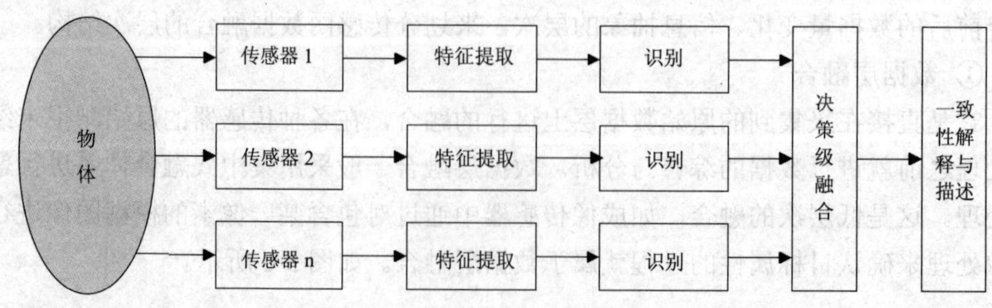

图 5-8　决策层融合

课后练习

一、单项选择题

1. 物联网中常提到的“M2M”概念不包括(　　)。

A. 人到人(Man to Man)　　B. 人到机器(Man to Machine)

C. 机器到人(Machine to Man)　　D. 机器到机器(Machine to Machine)

2. 云计算(Cloud Computing)的概念是由(　　)提出的。

A. Google　　B. 微软　　C. IBM　　D. 苹果

3. (　　)不属于云计算的特点。

A. 计算量大　　B. 虚拟化和动态扩展性

C. 通过互联网进行传输　　D. 点对点通信

4. 数据融合技术是指利用计算机对按时序获得的若干观测信息，在一定准则下加以自动分析综合，以完成所需的决策和评估任务而进行的信息处理技术。这句话是(　　)。

A. 正确的　　B. 错误的

5. 云计算的三种服务模式为(　　)、PaaS 和 IaaS。

A. DaaS　　B. SaaS　　C. OaaS　　D. TaaS

6. IaaS 是指(　　)。

A. 软件即服务　　B. 平台即服务　　C. 基础设施即服务　　D. 架构即服务

7. SaaS 是指(　　)。

A. 软件即服务　　B. 平台即服务　　C. 基础设施即服务　　D. 架构即服务

8. PaaS 是指(　　)。

A. 软件即服务　　B. 平台即服务　　C. 基础设施即服务　　D. 架构即服务

9. 常说的三大基础软件是指(　　)。

A. 操作系统、数据库、应用软件

B. 操作系统、中间件、数据库

C. 中间件、数据库、应用软件

D. 中间件、操作系统、应用软件

10. 基于目的和实现机制的不同，中间件可分为(　　)。

A. 远程过程调用　　B. 面向消息的中间件

C. 对象请求代理　　D. 以上三项都对

11. 物联网中间件包括 CEP 中间件、SOA 中间件、OSGi 中间件和(　　)。

A. WSN 中间件　　B. EPC 中间件

C. RFID 中间件　　D. 以上三项都对

12. 在物联网软件系统中最关键的中间件是(　　)。

A. WSN 中间件　　B. EPC 中间件

C. RFID 中间件　　D. SOA 中间件

13. 与关系数据库相比，实时数据库更适合海量实时数据的存储，下列不属于实时数据库的是(　　)。

A. Plant Information System　　B. InfoPlus.21

C. Process History Database　　D. SQL Server

14. 数据库管理系统的基本功能是(　　)。

A. 数据库定义和操纵功能

B. 数据组织、存储和管理功能

C. 数据库的建立和维护功能

D. 以上三项都对

15. 下列不属于数据库软件的是(　　)。

A. SQL Server　　B. Oracle　　C. Sybase　　D. Word 2007

16. 关系数据库的完整性规则检查包括(　　)。

A. 实体完整性规则　　B. 参照完整性规则

C. 用户自定义完整性规则　　D. 以上三项都对

17. SQL 结构化查询语言包括(　　)。

A. 数据定义语言 DDL　　B. 数据操纵语言 DML

C. 数据控制语言 DCL　　D. 以上都是

18. 数据融合大部分是根据具体问题及其特定对象来建立自己的融合层次，下列选项中(　)不属于数据融合的层次结构。

A. 像素级融合　　B. 特征级融合

C. 决策级融合　　D. 作业级融合

二、简答题

1. 简述云计算的基本概念与特点。
2. 简述云计算的服务模式与关键技术。
3. 简述云计算与物联网的关系。
4. 简述中间件的定义和作用。
5. 分别简述物联网感知、网络、应用层中间件。
6. 简述数据库系统的定义和组成。
7. 简述实时数据库的概念。
8. 简述数据库与物联网的关系。

第 6 章

物联网应用案例

国际电信联盟于 2005 年的报告曾描绘“物联网”时代的图景：当司机出现操作失误时汽车会自动报警；公文包会提醒主人忘带了什么东西；衣服会“告诉”洗衣机对颜色和水温的要求等。其实，物联网应用远不止这些，其应用遍及智能交通、环境保护、政府工作、公共安全、平安家居、智能消防、工业监测、环境监测、老人护理、个人健康、花卉栽培、水系监测、食品溯源、敌情侦查和情报搜集等众多领域。毫无疑问，如果“物联网”时代来临，人们的日常生活将发生翻天覆地的变化。

本章主要内容

- □ 智能物流
- □ 智能家居
- □ 智能交通
- □ 智慧城市
- □ 其他应用

6.1 智能物流

6.1.1 智能物流概述

1. 物流

(1) 物流概念的起源

物流概念的发展经历了一个漫长而曲折的过程。英国克兰菲尔德物流与运输中心(Cranfield Center for Logistics and Transportation，CCLT)主任、资深物流与市场营销专家马丁·克里斯多夫(Martin Christopher)教授认为，阿奇·萧(Arch W.Shaw)是最早提出物流(Physical Distribution，PD)概念并进行实际探讨的学者。阿奇·萧在 1915 年哈佛大学出版社出版的《市场流通中的若干问题》一书中指出：“创造需求与实物供给的各种活动之间的关系说明存在平衡性和依赖性两个原则”，“物流是与创造需求不同的一个问题……流通活动中的重大失误都是因为创造需求与物流之间缺乏协调造成的。”

1916 年，L.D.H.Weld 在《农产品的市场营销》一书中指出：“市场营销的效用中包括时间效用、场所效用、所有权效用和营销渠道的概念，从而肯定了物流在创造产品的市场价值中的时间价值及场所价值中的重要作用。”

1922 年，克拉克(E.Clark)在《市场营销原理》一书中将市场营销定义为：“影响商品所有权转移的活动和包括物流的活动。”

1935 年，美国销售协会对物流进行了定义：“物流是包含于销售之中的物质资料和服务从生产地点到消费地点的流动过程中伴随的种种经济活动。”

1956 年，日本派出由早稻田大学宇野正雄教授率领专家学者组成的“流通技术专业考察团”一行 12 人赴美国考察。历时一个多月，弄清了日本以往称为“流通技术”的内容就相当于美国的 PD，此后日本亦将此类活动改称为 PD。1964 年，池田内阁“五年计划”制定小组的平原直谈到 PD 这一术语时，将其翻译为“物的流通”，并在 1965 年的政府文件中正式采用，以后这一术语又逐渐被简称为“物流”。从引进物流概念到 20 世纪 70 年代的近 20 年间，日本逐渐发展成为世界上物流产业最发达的国家之一。

第二次世界大战期间，围绕战争物资的供应问题，美国军队有两个创举：一是建立了“运筹学”(Operation Research)的理论体系；二是提出并丰富了“后勤学”(Logistics)理论，将这些理论运用于战争活动中。其中“后勤”是指将战时物资的生产、采购、运输和配给等活动作为一个整体进行统一布置，以求战略物资补给的费用更低、服务更好。以系统观点研究物流活动是从第二次世界大战末期美国军方后勤部门的科学研究开始的。因此，物流学在欧美还广泛使用“后勤学”这样的名称。

二战后，“后勤”一词在企业经营中得到了广泛应用，并出现了商业后勤、流通后勤的提法，使后勤的外延推广到生产和流通等领域。经过长时间演变之后，Logistics 的范围已经远远超出了原先“后勤”的范畴，其内涵也比民用领域的 PD 更为丰富。之后的 70 多年里，Logistics 的严密性使它逐渐取代了 PD 在企业中的地位。

物流概念传入我国主要有两条途径。一条途径是 20 世纪 60 年代末直接从日本引入“物流”这个名词，并沿用“PD”这一英文称谓；另一条途径是 20 世纪 80 年代初，物流随着欧美的市场营销理论传入我国。在欧美的“市场营销”教科书中，几乎毫无例外地都要介绍 PD，使我国的营销领域逐渐开始接受物流观念。20 世纪 80 年代后期，当西方企业用 logistics 取代 PD 之后，我国和日本仍把 Logistics 翻译为“物流”，有时也直译为“后勤”。1988 年中国台湾地区开始使用“物流”这一称谓。1989 年 4 月，第八届国际物流会议在北京召开，“物流”一词的使用日益普遍。

我国在引进物流概念的过程中，为了将 Logistics 与 PD 区分开来，也常常将前者称为“现代物流”，而将后者称为“传统物流”。

(2) 物流的定义

国家质量技术监督局 2001 年 4 月 17 日批准颁布的《中华人民共和国国家标准物流术语》(GB/T 18354-2001)对物流的定义为：“物品从供应地向接收地的实体流动过程。根据实际需要，将运输、储存、装卸搬运、包装、流通加工、配送和信息处理等基本功能实施有机地结合。”对物流概念的标准化有利于人们正确地理解物流，对我国的物流实践也有重要的指导意义。

理解物流概念，应当注意以下几点：

① 物流是物品物质实体的流动。任何一种物品都有二重性：一是自然属性，即它有一个物质实体；二是社会属性，即它具有一定的社会价值，包括它的稀缺性、所有权性质等。物品物质实体的流动是物流，物品社会实体的流动是商流。商流是通过交易实现物品所有权的转移，而物流是通过运输、储运等实现物品物质实体的转移。

② 物流是物品由供应地向接收地的流动，即它是一种满足社会需求的活动，是一种经济活动。不属于经济活动的物质实体流动也就不属于物流的范畴。

③ 物流包括运输、搬运、存储、保管、包装、装卸、流通加工和物流信息处理等基本功能活动。

④ 物流包括空间位置的移动、时间位置的移动以及形状性质的变动，因而通过物流活动，可以创造物品的空间效用、时间效用和形状性质的效用。

(3) 物流活动构成

根据我国的物流术语标准，物流活动由物品的包装、装卸搬运、运输、储存、流通加工、配送、物流信息等工作内容构成，以上内容也常被称为“物流的基本功能要素”。

① 包装活动

包装大体可以分为工业包装和商业包装两大类，具体包括产品的出厂包装，生产过程中制成品、半成品的包装以及在物流过程中的换装、分装、再包装等。工业包装纯属物流的范畴，它是为了便于物资的运输、保管，提高装卸效率和装载率而进行的。商业包装则是把商品分装成方便顾客购买和易于消费的商品单位，属于销售学研究的内容，商业包装的目的是向消费者展示商品的内容和特征。包装与物流的其他功能要素有着密切的联系，对物流合理化进程有着极为重要的推动作用。

② 装卸搬运活动

装卸搬运活动是指为衔接物资的运输、储存、包装、流通加工等作业环节而进行的，以改变“物”的存放地点、支承状态或空间位置为目的的机械或人工作业过程。运输、保管等物流环节的两端都离不开装卸搬运活动，在全部物流活动中只有装卸搬运伴随着物流全过程的始终，其具体内容包括物品的装上卸下、移送、拣选、分类等。对装卸搬运活动的管理包括：选择适当的装卸搬运方式，合理配置和使用装卸搬运机具，减少装卸搬运事故和损失等。

③ 运输活动

运输活动的目的是改变物品的空间移动。物流组织者依靠运输克服生产地与需求地之间存在的空间距离问题，创造商品的空间效用。运输是物流的核心，在许多场合，人们甚至把它作为整个物流的代名词。对运输活动进行管理时，组织者应该选择技术、经济效果最好的运输方式或联运组合，合理地确定输送路线，以满足运输的安全、迅速、准时和低成本要求。

④ 储存活动

储存活动也称为保管活动，是为了克服生产和消费在时间上的不一致所进行的物流活动。物品通过储存活动以满足用户的需要，从而产生了时间效用。保管活动借助各种仓库、堆场、货棚等，完成物资的保管、养护、堆存等作业，以便最大限度地减少物品使用价值的下降。储存管理要求组织者确定仓库的合理库存量，建立各种物资的保管制度，确定仓储作业流程，改进保管设施和提高储存技术等。储存的目的是“以与最低的总成本相一致的最低限度的存货来实现所期望的顾客服务”。储存活动也是物流的核心，与运输活动具有同等重要的地位。

⑤ 流通加工活动

流通加工活动又称为流通过程中的辅助加工。流通加工是在物品从生产者向消费者流动的过程中，为了促进销售、维护产品质量、实现物流的高效率所采取的使物品发生物理或化学变化的功能。商业企业或物流企业为了弥补生产过程中的加工不足，更有效地满足消费者的需要，更好地衔接产需，往往需要进行各种不同形式的流通加工。

⑥ 配送活动

配送活动是按用户的订货要求，在物流据点完成分货和配货等作业后，将配好的货物送交收货人的物流过程。配送活动大多以配送中心为始点，而配送中心本身又具备储存的功能。配送活动中的分货和配货作业是为了满足用户要求而进行的，所以经常要开展拣选、改包装等组合性工作，必要的情况下还要对货物进行流通加工。配送的最终实现离不开运输，所以人们经常把面向城市或特定区域范围内的运输也称为“配送”。

⑦ 物流信息活动

物流活动中大量信息的产生、传送和处理为合理地组织物流提供了可能。物流信息对上述各种物流活动的相互联系起着协调作用。物流信息包括与上述各种活动有关的计划、预测、动态信息，以及相关联的费用情况、生产信息、市场信息等。对物流信息的管理，要求组织者建立有效的情报系统和情报渠道，正确选定情报科目，合理进行情报收集、汇总和统计，以保证物流活动的可靠性和及时性。现代物流信息以网络和计算机技术为手段，为实现物流的系统化、合理化、高效率化提供了技术保证。

(4) 物流的分类

① 按物流系统涉及领域分类

a. 宏观物流

宏观物流是指社会再生产总体的物流活动，从社会再生产总体角度认识和研究物流活动，这种物流活动的参与者是构成社会总体的大产业、大集团，宏观物流也就是研究社会再生产的总体物流，研究产业或集团的物流活动和物流行为。

宏观物流还可以从空间范畴来理解，是在很大空间范畴的物流活动，往往带有宏观性。宏观物流也指物流全体，从总体看物流，而不是从物流的某一个环节来看物流，宏观物流研究的主要特点是综观性和全局性，主要研究内容是物流总体构成、物流与社会的关系、物流在社会中的地位、物流与经济发展的关系、社会物流系统与国际物流系统的建立和运作等。社会物流、国民经济物流、国际物流都属于宏观物流。

b. 微观物流

消费者、生产企业所从事的实际的、具体的物流活动属于微观物流。在整个物流活动中的一个局部、一个环节的具体物流活动也属于微观物流；在一个小地域空间发生的具体的物流活动也属于微观物流；针对某一产品进行的物流活动也是微观物流。微观物流研究的主要特点是具体性和局部性，我们经常涉及的下述物流活动皆是微观物流，即：企业物流、生产物流、供应物流、销售物流、回收物流、废弃物物流、生活物流等。

② 按物流系统涵盖领域分类

a. 社会物流

社会物流指超出一家一户的面向社会为主的物流。这种社会性很强的物流往往是由专门的物流承担人承担的。社会物流的范畴是社会经济的大领域，研究再生产过程中随之发生的物流活动，研究国民经济中的物流活动，研究如何服务于社会、面向社会又在社会环境中运行的物流，研究社会中的物流体系结构和运行，因此带有综观性和广泛性。

b. 企业物流

企业物流是指企业内部的物品实体流动，是从企业角度研究与之有关的物流活动，是具体的、微观的物流活动的典型领域。企业物流又可区分为具体的物流活动：供应物流、生产物流、销售物流、回收物流、废弃物物流。

③ 按物流活动覆盖范围分类

a. 国际物流

不同国家(地区)之间的物流称为国际物流。国际物流是国际贸易的一个必然组成部分，各国之间的相互贸易最终通过国际物流来实现。当前世界的发展主流是国家与国家之间的交流越来越频繁，任何国家不投身于国际经济大协作的交流之中，本国的经济技术就得不到良好的发展。工业生产也正在走向社会化和国际化，出现了许多跨国公司，一个企业的经济活动范围可以遍布世界各大洲。国际之间的原材料与产品的流通越来越发达，因此，国际物流是现代物流系统中重要的物流领域。

b. 国内物流

生产和消费等所有物流据点都在一个国家境内进行时所形成的物流就是国内物流。国内物流包含其他各种形式的物流，即国内宏观物流、国内微观物流、国内社会物流、国内企业物流等。

物流作为国民经济的一个重要方面，也应该纳入国家的总体规划，全国物流系统的发展必须从全局着眼，对于部门分割、地区分割所造成的物流障碍应该清除。在物流系统的建设投资方面也要从全局考虑，使一些大型物流项目能尽早建成，国家整体物流系统化的推进，必须发挥政府的行政作用，具体表现在以下几个方面：

进行物流基础设施的建设，如公路、高速公路、港口、机场、铁道等的建设，大型物流基地的配置等；制定各种交通政策法规，如铁道运输、卡车运输、海运、空运的价格规定以及税收标准等；实施与物流活动有关的各种设施、装置、机械的标准化，这是提高全国物流系统运行效率的必经之路，如“物流模数”的建立、各种票据的标准化、规格化等；物流新技术的开发、引进和物流技术专门人才的培养等。

c. 地区物流

所谓地区物流，有不同的划分原则。首先，按行政区域划分，如西南地区、华东地区、东北地区等；其次，按经济圈划分，如苏(州)无(锡)常(州)经济区、黑龙江边境贸易区等；再次，按地理位置划分的地区，如长江三角洲地区、珠江三角洲地区、河套地区等。

地区物流系统对于提高地区企业物流活动的效率以及保障当地居民的生活福利环境，具有不可或缺的作用，研究地区物流应根据地区特点，从本地区利益出发组织好物流活动。

④ 按物流服务对象分类

a. 一般物流

一般物流是指服务对象具有普遍性，物流运作具有共同性和一般化特点的物流活动。它的研究着眼点在于物流的一般规律，带有普遍的适用性。

b. 特殊物流

特殊物流是相对于一般物流而言的。指在专门范围、专门领域、特殊行业所开展的具有自身特点的物流活动和物流方式。它的任务是研究这种特定物流的特殊规律，以期取得更大的社会效益和经济效益。从形式上看城市环境物流、危险品物流、燃料物流、大件物品物流等都属于特殊物流。

2. 现代物流

计算机技术的出现及大规模应用，将物流行业带入了现代物流时期。信息技术开始为物流行业助力，并成为持续推动物流行业飞速发展的最关键动力。早期的“物流”译自英文 Physical Distribution“物的流通”，简称 PD。简单地说，早期的物流概念就是指商品实体的储存与运输，即商品的空间位移。20 世纪 80 年代物流的概念普遍用 Logistics 取代 PD。“Logistics”的原意为“后勤”，这是第二次世界大战中，军队在运输武器、弹药和粮食等给养时使用的一个名词。它是为维持战争需要的一种后勤保障系统。1985 年美国物流管理协会正式将名称 National Council of Physical Distribution Management 改为 National Council of Logistics Management。从而标志现代物流观念的确立，以及对物流战略管理的统一化。

现代物流(Logistics)指的是将信息、运输、仓储、库存、装卸搬运以及包装等物流活动综合起来的一种新型的集成式管理，其任务是尽可能降低物流的总成本，为顾客提供最好的服务。现代物流的核心就是要信息化。

(1) 现代物流的主要特征

现代物流是指具有现代特征的物流，是与现代化社会大生产紧密联系在一起的，体现了现代企业经营和社会经济发展的需要。在现代物流管理和运作中，广泛采用了代表着当今生产力发展水平的管理技术、工程技术以及信息技术等；随着时代的进步，物流管理和物流活动的现代化程度也会不断提高。现代化是一个不断朝着先进水平靠近的过程，从这个意义上讲，“现代物流”在不同的时期也会有不同的内涵。现代物流的特征可以概括为以下几个方面。

① 物流系统化

物流不是运输、保管等活动的简单叠加，而是通过彼此的内在联系，在共同的目的下形成的一个系统，构成系统的功能要素之间存在着相互作用的关系。在考虑物流最优化的时候，必须从系统的角度出发，通过物流功能的最佳组合以实现物流整体的最优化目标。局部的最优化并不代表物流系统整体的最优化，树立系统化观念是搞好物流管理，开展现代物流活动的重要基础。

② 物流总成本最小化

物流管理追求的是物流系统的最优化，在成本管理上体现为要实现物流总成本最小化。物流总成本最小化是物流合理化的重要标志。物流要素之间存在着二律背反关系，现代物流管理在控制物流总成本的时候正是基于这种关系的存在。所谓二律背反(或效益背反)是指一个部门的高成本会因其他部门成本的降低或效益的增加而相抵消的这种相关活动之间的相互作用关系。从系统的观点看，构成物流的各功能之间明显存在着效益背反关系。如减少仓库设置的数量可以节省保管费用，但是由于加大了运输距离和运输次数而使运输费用增加，从而有可能使物流总费用水平不但没有降低反而提高了。再比如采用高速运输会增加运输费用，但由此库存量降低，从而节省了库存费用和保管费用，最终导致物流总费用的降低。

现代物流建立在物流总成本意识的基础之上，利用物流要素之间存在的二律背反关系，通过物流各个功能活动的相互配合和总体协调以达到物流总成本最小化的目的。

③ 物流信息化

现代物流可以理解为物资的物理性流通与信息流通的结合，信息在实现物流系统化，实现物流作业一体化方面发挥着重要作用。传统物流的各个功能要素之间缺乏有机的联系，对物流活动的控制属于事后控制。而现代物流通过信息将各项物流功能活动有机结合在一起，通过对信息的实时把握以控制物流系统按照预定的目标运行。准确地掌握信息，如库存信息、需求信息，可以减少非效率、非增值的物流活动，并提高物流效率和物流服务的可靠性。

④ 物流手段现代化

在现代物流活动中，广泛使用先进的运输、仓储、装卸搬运、包装以及流通加工等手段。运输手段的大型化、高速化、专用化、装卸搬运机械的自动化、包装的单元化、仓库的立体化、自动化以及信息处理和传输的计算机化、电子化、网络化等为开展物流活动提供了物质保证。

⑤ 物流服务社会化

在现代物流时代，物流业得到充分发展，企业物流需求通过社会化物流服务满足的比重在不断提高，第三方物流形态已成为现代物流的主流，物流产业在国民经济中发挥着重要作用。

社会化是指社会中的任何组织机构对物流的需求不再单纯地由自己内部完成而是由社会的其他专门的物流组织机构完成(主要是物流企业)，物流从自给自足的生产方式转变成为在一定社会分工条件下的专业化和社会化的生产方式。社会化进一步分化和发展的结果，不但社会非物流组织机构的物流需求实现了社会化，而且，物流组织机构的物流需求也实现了社会化(第三方物流)，从而，实现了更加广泛意义上的物流社会化。

⑥ 物流管理专门化

物流专业化本身至少包括两个方面的内容：一方面，在企业中，物流管理作为企业一个专业部门独立地存在着并承担专门的职能。随着企业的发展和企业内部物流需求的增加，企业内部的物流部门可能从企业中游离出去成为社会化的专业化的物流企业；另一个方面，在社会经济领域中，出现了专业化的物流企业，提供着各种不同的物流服务，并进一步演变成为服务专业化的物流企业。

服务专业化包括两个方面的内容：一方面是服务功能或内容的专业化，提供简单的、功能专一的或单一的物流服务；另一方面是服务对象或行业的专业化，也就是说物流企业面向某个行业或者某种类型的企业开展物流服务。

⑦ 物流电子化

现代信息技术、通信技术以及网络技术广泛用于物流信息的处理和传输过程，使得物流各个环节之间、物流部门与其他部门之间、不同企业之间的物流信息交换传递和处理可以突破空间和时间的限制，保持物流与信息流的高度统一和对信息的实时处理。

⑧ 物流快速反应化

在现代物流信息系统、作业系统和物流网络的支持下，物流适应需求的反应速度加快，物流前置时间缩短。及时配送、快速补充订货以及迅速调整库存结构的能力在加强。

⑨ 物流网络化

随着生产和流通空间范围的扩大，为了保证产品高效率的分销和材料供应，现代物流需要有完善、健全的物流网络体系，网络上点与点之间的物流活动保持着系统性、一致性，这样可以保证整个物流网络有最优的库存总水平及库存分布，将干线运输与支线末端配送结合起来，形成快速灵活的供应通道。

⑩ 物流柔性化

随着消费者需求的多样化、个性化，物流需求呈现出小批量、多品种、高频次的特点。订货周期变短，时间性增强，物流需求的不确定性提高。物流柔性化就是要以顾客的物流需求为中心，对顾客的需求做出快速反应，及时调整物流作业，同时有效地控制物流成本。

⑪ 物流自动化

物流自动化是指物流作业过程的设备、设施的自动化，包括包装、装卸、分拣、运输、识别等作业过程。例如，自动识别系统、自动检测系统、自动分拣系统、自动存取系统、自动跟踪系统等。物流自动化可方便物流信息的实时采集与追踪，提高整个物流系统的管理和监控水平等。

⑫ 物流智能化

随着科学技术的发展与应用，物流管理由手工作业到半自动化、自动化，直至智能化，这是一个渐进的发展过程。从这个意义上说，智能化是自动化的继续和提升，因此可以说，自动化过程中包含更多的机械化成分，而智能化中包含更多的电子化成分，如集成电路、计算机硬件软件等。

智能化能在更大范围和更高层次上实现物流管理的自动化，智能化不仅能用于作业，而且能用于管理，如库存管理系统、成本核算系统等。智能化不仅可以代替人的体力，而且可以代替人的脑力。因此与自动化相比，智能化能更大程度地减少人的脑力和体力劳动。

⑬ 物流标准化

在物流管理发展过程中，从企业物流管理到社会物流管理都在不断制定和采用新的标准。从物流的社会角度来看，物流标准可分为企业物流标准、社会物流标准(物流行业标准、物流国家标准、物流国际标准)。从物流技术角度来看，物流标准可分为物流产品标准(物流装备、设备标准)、物流技术标准(条码标准、EDI 即电子数据交换标准)、物流管理标准(IS09000、IS014000 等)。

(2) 现代物流与传统物流的区别

传统物流一般指产品出厂后的包装、运输、装卸、仓储，而现代物流提出了物流系统化或叫总体物流、综合物流管理的概念，并付诸实施。具体地说，就是使物流向两头延伸并加入新的内涵，使社会物流与企业物流有机结合在一起，从采购物流开始，经过生产物流，再进入销售物流，与此同时，要经过包装、运输、仓储、装卸、加工配送到达用户(消费者)手中，最后还有回收物流。可以这样讲，现代物流包含了产品从“生”到“死”的整个物理性的流通全过程。

传统物流与现代物流的区别主要表现在以下几个方面：

① 传统物流只提供简单的位移，现代物流则提供增值服务；

② 传统物流是被动服务，现代物流是主动服务；

③ 传统物流实行人工控制，现代物流实施信息管理；

④ 传统物流无统一服务标准，现代物流实施标准化服务；

⑤ 传统物流侧重点到点或线到线服务，现代物流构建全球服务网络；

⑥ 传统物流是单一环节的管理，现代物流是整体系统优化。

3. 智能物流

随着物联网的出现，物流行业也迎来了新的发展契机。物联网的概念，首先就是在物流行业叫响的。为了克服电子化物流的缺点，现代物流系统希望利用信息生成设备，如无线射频识别设备、传感器或全球定位系统等装置与互联网结合起来而形成的一个巨大网络，并能够在这个物联化的物流网络中实现智能化的物流管理。

智能物流是指货物从供应者向需求者的智能移动过程，包括智能运输、智能仓储、智能配送、智能包装、智能装卸以及智能信息的获取、加工和处理等多项基本活动，为供方提供最大化的利润，为需方提供最佳的服务，同时也应消耗最少的自然资源和社会资源，最大限度地保护好生态环境，从而形成完备的智能社会物流管理体系。

智能物流的发展呈现精准化、智能化、协同化的特点。精准化来源于建筑行业的精益建造理念。精益建造的目的是通过精准的策划、设计和供应，利用全过程的产品控制和信息反馈，最小化资源浪费、最大化利润价值的建造管理方法。精准化物流的要求是成本最小化和零浪费。具体来讲，在未来的智能物流系统中，由于物联化智能信息处理系统和智能设备的普遍运用，物流企业的管理者希望实现采购、入库、出库、调拨、装配、运输等环节的精确管理，将库存、运输、制造等成本降至最低，同时把各环节可能产生的浪费减至零。

除了实现减少成本和降低浪费的基本目标之外，未来物流系统需要智能化地采集实时信息，并用物联网进行系统处理，为最终用户提供优质的信息和咨询服务，为物流企业提供最佳策略支持。需要说明的是，物联网为智能物流的智能处理提供了多层面的支持，除了利用已有的 ERP 等商业软件进行集成式的规划、管理和决策支持之外，未来的智能物流更应该注重利用物联设备和网络本身进行更多的智能化服务。可以设想，未来的物联设备不应该只提供标示和信息采集的功能，同时也能承担更为广泛的处理功能。有了智能物流，物流企业可以优化资源配置、业务流程，并为最终用户提供增值性物流服务，拓宽业务范围，最终实现利润最大化。

协同化，或者说一体化是未来物流的另一表现形式。毫无疑问，物联网将是物流企业实现协同发展的最佳平台。有了这个平台的协助，物流企业能够实现上下游企业之间的无缝连接，真正实现梦想了多年的资金流、物流、信息流的三流合一，那么电子商务、共同配送、全球化生产等这些让人憧憬的先进商业运营模式，也有望一一实现。

当然，智能物流带来的好处远不止这些。其他的一些特点，比如细粒度、实时性、可靠性都已经体现在了智能物流的各种服务中。

物联网发展推动着中国智慧物流的变革。随着物联网理念的引入，技术的提升，政策的支持，相信未来物联网将给中国物流业带来革命性的变化，中国智慧物流将迎来大发展的时代。未来物联网在物流业的应用主要包括以下几个方面。

(1) 智慧供应链与智慧生产融合。

随着 RFID 技术与传感器网络的普及，物与物的互联互通，将给企业的物流系统、生产系统、采购系统与销售系统的智能融合打下基础，而网络的融合必将产生智慧生产与智慧供应链的融合，企业物流完全智慧地融入企业经营之中，打破工序、流程界限，打造智慧企业。

(2) 智慧物流网络开放共享，融入社会物联网。

物联网是聚合型的系统创新，必将带来跨行业的应用。如产品的可追溯智能网络就可以方便地融入社会物联网，开放追溯信息，让人们方便地实时查询、追溯产品信息。今后其他的物流系统也将根据需要融入社会物联网络或与专业智慧网络互通，智慧物流将成为人们智慧生活的一部分。

(3) 多种物联网技术集成应用于智慧物流。

目前在物流业应用较多的感知手段主要是RFID和GPS技术，今后随着物联网技术发展，传感技术、蓝牙技术、视频识别技术、M2M 技术等多种技术也将逐步集成应用于现代物流领域，用于现代物流作业中的各种感知与操作。如，温度的感知用于冷链；侵入系统的感知用于物流安全防盗；视频的感知用于各种控制环节与物流作业引导等。

(4) 物流领域物联网创新应用模式将不断涌现。

物联网带来的智慧物流革命远不是我们能够想到的以上几种模式。随着物联网的发展，更多的创新模式会不断涌现，这才是未来智慧物流大发展的基础。

目前，就有很多公司在探索物联网在物流领域应用的新模式。如，有一家公司在探索给邮筒安上感知标签，组建网络，实现智慧管理，并把邮筒智慧网络用于快递领域；当当网在无锡新建的物流中心就探索物流中心与电子商务网络融合，开发智慧物流与电子商务相结合的模式；无锡新建的粮食物流中心探索将各种感知技术与粮食仓储配送相结合，实时了解粮食的温度、湿度、库存、配送等信息，打造粮食配送与质量检测管理的智慧物流体系等。

6.1.2 智能物流中的物联网技术

1. 自动识别技术

自动识别技术是以计算机、光、机、电、通信等技术的发展为基础的一种高度自动化的数据采集技术。它通过应用一定的识别装置，自动地获取被识别物体的相关信息，并提供给后台的处理系统来完成相关后续处理的一种技术。它能够帮助人们快速而又准确地进行海量数据的自动采集和输入，目前在运输、仓储、配送等方面已得到广泛的应用。

自动识别技术在20世纪70年代初步形成规模，经过近30年的发展，自动识别技术已经发展成为由条码识别技术、智能卡识别技术、光字符识别技术、射频识别技术、生物识别技术等组成的综合技术，并正在向集成应用的方向发展。

条码识别技术是目前使用最广泛的自动识别技术，它是利用光电扫描设备识读条码符号，从而实现信息自动录入。条码是由一组按特定规则排列的条、空及对应字符组成的表示一定信息的符号。不同的码制，条码符号的组成规则不同。目前，较常使用的码制有：EAN/UPC条码、128条码、ITF-14条码、交插二五条码、三九条码、库德巴条码等。

射频识别(RFID)技术是近几年发展起来的现代自动识别技术，它是利用感应、无线电波或微波技术的读写器设备对射频标签进行非接触式识读，达到对数据自动采集的目的。它可以识别高速运动物体，也可以同时识读多个对象，具有抗恶劣环境、保密性强等特点。

生物识别技术是利用人类自身生理或行为特征进行身份认定的一种技术。生物特征包括手形、指纹、脸形、虹膜、视网膜、脉搏、耳廓等，行为特征包括签字、声音等。由于人体特征具有不可复制的特性，这一技术的安全性较传统意义上的身份验证机制有很人的提高。目前，人们已经发展了虹膜识别技术、视网膜识别技术、面部识别技术、签名识别技术、声音识别技术、指纹识别技术六种生物识别技术。

2. 数据仓库和数据挖掘技术

数据仓库出现在 20 世纪 80 年代中期，它是一个面向主题的、集成的、非易失的、时变的数据集合，数据仓库的目标是把来源不同的、结构相异的数据经加工后在数据仓库中存储、提取和维护，它支持全面的、大量的复杂数据的分析处理和高层次的决策支持。数据仓库使用户拥有任意提取数据的自由，而不干扰业务数据库的正常运行。

数据挖掘是从大量的、不完全的、有噪声的、模糊的及随机的实际应用数据中，挖掘出隐含的、未知的、对决策有潜在价值的知识和规则的过程。一般分为描述型数据挖掘和预测型数据挖掘两种。描述型数据挖掘包括数据总结、聚类及关联分析等，预测型数据挖掘包括分类、回归及时间序列分析等。其目的是通过对数据的统计、分析、综合、归纳和推理， 揭示事件间的相互关系，预测未来的发展趋势，为企业的决策者提供决策依据。

3. 人工智能技术

人工智能就是探索研究用各种机器模拟人类智能的途径，使人类的智能得以物化与延伸的一门学科。它借鉴仿生学思想，用数学语言抽象描述知识，用以模仿生物体系和人类的智能机制，目前主要的方法有神经网络、进化计算和粒度计算三种。

(1) 神经网络

神经网络是在生物神经网络研究的基础上模拟人类的形象直觉思维，根据生物神经元和神经网络的特点，通过简化、归纳，提炼总结出来的一类并行处理网络。神经网络的主要功能有联想记忆、分类聚类和优化计算等。

虽然神经网络具有结构复杂、可解释性差、训练时间长等缺点，但由于其对噪声数据的高承受能力和低错误率的优点，以及各种网络训练算法如网络剪枝算法和规则提取算法的不断提出与完善，使神经网络在数据挖掘中的应用越来越为广大使用者所青睐。

(2) 进化计算

进化计算是模拟生物进化理论而发展起来的一种通用的问题求解的方法。因为它来源于自然界的生物进化，所以它具有自然界生物所共有的极强的适应性特点，这使它能够解决那些难以用传统方法来解决的复杂问题。它采用了多点并行搜索的方式，通过选择、交叉和变异等进化操作，反复叠代，在个体的适应度值的指导下，使每代进化的结果都优于上一代，如此逐代进化，直至产生全局最优解或全局近优解。其中最具代表性的就是遗传算法，它是基于自然界的生物遗传进化机理而演化出来的一种自适应优化算法。

(3) 粒度计算

早在 1990 年，我国著名学者张钹和张铃就进行了关于粒度问题的讨论，并指出："人类智能的一个公认的特点，就是人们能从极不相同的粒度上观察和分析同一问题。人们不仅能在不同粒度的世界上进行问题的求解，而且能够很快地从一个粒度世界跳到另一个粒度世界，往返自如，毫无困难。这种处理不同粒度世界的能力，正是人类问题求解的强有力的表现。"随后，Zadeh 讨论模糊信息粒度理论时，提出人类认知的三个主要概念，即粒度(包括将全体分解为部分)、组织(包括从部分集成全体)和因果(包括因果的关联)，并进一步提出了粒度计算。他认为，粒度计算是一把大伞，它覆盖了所有有关粒度的理论、方法论、技术和工具的研究。目前主要有模糊集理论、粗糙集理论和商空间理论三种。

6.1.3 案例：基于 RFID 的集装箱管理系统

1. 行业背景

集装箱的存储和运输主要面临如下问题。

(1) 集装箱制造商和集装箱运输管理企业承担了大量的生产运输、成品运输和堆放存储等繁重的统计管理工作；

(2) 在集装箱出厂后，不能实时了解集装箱的位置和状态；

(3) 因出入堆场的繁杂手续导致托运车辆排长队现象；

(4) 难以在面积庞大的堆场上找出指定集装箱，浪费时间且易出错；

(5) 无法实时了解堆场上的集装箱的数量和位置空缺，造成堆场利用率低，浪费企业资源。

2. 实施目标

通过自动采集集装箱、托运车辆的信息，实现对集装箱(集装箱生产管理)、托运车辆(运费自动结算)和堆场 (集装箱存放状态)的自动管理。

3. 系统组成

(1) 中央监控中心子系统

监控其他子系统运作，与其他子系统进行信息交互。进行集装箱信息管理和托运车辆信息管理，数据统计与分析，进行运费结算。向客户提供集装箱信息查询服务。

(2) 出厂监控子系统

监测、记录出厂集装箱的信息、托运车辆的信息、发生时间、操作人员等。统计分析各种集装箱的出厂情况。

(3) 堆场集装箱管理系统

监测、记录经过闸口的集装箱信息、对应的拖运车辆信息、事件发生时间、操作人员等信息，管理堆场集装箱堆放位置信息，迅速准确查找集装箱状态，具有形象的 2D 集装箱堆场地图和放箱、找箱功能。

4. 工程流程

在新下生产线的集装箱上安装写有该箱信息的电子标签，堆高车作业时确认集装箱箱号后出厂。

货物由托运车辆从工厂运输到堆场，托运车辆在出工厂大门时，系统自动采集集装箱信息及托运车辆信息。

托运车辆进出堆场时，系统自动采集集装箱信息及托运车辆信息，调度通过传输系统指挥堆高车堆放集装箱到指定位置等。

工程流程如图 6-1 所示。

集装箱出厂

集装箱进堆厂

集装箱出堆厂

图 6-1　工程流程

5. 系统特点

- 电子标签适用于金属物品的识别，可直接吸附于集装箱上，易于安装和拆卸；
- 可实现不停车动态读取标签信息，准确采集出入关键点的集装箱信息和时间，并通过网络将信息传输至企业信息管理系统，实时跟踪处理变化情况；
- 为堆场的堆高车安装车载式阅读器，对堆场的集装箱进行移动识别，增加工作灵活度，减少出错率；
- 标签可回收重复利用，节约企业成本。

6. 效果分析

- 远距离 RFID 技术实现了对箱、车的自动识别，在系统中发挥了重要作用。该技术加快了下线产品的出厂、运输、堆场存储速度，提高了信息采集的准确率，减少了工作人员在恶劣环境下的手工作业；
- 随着基于 RFID 的集装箱管理系统的普及，该项技术将在港口、集装箱堆场中得到更广泛的应用，从而提高对集装箱的监控与管理水平。

6.2 智能家居

6.2.1 智能家居概述

智能家居是利用先进的计算机技术、网络通信技术、综合布线技术、依照人体工程学原理，融合个性需求，将与家居生活有关的各个子系统如安防、灯光控制、窗帘控制、煤气阀控制、信息家电、场景联动、地板采暖等有机地结合在一起，通过网络化综合智能控制和管理，实现“以人为本”的全新家居生活体验。

清晨还没起床，窗帘已经缓缓拉开。一缕柔和的阳光伴随着适合清晨倾听的钢琴曲洒在床褥上，一股清新的空气从窗外飘入房间。伸伸懒腰，拿起床头柜上放着的智能遥控器，在菜单中选择早餐的自动制作按钮。这时厨房里开始工作了，一个搅拌机将昨天准备好的苹果、香蕉、鸡蛋、牛奶等做成了含各种营养物质的“营养早餐”。一杯热腾腾的咖啡也即将出炉了。来到厕所，灯已经打开，换气的工作也开始进行，保留手动的牙刷只为和自己的互动。走出厕所，所有水电全部关掉。吃完营养早餐，带上门，所有的家电都已安全关闭，防盗系统开始运行。从公司下班时，在电脑上打开家中的天然气采暖炉(独立供暖系统)，回到家时屋里已经暖意融融了。在回家的路上提前打开家中的空调和热水器；到家开门时，借助门磁或红外传感器，系统自动打开过道灯，同时打开电子门锁，安防撤防，开启家中的照明灯具和窗帘迎接自己的归来；回到家里，使用智能遥控器就可以方便地控制房间内各种电器设备，可以通过智能化照明系统选择预设的灯光场景，读书时营造书房舒适的安静，卧室里营造浪漫的灯光氛围等。坐在沙发上操作控制器就可以遥控家里的一切，比如给浴池放水并自动加热调节水温，调整窗帘、灯光、音响的状态；厨房配有可视电话，可以一边做饭，一边接打电话或查看门口的来访者；在公司上班时，家里的情况还可以显示在办公室的电脑或手机上，以便随时查看；门口机具有拍照留影功能，家中无人时如果有来访者，系统会拍下照片供您回来查询……这就是智能家居的生活。如图 6-2 所示。

图 6-2　智能家居

智能家居系统实施本地控制和远程控制。本地控制是指可直接通过网络开关实现对灯及电器的各种智能控制。远程控制是指通过遥控器、定时控制器、集中控制器或电话、手机、电脑等来实现各种远距离控制。

智能家居又称智能住宅，当家庭智能网关将家庭中各种各样的家电设备通过家庭总线技术连接在一起时，就构成了功能强大、高度智能化的现代智能家居系统。智能家居强调人的主观能动性，重视人与居住环境的协调，能够随心所欲地控制居住环境。

一套典型的智能家居系统应具有以下功能特点。

(1) 安全监控

包括各种报警探测器，如门磁、紧急按钮、红外探测、煤气探测、火警探测等，并完成与住宅小区物业管理和 110 报警的联网。

(2) 背景音乐

在居室的任何一间房里，包括厨房、卫生间和阳台，均安装背景音乐线，通过多个音源，可以让每个房间都听到美妙的背景音乐。

(3) 远程收费

具有功能完善的三表(水、电、煤气)远程传送收费系统(一般在智能住宅小区使用)。

(4) 家电控制

利用计算机、移动电话、PDA 通过高速宽带接入 Internet，并对灯具、窗帘、空调、冰箱、电视、洗衣机等家用电器进行远程控制、定时控制。

(5) 家居商务和办公

实现网上购物、网上商务联系、视频会议。基于 Internet 的电子商务使每天的工作事务变得更加容易和简单。网上娱乐同样简单方便。如：家庭影院、无线视频传输系统、在线视频点播、交互式电子游戏等，在智能家居中，住户可以和家庭成员或其他游戏爱好者一起通过计算机、电视，甚至可以用 PDA 在线玩各种网络游戏。

(6) 家庭医疗保健和监护

利用 Internet，实现家庭的远程医疗和监护。Internet 在智能家居医疗保健中的应用有很大的潜力，不仅能使住户身心更加健康，而且会降低医疗保健成本。每天，住户都可以在家中将测量的血压、体温、脉搏、葡萄糖含量等参数传递给医疗保健专家，并能向医疗保健专家在线咨询，省去了在医院排队等候的麻烦。对于有老人和孩子的家庭，可以配备求助系统(按键)，保障家人的健康和安全。

(7) 信息服务

通过 Internet 可在任何时间任何地点获得和交换信息，信息传输可以通过多种形式，从静态文本、图形到动态的音频、视频信息。同时，Internet 改变了人们的通讯交流方式，使人们能通过文本、图形、多媒体迅速地交流讯息。在智能家居中，住户可以用手提电话或 PDA 通过无线网络收发 E-mail，接收最新的股市行情。

(8) 网络教育

网络教学将课堂带进了家庭，可帮助老师巩固课程，激发孩子们的好奇心。学校和家长通过家居中的基于 Internet 的教育工具可以合作得更加紧密，并在家庭和课堂之间建立桥梁。同时，在智能家居中，不管哪个年龄段的人都可以享受教育资源，可进行终生教育和学习。

部分家居智能产品如图 6-3 所示。

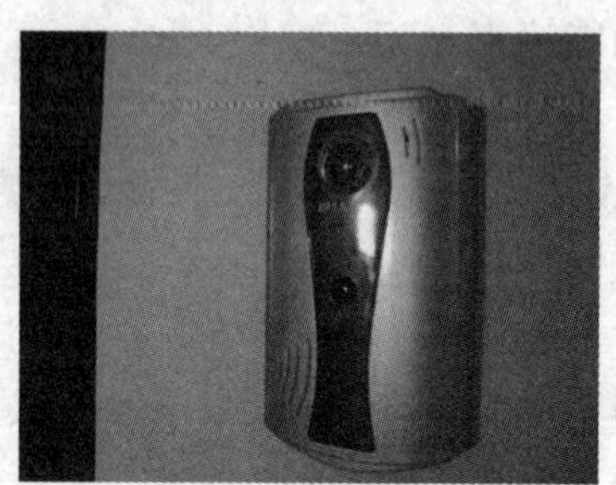

门禁可视对讲系统

智能中控器

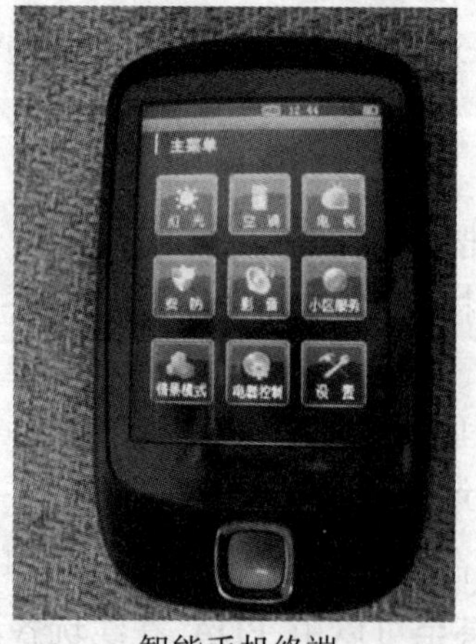

智能手机终端

灯光和背景音乐控制开关

图 6-3　部分智能家居产品

实现智能化的家居，可以给人们的生活带来以下便利。

(1) 节省费用：不需要时，家中能源消耗设备可以自动关闭，这样可以降低生活费用；

(2) 使用方便：智能化系统提供远程遥控接口，在外出时，人们可以通过电话或上网来调整和控制家电设备；

(3) 安全性高：家庭智能化系统在紧急情况时可以防御坏人侵入并及时报警，有效保证家居安全；

(4) 改变生活方式：人们可以在家办公，在家炒股、炒汇、做期货、进行远程会议、在家购物、在家培训等。

总之，智能家居可以为人们带来更为惬意、轻松的生活。如今人们的工作生活节奏越来越快，智能化家居可以为人们减少繁琐家务、提高效率、节约时间，让人们有更多的时间去休息、教育子女、锻炼身体和进修，使人们的生活质量有了很大提高。智能家居的解决方案有各种不同的方式。以 Internet 为中心，在家庭网络连接下，结合多种智能家居功能解决方案，包括家居设施控制、信息服务、通讯交流、商务、娱乐、教育、医疗保健、移动通讯等，来实现家居的各种智能化控制手段与功能。

6.2.2　智能家居中的物联网技术

1. 嵌入式技术

目前人类已进入基于 Internet 的后 PC 时代，其主要特征为计算机作为组成成分紧密融于消费品和工业品中。后 PC 时代的到来完全依赖于嵌入式技术的诞生与发展，传统的 IT 设备逐渐转变为嵌入式设备，这是一个大趋势。在这个大趋势中，小到智能卡、手机、水表，大到信息家电、汽车，甚至飞机、宇宙飞船，我们的生活已经被嵌入式软件包围。嵌入式技术的蓬勃兴起为智能家居行业的发展指明了技术发展趋势，也提供了技术革新的有利武器。

PC 架构的智能控制系统出现于中国智能家居的萌芽阶段，基本上停留在向使用者展示智能家居概念的阶段，实用性不强，属于第一代。目前很多中国智能家居厂商研制的基于单片机架构的智能控制系统已得到更加广泛的应用，随着成本的逐步降低，中国的智能家居最终将走向嵌入式时代。

(1) 嵌入式的智能家居优势

① 系统的处理能力大大增强，可以给您带来更加逼真的图像以及更加真实的语音等；

② 根据系统定制的实时操作系统不仅可以最大限度地利用硬件资源而且还避免了过于庞大的系统造成的系统冗余；

③ 一般只有一颗主处理芯片，系统架构更加清晰简捷；

④ 软件采用分层设计方便维护和升级，大大提高了代码利用率，缩短开发周期；

⑤ 因为嵌入式技术是伴随着 Internet 而生的，所以它具有更加卓越的网络性能，可以增加更多的网络应用。

(2) 嵌入式技术在智能家居行业中的应用

智能家居依靠 3C 技术(Computer Technology、Communication Technology 和 Control Technology)，并结合信息家电的发展，为用户提供一种更加安全、舒适、方便、快捷的智能化和信息化生活空间。其内涵就是“在具有个性化的住宅家庭中，将多元网络信息、多样化的自动化控制以及节能环保等功能，整合到一体化的家庭智能信息管理与自动化监控平台上”。

① 主要功能

- 可视对讲；
- 无线密钥安防；
- 用户终端信息化；
- 家电、灯光、插座控制；
- 自动抄表；
- 远程监控。

② 主要特点

- 运行稳定安全可靠；
- 高效低耗；
- 人机交互界面友好；
- 系统可扩展性强；
- 系统升级方便。

2. 无线通讯技术

无线组网方式的特点是灵活，移动性和可扩展性是有线组网方式所无法具备的，能更好地适应各种应用环境的需要，每个家居的智能感应模块都是一个无线接入点，彼此互不干扰。无线组网方式所需要解决的难题也很多，如频谱资源分配、功率大小、传输的可靠性等。目前应用的各种无线技术包括 Wi-Fi、ZigBee、蓝牙、GSM、3G 等，这些技术相对成熟，前三种技术适用于房间内设备组网，而后两种技术则可用于实现远程接入。

智能家居内部设备的互联需要通过各种有线、无线的通信技术来实现，实现远程控制也需要各种通信技术的支撑。有线联网技术通常采用预布的五类线、总线或电力线传输控制信号。遥控的功能通过无线或红外接入点，把遥控指令转化为有线控制指令传输给受控家居的智能模块。其中，总线方式采用强弱电分离的机制，系统比较稳定，对负载的适应性很强，但缺点是需要预布控制线、需要的辅助设备比较多、难安装、难调试、难维护，系统出现故障后往往会导致整个系统瘫痪。电力载波方式利用一个或多个直接接入强电的无线接入点，通过交流强电作为载波传输控制信号，缺点是控制信号直接在强电网上传输，信号不稳定且极易受外界干扰，在应用中表现出很大的地区差异性。

智能家居有以智能家居网关为中心的集中式组网和无中心的分布式组网两种组网结构。在集中式组网中，家庭内部的各设备通过有线或无线的方式与智能家居网关相连，智能家居网关可通过内部网络地址或标识找到每个设备，这样只需要智能家居网关对外有一个地址标识，即可找到家庭内的所有设备。在分布式组网中，每个设备可独立被寻址，用户在远程可直接连接到特定设备进行控制，这就要求每个设备有独立的地址标识。

集中式组网与分布式组网相比，节约公网地址，并可在网关上做统一门户，从而可以直观、方便地实现对智能家居设备的控制，但每个设备都要与智能家居网关相连，需要有设备间的互相发现和关联技术，同时网关的复杂度较高，需要具备足够强的能力以支持各类设备和应用。分布式组网组织灵活，不要求某个核心设备具备所有功能，扩展性较好，但需要更多的地址，且无法提供统一的入口。

3. 弱电控制技术

弱电一般是指直流电路或音频、视频线路、网络线路、电话线路，直流电压一般在 32V 以内。家用电器中的电话、电脑、电视机的信号输入(有线电视线路)、音响设备(输出端线路)等用电器均为弱电电气设备。强电和弱电从概念上讲，一般是容易区别的，主要区别是用途的不同。强电是一种动力能源，弱电用于信息传递。

建筑及建筑群用电一般指交流 220V、50Hz 及以上的强电，主要向人们提供电力能源，将电能转换为其他能源，例如空调用电、照明用电、动力用电等。智能建筑中的弱电主要有两类，一类是国家规定的安全电压等级及控制电压等低电压电能，有交流与直流之分，交流 36V 以下，直流 24V 以下，如 24V 直流控制电源，或应急照明灯备用电源；另一类是载有语音、图像、数据等信息的信息源，如电话、电视、计算机的信息。人们习惯把弱电方面的技术称为弱电技术。可见智能建筑弱电技术基本涵义仍然是原来意义上的弱电技术。只不过随着现代弱电高新技术的迅速发展，智能建筑中的弱电技术应用越来越广泛。

一般情况下，弱电系统工程主要包括：①电视信号工程，如电视监控系统、有线电视；②通信工程，如电话；③智能消防工程；④扩声与音响工程，如小区中的背景音乐广播，建筑物中的背景音乐；⑤综合布线工程，主要用于计算机网络。随着计算机技术的飞速发展，软硬件功能的迅速强大，各种弱电系统工程和计算机技术的完美结合，使以往的各种分类不再像以前那么清晰。各类工程的相互融合，就是系统集成。

常见的弱电系统工作电压包括：24VAC(24V 交流电)、16.5VAC、12VDC(12V 直流电)，有的时候 220VAC 也算弱电系统，比如有的摄像机的工作电压是 220VAC，我们就不能把它们归入强电系统。

弱电系统主要针对的是建筑物，包括大厦、小区、机场、码头、铁路、高速公路等。常见的弱电系统包括：闭路电视监控系统、防盗报警系统、门禁系统、电子巡更系统、停车场管理系统、可视对讲系统、家庭智能化系统、安防系统和背景音乐系统等。

智能建筑的弱电系统，是智能建筑中智能化群体的基本成员，也是智能建筑的关键组成部分，并且是建筑电气专业人员日常工作的主要对象。20 世纪 70 年代以前的弱电设计，只有电话与广播设计，而到了 80 年代以后，在它的内容中增加了消防报警与联动控制、共用天线、保安监视、空调 DDC 控制等。弱电设计的设计内容在一步步扩大、扩展，技术越来越新，工作量也越来越大。

智能化大厦弱电系统一般包括以下几个分系统：楼宇自动化管理分系统(BAS)、消防自动报警分系统(FAS)、安保监控分系统(CCTV)、卫星接收及有线电视分系统(CATV)、地下车库管理分系统(CPS)、公共广播及紧急广播分系统(PAS)、程控交换机分系统(PABX)、结构化综合布线系统(PDS)。在楼宇自动化管理分系统中往往包含出入口控制分系统及防盗报警分系统。智能化大厦各个分系统为大厦提供了各类机电设备的监控管理，为大厦用户创造了安全、健康、舒适宜人并且能提高工作效率的办公环境，提供了现代化的通讯手段与办公条件，满足了多种用户对不同环境、功能的要求。

楼宇自动化管理分系统(BAS)是智能化大厦弱电系统的核心，它的高可靠性是整个弱电系统高可靠性的基石，因此BAS 系统采取三级控制方式。

4. 无线传感器技术

传感器在系统中处于最前端，负责对特定信号和数据进行采集，包括对家庭有毒气体浓度的监测、对温度湿度的监控、对入侵人员的监测等。家庭内部的应用不同，使用的传感器也不同。在视频监控应用中，需要摄像头来进行视频的录制；在家庭安防应用中，需要利用磁感传感器来监控门窗的闭合，需要红外、压感传感器来实现对门厅非法闯入的报警，需要热感、烟感传感器来检测室内的火灾或有毒气体泄露情况；在智能家庭保健应用中，需要血压、心跳等医学传感器来感知人的生理指标；在智能家庭应用中，需要热感传感器监控室内温度来调节中央空调的冷热，需要光感传感器探测室内光线来调节照明亮度的强弱，智能冰箱还需要通过 RFID

来识别放入物品的种类和保质期限等信息。可以说，智能家居的每个应用都离不开传感器设备的工作。

目前我国的传感器产业发展存在一定的瓶颈，传感器产业化水平较低，量产产品种类不全，高端产品为国外厂商垄断，RFID 等高端芯片无法产业化，因此，适用于智能家居系统的各类传感器，包括传感器芯片的设计和生产，还需要各方协同加强产业发展。

6.2.3　智能家居经典之作——比尔·盖茨的豪宅

微软公司董事长比尔·盖茨耗费巨资、花费数年建造起来的大型豪华住宅，堪称当今智能家居的经典之作。高科技与家居生活精美对接，成为全世界的一大景观。

在这座房子里，共铺设了 52 英里电缆，将房内的所有电器设备连接成一个绝对标准的家庭网络。豪宅的大门设有气象情况感知器，电脑可根据各项气象指标，控制室内的温度和通风的情况。电脑住宅门口安装了微型摄像机，除主人外，其他人欲进入门内，必须由摄像机通知主人，由主人向电脑下达命令，大门方可开启，否则，任何人无法进入。

来到盖茨家的客人们都别着一只小电子针，里面装着内置电脑，随时显示他们所处的位置。所有的照明、音乐、温湿度等都可以根据客人自己的需要通过电脑任意调节。电脑住宅的厨房内，装有一套全自动烹调设备。电脑住宅的厕所里，安装了一套检查身体的电脑系统，如发现异常，电脑会立即发出警报。主人在回家途中只需启动遥控装置，浴缸就自动放水调温，做好一切准备迎候。地板中的传感器能在 6 英寸的范围内跟踪到人的足迹，在感应到有人到来时就自动打开照明系统，在离去的同时自动关闭。

盖茨在回家的途中，就可以通过智能住宅系统遥控家中的一切，包括让浴池的水自动调温，嘱咐厨房的工作人员准备晚饭等。智能豪宅里唯一带有传统意味的事物是一棵百年老树，住宅里的传感器能根据老树的需水情况，实现及时、全自动浇灌。

房屋的安全系数也能得到足够保证，当一套安全系统出现故障时，另外一套备用的安全系统则自动启动；当主人需要时，只要按下“休息”开关，设置在房子四周的防盗报警系统便开始工作；当发生火灾等意外时，住宅的消防系统可通过通讯系统自动对外报警，显示最佳营救方案，关闭有危险的电力系统，并根据火势分配供水。

泳池大楼面积为 3 900 平方英尺。这个 17×60 英尺的游泳池具有水下音乐系统，池底绘有动物化石图案。泳客不仅可以在玻璃屋顶下畅泳，还可以游到室外。

6.3 智能交通

6.3.1 智能交通概述

智能交通系统(Intelligent Transportation System，ITS)，是一种集信息技术、人工智能、电子控制、地理信息、全球定位、影像、计算机处理、有线/无线通信等多种技术在一起的交通运输管理系统，能对各种运输方式进行现代化、科学化的智能管理。

智能交通系统是未来交通系统的发展方向，它是将先进的信息技术、数据通讯传输技术、电子传感技术、控制技术及计算机技术等有效地集成运用于整个地面交通管理系统而建立的一种在大范围内、全方位发挥作用的，实时、准确、高效的综合交通运输管理系统。ITS 可以有效地利用现有交通设施、减少交通负荷和环境污染、保证交通安全、提高运输效率，因而，日益受到各国的重视。

1. 智能交通涉及的领域

(1) 智能交通信号控制系统；

(2) 交通流信息采集处理、分析、发布系统；

(3) 公交智能调度系统；

(4) 停车诱导系统；

(5) 出租车智能指挥调度系统；

(6) 综合信息平台(货运调度系统、物流信息系统等)。

2. 智能交通系统的作用

(1) 通过人、车、路的和谐、密切配合提高交通运输效率，缓解交通阻塞，提高路网通过能力，减少交通事故，降低能源消耗，减轻环境污染。

(2) 实现公共交通工具全程追踪和溯源，保证运输的安全，最终实现政府的数字化调度管理与城市交通资源优化配置运行职能。

(3) 实现对城市公共交通、轨道交通等重要设备的准确标识，实现管理的透明化，为运输安全、保障交通设施设备安全提供法律依据。

(4) 实现对车辆、列车等运营全程的追踪，提高事故防控能力和水平，增强实时调度监控和应急事件处理能力，促进交通运输持续健康发展。

3. 智能交通系统的组成

智能交通系统是一个复杂的综合性的系统，包括以下一些子系统。

(1) 交通信息服务系统(ATIS)

交通信息服务系统是建立在完善的信息网络基础上的，交通参与者通过装备在道路上、车上、换乘站上、停车场上以及气象中心的传感器和传输设备，向交通信息中心提供各地的实时交通信息；交通信息服务系统得到这些信息并通过处理后，实时向交通参与者提供道路交通信息、公共交通信息、换乘信息、交通气象信息、停车场信息以及与出行相关的其他信息；出行者根据这些信息确定自己的出行方式、选择路线。更进一步，当车上装备了自动定位和导航系统时，该系统可以帮助驾驶员自动选择行驶路线。

(2) 交通管理系统(ATMS)

ATMS 有一部分与 ATIS 共用信息采集、处理和传输系统，但是 ATMS 主要是给交通管理者使用的，用于检测控制和管理公路交通，在道路、车辆和驾驶员之间提供通讯联系。它将对道路系统中的交通状况、交通事故、气象状况和交通环境进行实时的监视，依靠先进的车辆检测技术和计算机信息处理技术，获得有关交通状况的信息，并根据收集到的信息对交通进行控制，如信号灯、发布诱导信息、道路管制、事故处理与救援等。

(3) 公共交通系统(APTS)

APTS 的主要目的是采用各种智能技术促进公共运输业的发展，使公交系统实现安全便捷、经济、运量大的目标。如通过个人计算机、闭路电视等向公众就出行方式和事件、路线及车次选择等提供咨询，在公交车站通过显示器向驾车者提供车辆的实时运行信息。在公交车辆管理中心，可以根据车辆的实时状态合理安排发车、收车等计划，提高工作效率和服务质量。

(4) 先进的车辆控制系统(AVCS)

AVCS 的目的是开发帮助驾驶员实行本车辆控制的各种技术，从而使汽车行驶安全、高效。AVCS 包括对驾驶员的警告和帮助、障碍物避免等自动驾驶技术。

(5) 货运管理系统

货运管理系统是指以高速道路网和信息管理系统为基础，利用物流理论进行管理的智能化的物流管理系统。该系统综合利用卫星定位 GPS、地理信息系统 GIS、物流信息及网络技术有效组织货物运输，提高货运效率。

(6) 电子收费系统(ETC)

ETC 是目前世界上最先进的路桥收费方式。通过安装在车辆挡风玻璃上的车载器与在收费站 ETC 车道上的微波天线之间的微波专用短程通讯，利用计算机联网技术与银行进行后台结算处理，从而达到车辆通过路桥收费站不需停车而能交纳路桥费的目的，所交纳的费用经过后台处理后还能清分给相关的收益业主。在现有的车道上安装电子不停车收费系统，可以使车道的通行能力提高 3～5 倍。

(7) 紧急救援系统(EMS)

EMS 是一个特殊的系统，它的基础是 ATIS、ATMS 和有关的求援机构和设施，通过 ATIS 和 ATMS 将交通监控中心与职业的求援机构联成有机整体，为道路使用者提供车辆故障现场紧急处置、拖车、现场救护、排除事故车辆等服务。

6.3.2 智能交通中的物联网技术

1. 视频监控与采集技术

该技术是一种将视频图像和模式识别相结合并应用于交通领域的新型采集技术。视频检测系统将视频采集设备采集到的连续模拟图像转换成离散的数字图像后，经软件分析处理得到车辆牌号码、车型等信息，进而计算出交通流量、车速、车头时距、占有率等交通参数。具有车辆跟踪功能的视频检测系统还可以确认车辆的转向及变车道动作。视频检测器能采集的交通参数最多，采集的图像可重复使用，能为事故管理提供可视图像。

视频监测与其他感知技术相比具有很大优势，它们不需要在路面或者路基中部署任何设备，因此也被称为“非植入式”交通监控。当有车辆经过的时候，黑白或者彩色摄像机捕捉到的视频将会输入到处理器中进行分析以找出视频图像特性的变化。摄像机通常固定在车道附近的建筑物或柱子上。

2. GPS 技术

GPS 是很多车内导航系统的核心技术，车辆中配备的嵌入式 GPS 接收器能够接收多个不同卫星的信号并计算出车辆当前所在的位置，定位的误差一般是几米。车辆接收 GPS 信号时需要具有广阔的视野，因此在城市中心区域可能由于建筑物的遮挡而使该技术的使用受到限制。

3. 专用短程通信技术

专用短程通信(Dedicated Short-Range Communication，DSRC)技术是智能交通领域为车辆与道路基础设施间通信而设计的一种专用无线通信技术，是针对固定于车道或路侧单元与装载于移动车辆上的车载单元(电子标签)间通信接口的规范。

DSRC 通信系统主要包括 3 个部分：车载单元(On-Board Unit，OBU)、路侧单元(Road-Side Unit，RSU)和通信协议。我国采用的 DSRC 技术标准工作在 ISM5.8GHz 频段，下行链路为 5.83GHz/5.84GHz，传输速率为 500Kb/s，上行链路为 5.79GHz/5.80GHz，传输速率为 250Kb/s。

DSRC 技术通过信息的双向传输，将车辆和道路基础设施连接成一个网络，支持点对点、点对多点通信，具有双向、高速、实时性强等特点，广泛地应用于道路收费、车辆事故预警车载出行信息服务、停车场管理等领域。

4. 位置感知技术

智能交通中的位置感知技术目前主要分为两类，一类基于卫星通信定位，如美国的全球定位系统(Global Positioning System，GPS)和中国的北斗定位系统，它们利用绕地球运行的卫星发射基准信号，接收机同时接收 4 颗以上的卫星信号，通过三角测量的方法确定当前位置的经纬度。通过在专门的车辆上部署该接收器，并以一定的时间间隔记录车辆的三维位置坐标(经度坐标、纬度坐标、高度坐标)和时间信息，辅以电子地图数据，可以计算出道路行驶速度等交通数据。

另一类位置感知技术基于蜂窝网基站，其基本原理是利用移动通信网络的蜂窝结构，通过定位移动终端来获取相应的交通信息。该技术包括两种方法：第一种利用已知蜂窝基站位置对移动终端进行绝对定位，例如基于电波到达时间、时间差以及 A-GPS(Assisted GPS)技术来进行定位；第二种基于基站切换行为，移动终端在移动过程中会不断切换到新的基站以保证网络通信质量。因此在城市道上的移动会对应一个稳定的切换序列，通过在基站采集所有用户的切换序列，可计算出交通流信息。

5. RFID

RFID，是 Radio Frequency Identification 的缩写，即射频识别。它通过射频信号自动识别目标对象并获取相关数据，识别工作无须人工干预，可工作于各种恶劣环境。RFID 技术可识别高速运动物体并可同时识别多个标签，操作快捷方便。基本的 RFID 系统由标签(Tag)、阅读器(Reader)、天线(Antenna)。RFID 技术有着广阔的应用前景，物流仓储、零售、制造业、医疗等领域都是 RFID 的潜在应用领域，另外，RFID 由于其快速读取与难以伪造的特性，一些国家正在开展的电子护照项目都采用了 RFID 技术。

RFID 具有车辆通信、自动识别、定位、远距离监控等功能，在移动车辆的识别和管理系统方面有着非常广泛的应用。

6.3.3　智能交通典型应用——车联网

通用汽车中国公司总裁兼总经理甘文维描述了这样的都市交通景象：繁忙的城市中，车辆在智能交通网络指挥下迅速而有序地穿梭移动，即便是盲人，也能自如地驾驶；汽车不再“喝”油，绿色充电站遍布城市的大街小巷，人们可以随时为爱车充电。“车联网技术将重新定义汽车 DNA”，甘文维说，未来的汽车将依靠纯电力驱动，纯电力或氢气是汽车的燃料，由精密电子设备和软件整体操控。借助无线通讯，城市内车与车之间，车与建筑物之间，以及车与城市基础设施之间实现互联互通。“这就如同一个蝙蝠定位系统，在接收到局部信息后，迅速地传递到范围更广的网络中，帮助交通系统将车流分配到不同的区域内”。再加上高智能的车辆驾驶系统，车辆如深海中的鱼群快速地游动却彼此永不相撞。未来汽车所具备的 3D 智能导航系统，就像一个智能机器人，能与交通设施、其他车辆进行信息交流，自动引导汽车行驶，不需人驾驶……车联网能使这些应用不再是梦想。

那么，什么是车联网呢？车联网，是指装载在车辆上的电子标签通过无线射频等识别技术，实现在信息网络平台上对所有车辆的属性信息和静、动态信息进行提取和有效利用，根据不同的功能需求对所有车辆的运行状态进行有效的监管并提供综合服务。

1. 车联网的关键技术

(1) 传感器技术及传感信息整合

“车联网是车、路、人之间的网络”，车联网中的传感技术应用主要是车的传感器网络和路的传感器网络。车的传感器网络又可分为车内传感器网络和车外传感器网络。车内传感器网络是向人提供关于车的状况信息的网络，比如远程诊断就需要这些状况信息，以此来分析判断车的状况；车外传感器网络就是用来感应车外环境状况的传感器网络，比如防碰撞的传感器信息、感应外部环境的摄像头，这些信息可以用来辅助驾驶，增加安全系数。路的传感器网络指那些铺设在路上和路边的传感器构成的网络，这些传感器用于感知和传递路的状况信息，如车流量、车速、路口拥堵情况等，这些信息都能让车载系统获得关于道路及交通环境的信息。无论是车内、车外，还是道路的传感器网络，都起到了对车内状况和环境的感知作用，其为“车联网”获得了独特(有别于现在互联网)的“内容”。整合这些“内容”，即整合传感网络信息，将是“车联网”重要的技术发展内容，也是极具特色的技术发展内容。

(2) 开放的、智能的车载终端系统平台

就像互联网络中的电脑、移动互联网中的手机，车载终端是车主获取车联网最终价值的媒介，可以说是网络中最为重要的节点。当前，很多车载导航娱乐终端并不适合“车联网”的发展，其核心原因是采用了非开放的、非智能的终端系统平台。基于不开放、不够智能的终端系统平台是很难被打造成网络生态系统的。参看智能手机领域就能感受到这一点的重要性：大量的开发者基于苹果公司的 IOS 和 Google Android 终端操作系统构建了几十万款应用，这些应用为这两个手机网络生态系统创造了核心价值。而这一切都是因为开发者可以基于这样的系统开发应用，特别是 Google 的 Android 系统，源代码完全开放，可以被裁减和优化。因此，从目前来看 Google Android 也将会成为车联网终端系统的主流操作系统，它天然为网络应用而生，并专为触摸操作设计，体验良好、可个性化定制，应用丰富且应用数量快速增长，已经形成了成熟的网络生态系统。当前车载终端用得最多的 WinCE 是一个封闭的系统，很难有进一步发展的空间，因为应用少得可怜，任何修改都由于微软的封闭策略而无能为力，辛辛苦苦开发了上网功能，却无特色的应用及服务可用。

(3) 语音识别技术

无论多好的触摸体验，对驾车者来说，行车过程中触摸操作终端系统都是不安全的，因此语音识别技术显得尤为重要，它将是车联网发展的助推器。成熟的语音技术能够让司机通过嘴巴来对车联网发号施令索取服务，能够用耳朵来接收车联网提供的服务，这是最适合车这个快速移动空间的应用体验的。成熟的语音识别技术依赖于强大的语料库及运算能力，因此车载语音技术的发展本身就得依赖于网络，因为车载终端的存储能力和运算能力都无法解决好非固定命令的语音识别技术，而必须要采用基于服务端技术的“云识别”技术。

(4) 服务端计算与服务整合技术

除上述语音识别要用到云计算技术外，很多应用和服务的提供都要采用服务端计算、云计算的技术。类似互联网及移动互联网，终端能力有限，通过服务端计算才能整合更多信息和资源向终端提供及时的服务，服务端计算开始进入了云计算时代。云计算将在车联网中用于分析计算路况、大规模车辆路径规划、智能交通调度计算、基于庞大案例的车辆诊断计算等。车联网和互联网、移动互联网一样都得采用服务整合来实现服务创新、提供增值服务。通过服务整合，可以使车载终端获得更合适更有价值的服务，如呼叫中心服务与车险业务整合、远程诊断与现场服务预约整合、位置服务与商家服务整合等。

(5) 通信及其应用技术

车联网主要依赖两方面的通信技术：短距离无线通信和远距离的移动通信技术，前者主要是 RFID 传感识别及类似 Wi-Fi 等 2.4G 通信技术，后者主要是 GPRS、3G、LTE、4G 等移动通信技术。这两类通信技术不是车联网的独有技术，因此技术发展重点主要是这些通信技术的应用，包括高速公路及停车场自动缴费、无线设备互联等短距离无线通信应用及 VOIP 应用(车友在线、车队领航等)、监控调度数据包传输、视频监控等移动通信技术应用。

(6) 互联网技术

车联网的本质就是物联网与移动互联网的融合。车联网通过整合车、路、人的各种信息为人(车内的人及关注车内的人)提供服务，因此，能够获取车联网提供的信息和服务的不仅仅是车载终端，而是所有能够访问互联网及移动互联网的终端，因此电脑、手机也是车联网的终端。现有互联网及移动互联网的技术及应用基本上都能够在车联网中使用，包括媒体娱乐、电子商务、Web2.0 应用、信息服务等。当然，车联网与现有通用互联网、移动互联网相比，其有两个关键特性：一是与车和路相关，二是把位置信息作为关键元素。因此围绕这两个关键特性发展车联网的特色互联网应用，将给车联网带来更加广泛的用户及服务提供者。

上述技术和应用是车联网近期需要重点发展的技术和应用，而这些技术和应用细分下去是非常庞大的技术体系，因此需要许多厂商一起合作来共同打造这个网络生态系统。但是，并非要先建成了完整的技术体系才能够开发车联网的应用与服务。和现在互联网一样，对用户有价值、能够让用户有良好体验的细分应用都将会获得成功。就像 PC 走进互联网，手机走进移动互联网一样，汽车必将走进车联网，且会走得很快、很远。

6.4 智慧城市

6.4.1 智慧城市概述

“智慧城市”在广义上指城市信息化。即通过建设宽带多媒体信息网络、地理信息系统等基础设施平台，整合城市信息资源、建立电子政务、电子商务、劳动社会保险等信息化社区，逐步实现城市国民经济和社会的信息化，使城市在信息化时代的竞争中立于不败之地。智慧城市将人与人之间的 P2P 通信扩展到了机器与机器之间的 M2M 通信；通信网+互联网+物联网构成了智慧城市的基础通信网络。

智慧城市的建设并没有统一的标准，但主要应包括以下一些项目。

(1) 智慧公共服务

建设市民呼叫服务中心，实现自动语音、传真、电子邮件和人工服务等多种咨询服务方式，开展生产、生活、政策和法律法规等多方面咨询服务和法律帮扶平台。同时，推进社会保障卡(市民卡)工程建设，整合通用就诊卡、医保卡、农保卡、公交卡、健康档案等功能，逐步实现多领域跨行业的“一卡通”智慧便民服务。

(2) 智慧安居服务

融合应用物联网、互联网、移动通信等各种信息技术，发展社区政务、智慧家居系统、智慧楼宇管理、智慧社区服务、社区远程监控、安全管理、智慧商务办公等智慧应用系统，使居民生活“智能化发展”。

(3) 智慧教育文化服务

建设完善教育城域网和校园网工程，推动智慧教育事业发展，重点建设教育综合信息网、网络学校、数字化课件、教学资源库、虚拟图书馆、教学综合管理系统、远程教育系统等资源共享数据库及共享应用平台系统。提供多渠道的教育培训就业服务，加快新闻出版、广播影视、电子娱乐等行业信息化步伐。

(4) 智慧健康保障体系建设

建立卫生服务网络和城市社区卫生服务体系，构建城市区域化卫生信息管理为核心的信息平台，促进各医疗卫生单位信息系统之间的沟通和交互。以医院管理和电子病历为重点，建立城市居民电子健康档案；以实现医院服务网络化为重点，推进远程挂号、电子收费、数字远程医疗服务、图文体检诊断系统等智慧医疗系统建设，提升医疗和健康服务水平。

(5) 智慧交通

建设“数字交通”工程，通过监控、监测、交通流量分布优化等技术，完善公安、城管、公路等监控体系和信息网络系统，建立以交通诱导、应急指挥、智能出行、出租车和公交车管理等系统为重点的、统一的智能化城市交通综合管理和服务系统建设，实现交通信息的充分共享、公路交通状况的实时监控及动态管理，全面提升监控力度和智能化管理水平，确保交通运输安全、畅通。

(6) 积极推进智慧安全防控系统建设

充分利用信息技术，完善和深化“平安城市”工程，深化对社会治安监控动态视频系统的智能化建设和数据的挖掘利用，整合公安监控和社会监控资源，建立基层社会治安综合治理管理信息平台；积极推进市级应急指挥系统、突发公共事件预警信息发布系统、自然灾害和防汛指挥系统、安全生产重点领域防控体系等智慧安防系统建设；完善公共安全应急处置机制，实现多个部门协同应对的综合指挥调度，提高对各类事故、灾害、疫情、案件和突发事件的防范和应急处理能力。

6.4.2 智慧城市中的物联网技术

智慧城市将通过建设宽带多媒体信息网络、地理信息系统等基础设施平台，整合城市信息资源、为市民提供无处不在的公共服务，为政府公共管理(市政监控、智能交通、电子医疗、数字旅游、城市安全等层面需求)提供高效而有竞争力的手段；将“物联网”与现有的互联网整合起来，为城市提供更便捷、高效、灵活的公共管理创新服务模式，实现人类社会与物理系统的整合。

智慧城市涉及通信技术、RFID 技术、传感器技术、人工智能技术等多方面，是物联网技术的综合应用，主要技术在本书中已有详细描述，在此不再一一赘述。

6.4.3 智慧城市典型应用

智慧城市是当前城市发展的自觉转型。智慧城市的本质是更加全面的感知、更加广泛的联接、更加集中和更加有深度的计算，为城市肌理植入智慧基因。智慧城市顺应了当前全球先进城市发展演进和技术变革的时代潮流，是当今世界发达国家推进战略性新兴产业和城市信息化进程中的前沿理念和探索实践，是中国新一轮城市发展与转型的客观要求。

面对当前智慧城市发展的重大机遇，宁波、无锡、上海、深圳、南京、武汉、佛山等城市积极部署，陆续推出了智慧城市发展战略，力争在新一轮城市竞争中占据主动权，在未来新兴产业发展中占据制高点。如何加快智慧城市建设、促进城市智能化管理服务和新兴智慧产业协同发展成为了重要研究课题。

1. 宁波市智慧城市总体规划要点摘录

(1) 发展目标

① 到 2015 年，建成一批成熟的智慧应用体系，形成一批上规模的智慧产业基地，智慧城市建设取得显著成效；

② 到2020年，将宁波建设成为智慧应用水平领先、智慧产业集群发展、智慧基础设施比较完善、具有国际港口城市特色的智慧城市。

(2) 主要任务

① 以十大智慧应用体系商业和服务模式创新为重点，加快推进智慧城市应用体系建设。十大应用体系包括：智慧物流、智慧制造、智慧贸易、智慧能源、智慧公共服务、智慧社会管理、智慧交通、智慧健康保障、智慧安居服务、智慧文化服务。

② 以建设六大智慧产业基地为重点，加快推进智慧产业发展。六大基地分别为：网络数据基地、软件研发推广产业基地、智慧装备和产品研发与制造基地、智慧服务业示范推广基地、智慧农业示范推广基地、智慧企业总部基地。

③ 加快推进智慧城市基础设施建设。具体包括三个重点：一是构建泛在化的信息网络；二是加快推进“三网融合”；三是加强信息安全基础建设。其中“三网融合”的工作将在杭州湾新区进行试点，形成经验，再逐步在全市推广。

④ 加强智慧城市信息资源的开发利用。主要包括三个方面：一是大力推进基础平台和数据库建设；二是建立健全信息资源开发和共享交换机制；三是加快培育信息资源市场。

2. 上海智慧城市发展思路要点摘录

“十二五”期间，上海将初步形成建设“智慧城市”的基本框架，明确4个主要的关注点。

(1) 关注信息基础设施能级提升。为适应高速、智能、融合的趋势，上海将着力打造“城市光网”以提升信息网络带宽和接入能力，发展3G、Wi-Fi等多种技术的无线宽带网，扩大其在全市域的覆盖，推动智能技术、云计算和物联网等新技术的研发应用，加快“三网融合”进程。

(2) 关注信息技术的广泛应用。加快信息技术在金融、航运、商贸等服务业领域的深化应用，发挥信息化在改造传统产业和激发新兴产业中的作用；围绕城市规划管理、交通综合信息服务、城市应急联动，建设信息化综合管理平台；引导和发挥社会组织开展信息化积极性，继续缩小城乡之间和不同人群之间的“数字差距”；促进政务信息共享和业务系统的建设，提升政府信息化服务水平。

(3) 关注信息技术创新和产业化。一方面借助信息技术创新，带动应用模式创新，促进业务形态创新，进而实现产业形态和结构的更新，催生新的信息服务业；另一方面由信息技术创新激发组织机制和管理模式创新，促进企业创新发展，促进企业做大做强。

(4) 关注信息化的发展环境。继续深化信息安全保障、信息化政策法规体系、信息化人才培养、信息化合作交流等方面的工作，为信息化的新一轮发展提供支撑。

3. 智慧深圳发展思路要点摘录

2010 年 3 月深圳市研究出台了《关于转变工业经济发展方式的若干意见》，《意见》提出了“提升自主创新能力、推进结构优化升级、加快信息化工业化融合发展、大力建设低碳城市”等目标，并首次提出建设“智慧深圳”、“无线城市”。主要举措如下。

(1) 抓紧布局和实施战略性新兴产业发展规划；

(2) 优化发展新一代电子信息产业；

(3) 大力发展先进装备制造业；

(4) 积极创新“中国软件名城”；

(5) 加速培育工业设计产业；

(6) 在高新技术产业园区建设自主创新核心区；

(7) 大力提升优势传统产业。

4. 智慧南京发展思路要点摘录

2009 年底南京市提出以“智慧南京”为导向，谋划和推进产业发展和城市转型。

(1) 总体目标

以科学发展观为指导，充分发挥南京科教、产业和人才优势，集成先进技术，推进“三网融合”、“两化融合”以及物联网与互联网的融合。优先发展高科技产业、软件业、信息服务业，继续保持制造业信息化在全省、全国领先水平。重点加快金融商务、文化教育、医药卫生、城市管理、城市交通、环境临近、公共服务、居家生活等领域智能化建设，全面提高资源利用效率、城市管理水平和市民生活质量，努力改变传统的生产方式和生活方式。

经过 5 年左右的努力，在全国率先建成以基础设施先进、产业结构高端、科技应用普及、生产生活便捷、城市运转高效、公共服务完备、生态环境优美为主要标志的、惠及全体市民的“智慧南京”。

(2) 主要任务

按照总体目标，“智慧南京”初期要在 3 个重点领域和 5 项重点工程(“3+5”计划)实现突破。三个重点领域包括：智慧基础设施、智慧产业、智慧政府。五项重点工程包括：智慧交通、智慧医疗、政务数据中心、智能电网、智慧社区。

6.5　其他应用

以下应用案例来自于深圳远望谷公司的成功应用案例，深圳远望谷公司是我国第一家上市的 RFID 企业，其应用案例有一定的代表和借鉴意义。

6.5.1 在医疗废物监管中的应用

1. 行业背景

经过 2003 年的 SARS 疫情，医疗废物处理的问题备受关注。为了很好地管理医疗废物，卫生部于 2003 年 6 月 16 日颁布了《医疗废物管理条例》，将医疗废物管理纳入了法制轨道。随后，专家们从 ISO14000 环境管理体系、伦理学、社会学等多角度探讨了医疗废物管理的问题，医疗废物管理不仅是医院的管理难题，而且是一个重要的公共卫生问题。

2. 系统结构

医疗废物 RFID 监控系统从系统结构上分为 4 个互相关联的部分：

(1) 环保局固废处部分；

(2) 中转中心部分；

(3) 处置中心部分；

(4) 移动办公平台。

3. 系统特点

(1) 数据自动获取

实现了对废物周转桶称重的同时对标签自动识别分配，并将数据实时上传到监控中心。

(2) 方便性

系统全电子化的数据集中管理。

(3) 数据的安全性

系统采用远望谷新一代 RFID 电子标签，该电子标签是专为不同使用场合而设计的，采用全新的加密算法。

(4) 提高管理水平

集中管理、分布式控制；规范废物收运环节的监督管理，监督各个必要的环节，使得突发事件第一时间可以到达管理高层。

(5) 系统的可扩展性

考虑到将来的发展趋势及信息化在整个废物危险品管理上的推动，系统提供丰富的数据接口。

4. 系统流程

(1) 医院环节

① 系统在医疗废物周转桶上安装了 UHF 频段的 RFID 标签，标签有唯一 ID 号，

还具有可以重复写入数据的存储空间。可以保存其他信息，如重量、时间、医院 ID 号等数据。

② 智能化读写设备，可以通过无线网络的方式与 Internet 连接，在获取总量信息后设备自动读写标签、将数据通过 Internet 向远处服务器发送。

③ 医疗单位装有医疗废物的周转桶在送上周转车辆前要称重。

④ 操作人员将周转桶推上称台，称重设备自动将重量、时间、设备编号等信息写入周转桶所带标签，整个操作耗时 3 秒。

⑤ 标签 ID 号和医院 ID、废物重量、称重时间通过 Internet 传向远程数据服务器。

(2) 处置中心

① 装有医疗废物的周转桶被送到焚烧中心卸车后被送上焚烧流水线。

② 在流水线上重量检测系统读取周转桶上的标签，数据解密后获取在医院装车前称取的重量，与现在称取的重量进行比对。

③ 如果重量没有变化，RFID 读写器会亮绿灯。

④ 如果重量差异超出误差范围，读写器会亮红灯，并发出报警通知工作人员进行处理。

⑤ 周转桶通过重量检测后送入焚烧炉焚烧。

⑥ 在焚烧中心的监控室里工作人员可以实时观察重量比对情况，数据会被自动保存。

⑦ 数据通过互联网实时传输到远程的服务器。

(3) 管理单位

① 医疗废物管理单位可以通过管理软件查阅所有医疗废物的处理信息，并且对数据进行分类汇总。

② 还可以将数据导入 EXCEL 文档对数据进行汇总。

③ 管理系统通过数据服务实时地获取处置中心数据。

5. 系统功能

(1) 实现对医疗废物处理信息、桶重量信息的获取。

(2) 根据采集的数据，可以对医疗废物不同时段处理量进行统计，比如统计焚烧中心年处理量、年处理率、月处理量、月处理率等。

(3) 实现对废物周转桶的跟踪，统计废物周转桶的使用率和周转率。

(4) 快速对异常废物桶进行追源。

(5) 及时掌握医疗废物处理情况，及时发现处理废物遗漏问题。

6. 效果分析

(1) 引入先进 RIFD 理念，为废物处理流程监管带来新的管理手段。

(2) 运用信息化管理手段及时了解医疗废物处理情况。

(3) 拓展系统可以实现医疗废物收取电子化，简化医疗废物收取医疗单位工作量。

(4) 利用新一代的智能化设备做到医疗废物数据采集无人值守模式。

6.5.2 在食品安全——农产品溯源中的应用

1. 实施目标

本项目结合北京市定点屠宰厂的屠宰环境以及肉品屠宰和流通管理流程，与 RFID 无线识别传感技术相结合，连接生猪养殖和流通环节，快速地记录和传递生猪个体在屠宰流程的个体养殖、检验、无害化处理、出厂、冷藏、运输信息的传递和追踪等信息，满足商务部对屠宰环节的监控和肉品质量安全信息的追溯要求。

2. 方案设计

(1) 总体架构

屠宰厂 RFID 生猪个体追踪系统如图 6-4 所示。

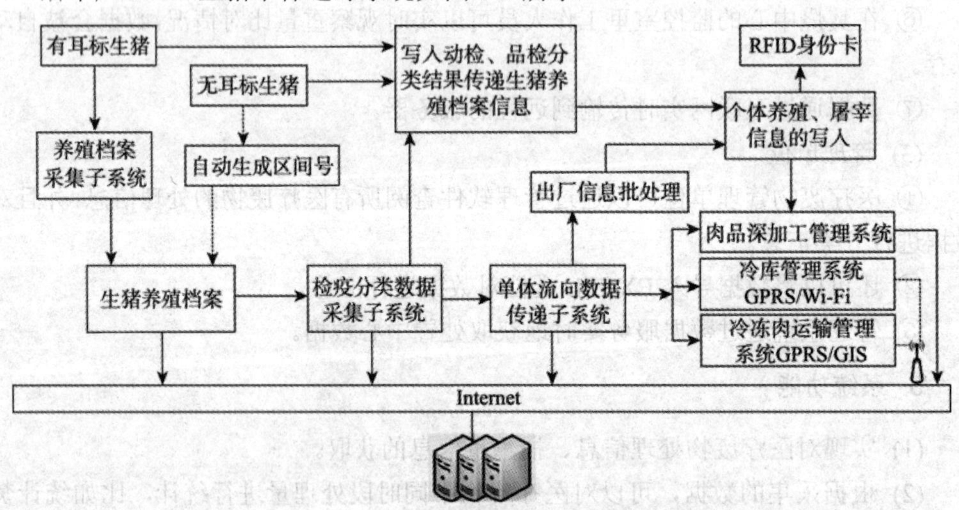

图 6-4 屠宰厂 RFID 生猪个体追踪系统图示

(2) 生猪屠宰信息建立

生猪屠宰前，将同一批次的生猪逐一与 RFID 电子标签建立关联关系，在此后的各个环节中均可通过电子标签检索到该头生猪的各类信息，其具体操作方式为：每头生猪送到屠宰场后，均会附带相应的信息(生猪耳标或纸质档案)，如供应商信息、生猪本身基本信息(如养殖地点、时间、重量、进厂日期、检验检疫档案等)，将此信息与发卡器获取到的 RFID 标签信息在系统后台建立对应关系。此环节采集电子标签数据信息，如图 6-5 所示。

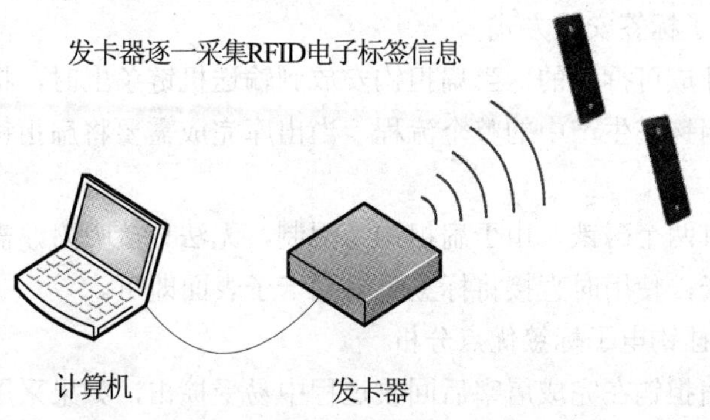

图 6-5　通过发卡器采集电子标签信息

软件系统录入每头生猪的信息，与获取到的电子标签建立对应关系，当后续环节读取到电子标签 ID 号时，系统可将此 ID 号码直接对应到个体生猪的信息。RFID 发卡装置将电子标签对应到生猪信息后，系统软件将电子标签信息中标签使用状态信息改为“正在使用”。

(3) 屠宰生猪与 RFID 挂钩标签信息关联

通过流水线上的读写器扫描挂钩上的电子标签，获得电子标签 ID。通过局域网通讯将读取到的电子标签 ID 发回后台软件系统，后台通过软件接口接收电子标签 ID 获取该生猪信息，同时获取该生猪在之前作业流程中的处理信息(例如生猪是否已经经过电晕、脱毛、放血等环节，并对正在进行的操作进行记录)。系统软件建立电子标签与生猪屠宰流程信息的关联关系。

(4) 屠宰生猪出库和电子标签回收

生猪在经过一系列生产流程后，到达最后的出库环节，通过固定 RFID 读写设备读取挂钩标签，通过局域网将电子标签 ID 发送后台系统软件，同时电子称重系统将采集到的最终出库重量也传回到后台系统软件，此时后台系统中会建立起该头生猪从养殖到屠宰加工整个环节的所有信息。完成整个流程后，可以将电子标签从挂钩上拆下，投入下一轮使用。

出库后，后台软件会验证生猪屠宰信息是否已完成流水线上的作业流程，以及各项检验是否通过，如通过将电子标签信息中使用状态改为“搁置”或是“未使用”，并取消电子标签与生猪的关联关系，后台系统中保留各头生猪的所有信息以供查询与统计。

3. 屠宰场 RFID 数据采集系统安装方案

(1) 挂钩电子标签安装方案

① 挂钩电子标签安装方式

将标签设计成可拆卸的，当扁担钩安放到输送机链条上时，将标签吸附到扁担钩上，跟踪扁担钩在生产中的整个流程，当出库完成需要将扁担钩卸下时，将标签拆下妥善保管。

标签底部有两个磁铁，由于扁担钩为铝制，无法直接吸附，需要在扁担钩上安装两个钢制卡子，使用时直接将标签吸附到卡子表面即可。

② 可拆卸挂钩电子标签优点分析

因屠宰场扁担钩在完成屠宰后回收过程中易受撞击，如果采用固定式的挂钩电子标签安装方式，挂钩电子标签在回收过程中就会遭受到扁担钩的大力撞击，这样挂钩电子标签的使用寿命就会极大地缩短，根据远望谷对撞击类电子标签的测试及反馈，一年后电子标签的耗损率将达到 5 成，这样就会增加电子标签后续的采购成本，在实际应用中因电子标签无法正常读取，也会影响到屠宰场现有的生产流程，降低生产效率。

屠宰场只需要在屠宰前和扁担钩回收前投入相应的人力来规范操作，可拆卸的扁担钩电子标签就可以避免扁担钩在回收过程中的撞击问题，从而极大地降低电子标签的损耗。

(2) 固定读写器安装方案

从扁担钩送上输送机链条到出库，整个生产流程中共需要设置三个识别点，以便对生产中各个环节进行实时感知。在扁担钩送上输送机链条时，将生猪信息提取出来，并关联到其对应的扁担钩上。在生产环节中，每一个经过识别点的扁担钩上安装的标签信息都可以被读取出来，并能够对应到相关的生猪信息，实现追溯与生产过程信息化管理的作用。

在生产环节中，识别点都会安装一套 RFID 读写设备，在此处需要安装固定支架，将读写器固定到合适位置，达到最佳的读取效果。

课后练习

一、单项选择题

1. 物流的概念最早是由(　　)提出的。

A. 马丁·克里斯多夫　　B. 阿奇·萧　　C. 克拉克　　D. 宇野正雄

2. 物流活动由包装、装卸搬运、储存、流通加工、物流信息、(　　)等工作内容构成。

A. 运输和配送　　B. 仓储和配送　　C. 运输和仓储　D. 仓储和零售

3. 按物流系统涵盖领域分，物流可分为社会物流和(　　)。

A. 企业物流　　B. 国际物流　　C. 宏观物流　　D. 特殊物流

4. 现代物流的主要特征是(　　)。

A. 物流系统化、信息化、现代化、社会化

B. 物流总成本最小化、柔性化

C. 物流管理专门化、网络化、智能化、标准化

D. 以上三项都对

5. 智能物流系统(ILS)与传统物流显著的不同是它能够提供传统物流所不能提供的增值服务，(　　)属于智能物流的增值服务。

A. 数码仓储应用系统　　B. 供应链库存透明化

C. 物流的全程跟踪、管理和控制　　D. 远程配送

6. 智能交通的作用是(　　)。

A. 缓解交通阻塞，提高路网通行能力

B. 实现公共交通工具全程追踪和溯源，保证运输的安全

C. 实现管理透明化，提高事故防控能力和水平

D. 以上三项都对

7. 智能交通系统是一个复杂的综合性系统，包括交通信息服务系统、交通管理系统、公共交通系统、车辆控制系统、货运管理系统、电子收费系统、紧急求援系统。这句话是(　　)。

A. 正确的　　B. 错误的

二、简答题

1. 简述物联网技术的应用领域。
2. 简要说明传统物流、现代物流和智能物流的概念和区别。
3. 简述智能物流中应用了哪些物联网技术。
4. 简述智能交通系统的组成。
5. 什么是车联网？
6. 何谓智慧城市？

第 7 章 物联网安全

从信息与网络安全的角度来看，物联网作为一个多网的异构融合网络，不仅存在与传感器网络、移动通信网络和互联网同样的安全问题，同时还有其特殊性，如隐私保护问题、异构网络的认证与访问控制问题、信息的存储与管理等。

本章主要内容

- □ 物联网安全新特点
- □ 物联网面临的安全威胁
- □ 物联网安全机制

物联网可以将洗衣机、电视、碎纸机、电灯、微波炉等家用电器连接成网络，通过网络对这些东西进行运行、停止等操作。安全威胁也由网络世界提升到物质世界，可以说未来的信息安全战争已经不只是停在一个网络安全的高度，而是更加贴近我们的生活，形成对物理安全的威胁。例如：黑客通过网络对电冰箱发动攻击，使其超负荷工作，导致爆炸；微波炉自动从冰箱取出冰块，加热升温，电遇水而短路，而恰恰这个时候，在电脑前的你正在写一份销售报告的结尾；你对电脑发出指令，将机密文件放入碎纸机中粉碎，攻击者觉得这份计划对他有用，停止了碎纸机的粉碎工作，通过扫描仪将这些机密通过网络传输到了自己的电脑里；你正在看电视，突然插入一个莫名其妙的信号，播放一些你并不想看到的信息；你正在灯下思考，攻击者通过指令使灯泡超负荷工作，灯泡爆炸。

虽然这些事例有些夸张，但是也从侧面说明了物联网的安全威胁必须得到我们的高度重视。我们必须把物联网的安全放在一个新的高度来思考，这也是我们接受新技术、新时代所需要的心态。

7.1 物联网安全新特点

物联网的安全和互联网的安全问题一样，永远都会被广泛关注。由于物联网连接和处理的对象主要是机器或物以及相关的数据，其“所有权”特性导致物联网信息安全要求比以处理“文本”为主的互联网要高，对“隐私权”(Privacy)保护的要求也更高(如 ITU 物联网报告中指出的)，此外还有可信度(Trust)问题，包括“防伪”

和 DoS(Denial of Services)(即用伪造的末端冒充替换(eavesdropping 等手段)侵入系统，造成真正的末端无法使用等)，因此有很多人呼吁要特别关注物联网的安全问题。

7.1.1 物联网安全特征

物联网系统的安全和一般 IT 系统的安全基本一样，主要有 8 个尺度：读取控制，隐私保护，用户认证，不可抵赖性，数据保密性，通讯层安全，数据完整性，随时可用性。前 4 项主要处在物联网三层架构的应用层，后 4 项主要位于传输层和感知层。其中“隐私权”和“可信度”(数据完整性和保密性)问题在物联网体系中尤其受关注。如果我们从物联网系统体系架构的各个层面仔细分析，我们会发现现有的安全体系基本上可以满足物联网应用的需求，尤其在其初级和中级发展阶段。

从物联网的信息处理过程来看，感知信息经过采集、汇聚、融合、传输、决策与控制等过程，整个信息处理的过程体现了物联网安全的特征与要求，也揭示了所面临的安全问题。

一是感知网络的信息采集、传输与信息安全问题。感知节点呈现多源异构性，感知节点通常情况下功能简单(如自动温度计)、携带能量少(使用电池)，使得它们无法拥有复杂的安全保护能力，而感知网络多种多样，从温度测量到水文监控，从道路导航到自动控制，它们的数据传输和消息也没有特定的标准，所以没法提供统一的安全保护体系。

二是核心网络的传输与信息安全问题。核心网络具有相对完整的安全保护能力，但是由于物联网中节点数量庞大，且以集群方式存在，因此会导致在数据传输时，由于大量机器的数据发送使网络拥塞，产生拒绝服务攻击。此外，现有通信网络的安全架构都是从人通信的角度设计的，对以物为主体的物联网，要建立适合于感知信息传输与应用的安全架构。

三是物联网业务的安全问题。支撑物联网业务的平台有着不同的安全策略，如云计算、分布式系统、海量信息处理等，这些支撑平台要为上层服务管理和大规模行业应用建立起一个高效、可靠和可信的系统，而大规模、多平台、多业务类型使物联网业务层次的安全面临新的挑战，是针对不同的行业应用建立相应的安全策略，还是建立一个相对独立的安全架构，也是业内一直在考虑的问题。

还可以从安全的机密性、完整性和可用性来分析物联网的安全需求。信息隐私是物联网信息机密性的直接体现，如感知终端的位置信息是物联网的重要信息资源之一，也是需要保护的敏感信息。另外在数据处理过程中同样存在隐私保护问题，如基于数据挖掘的行为分析等，要建立访问控制机制，控制物联网中信息采集、传递和查询等操作，使物联网不会由于个人隐私或机构秘密的泄露而造成对个人或机构的伤害。信息的加密是实现机密性的重要手段，由于物联网的多源异构性，使密钥管理显得更为困难，特别是对感知网络的密钥管理是制约物联网信息机密性的瓶颈。

物联网的信息完整性和可用性贯穿物联网数据流的全过程，网络入侵、拒绝攻击服务、女巫攻击、路由攻击等都使信息的完整性和可用性受到破坏。同时物联网的感知互动过程也要求网络具有高度的稳定性和可靠性，如在仓储物流应用领域，物联网必须是稳定的，要保证网络的连通性，不能出现互联网中电子邮件时常丢失等问题，不然无法准确检测进库和出库的物品。

因此，物联网的安全特征体现了感知信息的多样性、网络环境的多样性和应用需求的多样性。物联网网络的规模和数据的处理量大，决策控制复杂，给安全研究提出了新的挑战。

7.1.2　物联网安全与传统网络安全的区别

区别一：已有的对传感网(感知层)、互联网(传输层)、移动网(传输层)、云计算(处理层)等的一些安全解决方案在物联网环境可能不再适用，因为：

- 物联网所对应的传感网的数量和终端物体的规模是单个传感网所无法相比的；
- 物联网所联接的终端物体的处理能力有很大差异；
- 物联网所处理的数据量比现在的互联网和移动网都大得多。

区别二：即使分别保证感知层、传输层和处理层的安全，也不能保证物联网的安全，因为：

- 物联网是融几个层于一体的大系统，许多安全问题来源于系统整合；
- 物联网的数据共享对安全性提出更高的要求；
- 物联网的应用将对安全提出新要求，比如，隐私保护不属于任一层的安全需求，但却是许多物联网应用的安全需求。

7.2　物联网面临的安全威胁

物联网是互联网的延伸，故互联网面临的安全威胁也会威胁物联网，本文对互联网的一些安全威胁不做详述，重点讲解物联网面临的特有的安全威胁。

7.2.1　RFID 安全

由于标签成本的限制，普通的商品不可能采取很强的加密方式。标签与阅读器之间进行通讯的链路是无线的，无线信号本身是开放的，这就给非法用户的干扰和侦听带来了便利。阅读器与主机之间的通讯也可能受到非法用户的攻击。

1. 信号干扰问题

RFID 系统采用低频、高频、超高频和微波等各种信号，主要频率有 125kHz、225 kHz 和 13.65 MHz、433 MHz、915 MHz、2.45GHz、5.8 GHz。各个频带的电磁波信号同时使用时，相邻频带之间的干扰很大。可能导致的错误有：

(1) 读写器与标签通讯过程中的数据错误。

干扰带来的直接影响是读写器与标签通讯过程中的数据错误，标签在接收读写器发出的命令和数据信息时，可能导致的出错结果有：①标签错误地响应读写器的命令；②造成标签工作状态混乱；③造成标签写入错误地进入休眠状态。

读写器在接受标签发送的数据信息时，可能导致的出错信息有：①不能识别正常工作的标签，出现误判标签的故障；②将一个标签识别为另外一个标签，造成识别错误。

(2) 信号中途被截取，冒充 RFID 标签，向读写器发送信息。

(3) 利用冒名顶替标签来向阅读器发送数据，从而使阅读器处理的都是虚假的数据。

(4) 阅读器发射特定电磁波破坏标签内部数据。

(5) 由于受到成本的限制，很多标签不可能采用很强的编程和加密机制，这样非法用户可以利用合法的阅读器或者自购一个阅读器直接与标签进行通讯，从而导致标签内部的数据极容易被窃取，并且那些可读写式标签还将面临数据被修改的风险。

(6) 在阅读器与主机(或者应用程序)之间中间人(或者中间件)通过直接或间接地修改配置文件，窃听和干扰交换的数据。

目前针对 RFID 系统的攻击主要集中于标签信息的截获和对这些信息的破解。在获得了标签中的信息之后，攻击者可以通过伪造等方式对 RFID 系统进行非授权使用。有研究结果表明，在不接触 RFID 设备的情况下，盗取其中信息也是可能的。另外，RFID 的加密并非绝对安全。RFID 的安全保护主要依赖于标签信息的加密，但目前的加密机制所提供的保护还不能让人完全放心。一个 RFID 芯片如果设计不良或没有受到保护，还有很多手段可以获取芯片的结构和其中的数据。另外，单纯依赖 RFID 本身的技术特性也无法满足 RFID 系统的安全要求。

2. 和址认证守护物联网的信息安全

假如物联网不能保障信息安全，结果将不堪设想：如果说物联网市场规模是互联网的 30 倍的话，那么，其信息安全带来的负面影响可能远大于互联网负面影响的 30 倍。

作为国家战略性新兴产业，物联网的重要性不言而喻。而采用什么安全技术保障其信息安全，成为亟待解决的问题。

物联网不能重蹈互联网在信息安全方面的覆辙。互联网只传输信息，不认证信息，在信息传输的同时，也成为病毒、黑客等恶意作案的工具。从这个方面讲，互联网技术是不够完善的。这一问题，目前仍未能从技术上解决，而是在谋求通过技术之外的政府和立法方式解决。假如物联网不能保障信息安全，结果将不堪设想。

物联网不能仅仅感知、传输信息，必须对感知传输的信息进行认证，阻止恶意信息的感知传输，保障信息感知传输的真实，保护信息源及信息使用者的权益，保障物联网的诚信、有序。

目前的认证技术，多采用密码(密钥加密)认证技术。这种技术从古战场中的“对口令”至今，沿用了数千年，随着计算机和网络技术的发展，安全性正在急剧下降，如银行卡密码被盗、网站被入侵等。

密码认证技术是两方认证技术，密码持有方先将密码放在存放处，后用该密码去存放处比对，比对一致为通过认证，否则不能通过认证，不能从事与此认证有关的事项。以往，通过密码持有方和密码存放处窃取密码，在计算机和网络时代，又增加了传输路途和重复比对窃取的方式。比较流行的提高安全性的做法是，在传输、存储环节重复加密，限制比对次数，这增加了工作量，占用了大量的网络资源，效果没有质的改变。

近来，出现了一种新的认证技术——和址认证技术(也称合址认证)，是将密码(编码)和传感器网络地址(如 SIM 卡地址或号码)联合认证的技术。和址认证在存放处同时存放密码和网络地址数据，密码和传感器(网络终端)由持有方持有使用，网络地址由第三方网络提供，该地址具有唯一性和非人为可控性；在认证时，持有方通过传感器读取物品上的密码，并向存放处传送，第三方网络向存放处传送传感器的网络地址，存放处同时比对密码和网络地址。单纯持有密码或特定的传感器，均不能通过认证。

和址认证是三方认证技术，即：密码及传感器持有方，网络地址持有方和存放处。每一个密码和每个唯一的非人为可控的网络地址一一对应。

网络地址属于空间范畴，特定的空间是不可能被窃取或重复的，就如同地球的经纬度；网络地址又是数字的，能够用做非人为可控的认证。所以，和址认证是非人为可控的三方认证技术。较之单一的密码认证，其安全性发生了质的飞跃；是安全、简便、低成本的实时网络认证技术，是靠得住的防火墙。

和址认证解决了物联网的物品及其信息是否一致、信息不能被非法使用等问题。和址认证也是对网络地址资源的新的发掘利用，对网络价值的新阐释，应用在网络本身，会提升网络诚信，保护信息所有权和使用权，记录网络行为。

7.2.2 无线传感网安全

无限传感器网络作为计算、通信和传感器三项技术相结合的产物，是一种全新的信息获取和处理技术。由于近来微型制造技术、通讯技术及电池技术的改进，促使微小的传感器可具有感应、无线通讯及处理信息的能力。此类传感器不但能够感应及侦测环境的目标物及改变，并且可处理收集到的数据，并将处理过后的资料以无线传输的方式送到数据收集中心或基地台。这些微型传感器通常由传感部件、数据处理部件和通信部件组成，随机分布在集成有传感器、数据处理单元和通信模块的微小节点上，通过自组织的方式构成网络。借助于节点中内置的形式多样的传感器测量所在周边环境中的热、红外、声纳、雷达和地震波信号，从而探测包括温度、湿度、噪声、光强度、压力、土壤成分、移动物体的大小、速度和方向等众多我们感兴趣的物质现象。在通信方式上，虽然可以采用有线、无线、红外和光等多种形式，但一般认为短距离的无线低功率通信技术最适合传感器网络使用，一般称做无线传感器网络。

由于传感器网络自身的一些特性，使其在各个协议层都容易遭受到各种形式的攻击。下面着重分析对网络传输底层的攻击形式。

(1) 物理层的攻击和防御

物理层中安全的主要问题就是如何建立有效的数据加密机制，由于传感器节点的限制，其有限计算能力和存储空间使基于公钥的密码体制难以应用于无线传感器网络中。为了节省传感器网络的能量开销和提供整体性能，也尽量要采用轻量级的对称加密算法。

通过在多种嵌入式平台构架上分别测试 RC4、RC5 和 IDEA 等 5 种常用的对称加密算法的计算开销，表明在无线传感器平台上性能最优的对称加密算法是 RC4，而不是目前传感器网络中所使用的 RC5。

由于对称加密算法的局限性，不能方便地进行数字签名和身份认证，给无线传感器网络安全机制的设计带来了极大的困难。因此高效的公钥算法是无线传感器网络安全亟待解决的问题。

(2) 链路层的攻击和防御

数据链路层或介质访问控制层为邻居节点提供可靠的通信通道，在 MAC 协议中，节点通过监测邻居节点是否发送数据来确定自身是否能访问通信信道。这种载波监听方式特别容易遭到拒绝服务攻击，也就是 DoS。在某些 MAC 层协议中使用载波监听的方法来与相邻节点协调使用信道。当发生信道冲突时，节点使用二进制指数倒退算法来确定重新发送数据的时机，攻击者只需要产生一个字节的冲突就可以破坏整个数据包的发送。因为只要部分数据的冲突就会导致接收者对数据包的“校验和”不匹配，导致接收者会发送数据冲突的应答控制信息 ACK，使发送节点根据二进制指数倒退算法重新选择发送时机。这样经过反复冲突，使节点不断倒退，从而导致信道阻塞。恶意节点有计划地重复占用信道比长期阻塞信道要花更少的能量，而且相对于节点载波监听的开销，攻击者所消耗的能量非常小，对于能量有限的节点，这种攻击能很快耗尽节点有限的能量。所以，载波冲突是一种有效的 DoS 攻击方法。

虽然纠错码提供了消息容错的机制，但是纠错码只能处理信道偶然错误，而一个恶意节点可以破坏比纠错码所能恢复的错误更多的信息。纠错码本身也导致了额外的处理和通信开销。目前来看，这种利用载波冲突对 DoS 的攻击还没有有效的防范方法。

解决的方法就是对 MAC 的准入控制进行限速，网络自动忽略过多的请求，从而不必对于每个请求都应答，节省了通信的开销。但是采用时分多路算法的 MAC 协议系统开销通常比较大，不利于传感器节点节省能量。

(3) 网络层的攻击和防御

通常，在无线传感器网络中，大量的传感器节点密集地分布在一个区域里，消息可能需要经过若干节点才能到达目的地，而且由于传感器网络的动态性，因此没有固定的基础结构，所以每个节点都需要具有路由的功能。由于每个节点都是潜在的路由节点，因此更易于受到攻击。无线传感器网络的主要攻击种类较多，简单介绍如下。

① 虚假路由信息

通过欺骗，更改和重发路由信息，攻击者可以创建路由环，吸引或者拒绝网络信息流通量，延长或者缩短路由路径，形成虚假的错误消息，分割网络，增加端到端的时延。

② 选择性地转发

节点收到数据包后，有选择地转发或者根本不转发收到的数据包，导致数据包不能到达目的地。

③ 污水池(Sinkhole)攻击

攻击者通过声称自己电源充足、性能可靠而且高效，通过使泄密节点在路由算法上对周围节点具有特别的吸引力吸引周围的节点选择它作为路由路径中的点。引诱该区域的几乎所有的数据流通过该泄密节点。

④ 女巫(Sybil)攻击

在这种攻击中，单个节点以多个身份出现在网络中的其他节点面前，使之具有更高概率被其他节点选作路由路径中的节点，然后和其他攻击方法结合使用，达到攻击的目的。它降低具有容错功能的路由方案的容错效果，并对路由协议产生重大威胁。

⑤ 蠕虫洞(Wormholes)攻击

攻击者通过低延时链路将某个网络分区中的消息发往网络的另一分区重放。常见的形式是两个恶意节点相互串通，合谋进行攻击。

⑥ 泛洪(Hello)攻击

很多路由协议需要传感器节点定时地发送 Hello 包，以声明自己是其他节点的邻居节点。而收到该 Hello 报文的节点则会假定自身处于发送者正常无线传输范围内。而事实上，该节点离恶意节点距离较远，以普通的发射功率传输的数据包根本到不了目的地。网络层路由协议为整个无线传感器网络提供了关键的路由服务。如受到攻击后果非常严重。

安全是系统可用的前提，需要在保证通信安全的前提下，降低系统开销，研究可行的安全算法。由于无线传感器网络受到的安全威胁和移动 Ad hoc(自组织无线网络)不同，所以现有的网络安全机制无法应用于本领域，需要开发专门协议。目前主要存在两种思路，简介如下:

一种思想是从维护路由安全的角度出发，寻找尽可能安全的路由以保证网络的安全。如果路由协议被破坏导致传送的消息被篡改，那么对于应用层上的数据包来说没有任何的安全性可言。一种方法是“有安全意识的路由”(SAR)，其思想是找出真实值和节点之间的关系，然后利用这些真实值去生成安全的路由。该方法解决了两个问题，即如何保证数据在安全路径中传送和路由协议中的信息安全性。这种模型中，当节点的安全等级达不到要求时，就会自动从路由选择中退出以保证整个网络的路由安全。可以通过多径路由算法改善系统的稳健性(Robustness)，数据包通过路由选择算法在多径路径中向前传送，在接收端内通过前向纠错技术得到重建。

另一种思想是把着重点放在安全协议方面，在此领域也出现了大量的研究成果。假定传感器网络的任务是为高级政要人员提供安全保护的，提供一个安全解决方案将为解决这类安全问题带来一个合适的模型。在具体的技术实现上，先假定基站总是正常工作的，并且总是安全的，满足必要的计算速度、存储器容量，基站功率满足加密和路由的要求；通信模式是点到点，通过端到端的加密保证了数据传输的安全性；射频层总是正常工作。基于以上前提，典型的安全问题可以总结为：

① 信息被非法用户截获；

② 一个节点遭破坏；

③ 识别伪节点；

④ 如何向已有传感器网络添加合法的节点。

此方案不采用任何的路由机制。在此方案中，每个节点和基站分享一个唯一的 64 位密匙 Keyj 和一个公共的密匙 KeyBS，发送端会对数据进行加密，接收端接收到数据后根据数据中的地址选择相应的密匙对数据进行解密。

无线传感器网络中的两种专用安全协议：安全网络加密协议 SNEP(Sensor

Network Encryption Protocol)和基于时间的高效的容忍丢包的流认证协议 μ TESLA。SNEP 的功能是提供节点到接收机之间数据的鉴权、加密、刷新，μ TESLA 的功能是对广播数据的鉴权。因为无线传感器网络可能布置在敌对环境中，为了防止供给者向网络注入伪造的信息，需要在无线传感器网络中实现基于源端认证的安全组播。但由于在无线传感器网络中，不能使用公钥密码体制，因此源端认证的组播并不容易实现。传感器网络安全协议中提出了基于源端认证的组播机制 μ TESLA，该方案是对 TESLA 协议的改进，使之适用于传感器网络环境。其基本思想是采用 Hash 链的方法在基站生成密钥链，每个节点预先保存密钥链最后一个密钥作为认证信息，整个网络需要保持松散同步，基站按时段依次使用密钥链上的密钥加密消息认证码，并在下一时段公布该密钥。

7.2.3　物联网信息安全

信息安全技术是一门综合学科， 它涉及信息论、计算机科学和密码学等多方面知识，它的主要任务是研究计算机系统和通信网络内信息的保护方法以实现系统内信息的安全、保密、真实和完整。

目前，信息安全问题面临着前所未有的挑战，常见的安全威胁有：

第一，信息泄露。信息被泄露或透露给某个非授权的实体。

第二，破坏信息的完整性。数据被非授权地进行增删、修改或破坏而受到损失。

第三，拒绝服务。对信息或其他资源的合法访问无条件地阻止。

第四，非法使用(非授权访问)。某一资源被某个非授权的人访问，或被授权的人以非授权的方式使用。

第五，窃听。用各种可能的合法或非法的手段窃取系统中的信息资源和敏感信息。

第六，业务流分析。通过对系统进行长期监听，利用统计分析方法对诸如通信频度、通信的信息流向、通信总量的变化等参数进行研究，从中发现有价值的信息和规律。

第七，假冒。通过欺骗通信系统(或用户)达到非法用户冒充成为合法用户，或者特权小的用户冒充成为特权大的用户的目的。黑客大多采用假冒攻击。

第八，旁路控制。攻击者利用系统的安全缺陷或安全性上的脆弱之处获得非授权的权利或特权。

第九，授权侵犯。被授权以某一目的使用某一系统或资源的某个人，却将此权限用于其他非授权的目的，也称做“内部攻击”。

第十，特洛伊木马。软件中含有一个察觉不出的或者无害的程序段，当它被执行时，会破坏用户的安全。

第十一，陷阱门。在某个系统或某个部件中设置的“机关”，使得在特定的数据输入时，允许违反安全策略。

第十二，否认。这是一种来自用户的攻击，比如：否认自己曾经发布过的某条消息、伪造一份对方来信等。

第十三，重放。出于非法目的，将所截获的某次合法的通信数据进行拷贝，并重新发送。

第十四，计算机病毒。计算机病毒的潜在破坏力极大，正在成为信息战中的一种新式进攻武器。

第十五，人员不慎。一个授权的人为了钱或某种利益，或由于粗心，将信息泄露给一个非授权的人。

第十六，媒体废弃。信息从废弃的存储介质或打印过的物件中被泄露。

第十七，物理侵入。侵入者绕过物理控制而获得对系统的访问。

第十八，窃取。重要的安全物品，如身份卡或令牌被盗。

第十九，业务欺骗。某一伪系统或系统部件欺骗合法的用户或系统自愿地放弃敏感信息等。

7.2.4 无线网络、云计算与 IPv6 安全

1. 无线网络安全

无线带来了新的安全挑战。同样的无线技术，相比有线网络，既没有物理上也没有逻辑上的隔离措施，但是却增加了使用的灵活性，提高了生产效率，也降低了网络成本，同时，它也把基于网络的资产暴露在巨大的安全风险之下。无线网络面临的主要威胁有：

(1) 非法设备

未经认证的非法设备，尤其是非法 AP(Access Point，无线访问接入点)，是无线技术出现以来面临的最大挑战。非法设备的急剧扩张，严重威胁到了企业网络安全。一个非法的 AP 可能是软件上的 AP，也有可能是硬件上的 AP，它们可以提供进入整个企业网络的入口，并且完全绕过现有的所有安全措施。

(2) 结构不确定

无线设备之间的结构经常容易变动，一台设置为自动连接到网络的笔记本电脑就会经常连接到相邻的其他网络中去。这也就意味着，侵入者可以在用户不知情的情况下连接到用户电脑中，获取数据，并进一步使其暴露在风险之中。如果终端还连接到了有线网络中，则面临的风险会更加多样。

Ad hoc 网络是带有无线网卡的设备之间实现的点对点连接，它不需要使用接入点或者其他用户认证的形式实现网络连接。虽然这种 Ad hoc 网络在工作站之间传输

文件或者连接打印机方面比较方便，但是它缺乏足够的安全性，它可以使黑客很轻易地闯入到用户终端上。

(3) 网络和设备漏洞

不安全的无线局域网设备，比如访问接入点和用户工作站，都会严重威胁到无线和有线网络安全。这些不安全设备会成为黑客们的猎物，通过使用专门的工具来破解加密和认证系统。

(4) 威胁和攻击

无线网络引入了许多不同于有线网络的安全隐患和攻击威胁，主要包括以下几种。一是侦测，传统型攻击都需要一个侦测的过程，黑客可以借此了解哪些系统具有漏洞并且可以进行攻击。二是身份盗用，对于无线网络来说，偷盗经认证的用户身份是一个很严重的威胁。三是拒绝服务，任何一个拒绝服务攻击目标，都会拒绝用户访问网络并享受服务。发起拒绝攻击的常用方法，就是利用合理的服务请求来占用过多的服务资源，从而使合法用户无法得到服务的响应。

(5) 暴露出有线网络

很多企业的无线局域网都会与某个有线网络相连，黑客可以通过任何一个不安全无线工作站登陆并进入其中。此外，未配置的访问接入点也扮演了一个桥接到有线网络、发送广播、认证证书等的角色。而且，使用路由协议比如 HSRP(Host Standby Router Protocol，热备份路由协议)的企业，容易被黑客通过无线侦测获取有线网络报文信息。

(6) 应用冲突问题

由于无线局域网使用无线电波，它容易受到各种条件的影响。比如射频信号就会给无线网络造成一定的冲突。冲突来源可能来自另一个电子设备。非法 AP 访问网络并从合法 AP 上获取敏感信息或者伪造合法连接，都会产生冲突。

除此之外，吞量也会导致网络延迟，比如，当有大量用户同时连接到某个 AP 时，某个有故障的 AP 也会限制或者阻止访问网络。

2. 云计算安全

云计算是通过网络以按需、易扩展的方式，交付和使用所需的 IT 基础设施资源或服务，提供资源或服务的网络被称为“云”。云计算是并行计算、分布式计算和网格计算技术的进一步发展。云计算存在以下潜在的安全风险。

(1) 优先访问权风险

一般来说，用户数据都有其机密性。这些用户把数据提交给云计算服务网后，具有数据优先访问权的并不是用户自己，而是云计算服务商。如此一来，就不能排除用户数据被泄露出去的可能性。

(2) 管理权限风险

虽然用户把数据交给云计算服务商托管，但数据安全及整合等事宜，最终仍由用户自身负责。但如果云计算服务商拒绝外部机构的审计和安全认证，则意味着用户无法对被托管数据加以有效利用。

(3) 数据处所风险

当用户使用云计算服务时，他们并不清楚自己的数据被放置在哪台服务器上，甚至根本不清楚这个服务器放置在哪个国家。

(4) 数据隔离风险

在云计算服务平台中，大量用户数据处于共享环境中，即使采用数据加密方式，也不能保证做到万无一失。

(5) 数据恢复风险

在目前的网络应用中，重要的数据一般要有多种方式的备份，甚至要异地备份。如果云计算服务商没有完善的设备和数据备份，一旦出现重大事故，用户的数据将不能及时得到恢复，甚至永远丢失。

(6) 调查支持风险

由于云计算平台涉及很多用户的数据，用户因故需要对活动情况进行调查时，云计算服务商未必愿意提供。即使使用司法手段调取也可能因为地域或国家的不同而无法实现。

(7) 长期发展风险

一旦出现企业用户选定的云计算服务商破产或被他人收购，其既有服务可能被中断或者变得不稳定，很大程度上影响用户对数据的合法使用。

3. IPv6 安全

(1) 病毒和蠕虫病毒仍然存在

目前，病毒和互联网蠕虫是最让人头疼的网络攻击行为。由于 IPv6 地址空间的巨大性，原有的基于地址扫描的病毒、蠕虫，甚至是入侵攻击会在 IPv6 的网络中销声匿迹。但是，基于系统内核和应用层的病毒和互联网蠕虫是一定会存在的。

(2) 衍生出新的攻击方式

IPv6 中的组发址定义方式给攻击者带来了一些机会。例如，IPv6 地址 FF05::3 是所有的 DHCP 服务器，就是说，如果向这个地址发布一个 IPv6 报文，这个报文可以到达网络中所有的 DHCP 服务器，所以可能会出现一些专门攻击这些服务器的拒绝服务攻击。

(3) Ipv4 到 IPv6 过渡期间的风险

另外，不管是 IPv4 还是 IPv6，都需要使用 DNS，IPv6 网络中的DNS 服务器就是一个容易被黑客看中的关键主机。也就是说，虽然无法对整个网络进行系统的网络侦察，但在每个 IPv6 的网络中，总有那么几台主机是大家都知道网络名字的，也就可以对这些主机进行攻击。而且，因为 IPv6 的地址空间实在是太大了，很多 IPv6 的网络都会使用动态的 DNS 服务。而如果攻击者可以攻占这台动态 DNS 服务器，就可以得到大量的在线 IPv6 的主机地址。另外，因为 IPv6 的地址是 128 位，很不好记，网络管理员可能会常常使用一下好记的 IPv6 地址，这些好记的 IPv6 地址可能会被编辑成一个类似字典的东西，病毒找到 IPv6 主机的可能性小，但猜到 IPv6 主机的可能性会大一些。而且由于 IPv6 和 IPv4 要共存相当长一段时间，很多网络管理员会把 IPv4 的地址放到 IPv6 地址的后 32 位中，黑客也可能按照这个方法来猜测可能的在线 IPv6 地址。所以，对于关键主机的安全需要特别重视，不然黑客就会从这里入手从而进入整个网络。所以，网络管理员在对主机赋予 IPv6 地址时，不应该使用好记的地址，也要尽量对自己网络中的 IPv6 地址进行随机化，这样会在很大程度上减少这些主机被黑客发现的机会。

(4) 多数传统攻击不可避免

不管是在 IPv4 还是在 IPv6 的网络中，多数传统攻击都存在，需要引起高度的重视。报文侦听，虽然 IPv6 提供了 IPsec(Internet 协议安全性)最为保护报文的工具，但由于公匙和密匙的问题，在没有配置 IPsec 的情况下，偷看 IPv6 的报文仍然是可能的；应用层的攻击，显而易见，任何针对应用层，如WEB 服务器，数据库服务器等的攻击都将仍然有效；中间人攻击，虽然 IPv6 提供了 IPsec，还是有可能会遭到中间人的攻击，所以应尽量使用正常的模式来交换密匙；洪水攻击，不论在 IPv4 还是在 IPv6 的网络中，向被攻击的主机发布大量的网络流量的攻击将会一直存在，虽然在 IPv6 中，追溯攻击的源头要比在 IPv4 中容易一些。

7.3　物联网安全机制

7.3.1　密钥管理机制

密钥系统是安全的基础，是实现信息隐私保护的手段之一。对于互联网来说，由于不存在计算资源的限制，非对称和对称密钥系统都可以适用，互联网面临的安全主要来源于其最初的开放式管理模式的设计，是一种没有严格管理中心的网络。移动通信网是一种相对集中式管理的网络，而无线传感器网络和感知节点由于计算资源的限制，对密钥系统提出了更多的要求，因此，物联网密钥管理系统面临两个主要问题：一是如何构建一个贯穿多个网络的统一密钥管理系统，并与物联网的体系结构相适应；二是如何解决传感网的密钥管理问题，如密钥的分配、更新、组播等问题。实现统一的密钥管理系统可以采用两种方式：

一是以互联网为中心的集中式管理方式。由互联网的密钥分配中心负责整个物联网的密钥管理，一旦传感器网络接入互联网，通过密钥中心与传感器网络汇聚点进行交互，实现对网络中节点的密钥管理。

二是以各自网络为中心的分布式管理方式。在此模式下，互联网和移动通信网比较容易解决，但在传感网环境中对汇聚点的要求比较高，尽管我们可以在传感网中采用簇头选择方法，推选簇头，形成层次式网络结构，每个节点与相应的簇头通信，簇头间以及簇头与汇聚节点之间进行密钥的协商。

无线传感器网络的密钥管理系统的设计在很大程度上受到其自身特征的限制，因此在设计需求上与有线网络和传统的资源不受限制的无线网络有所不同，特别要充分考虑到无线传感器网络传感节点的限制和网络组网与路由的特征。它的安全需求主要体现在：

(1) 密钥生成或更新算法的安全性

利用该算法生成的密钥应具备一定的安全强度，不能被网络攻击者轻易破解或者花很小的代价破解。即加密后要保障数据包的机密性。

(2) 前向私密性

对中途退出传感器网络或者被俘获的恶意节点，在周期性的密钥更新或者撤销后无法再利用先前所获知的密钥信息生成合法的密钥继续参与网络通信，即无法参与报文解密或者生成有效的可认证的报文。

(3) 后向私密性和可扩展性

新加入传感器网络的合法节点可利用新分发或者周期性更新的密钥参与网络的正常通信，即进行报文的加解密和认证行为等。而且能够保障网络是可扩展的，即允许大量新节点的加入。

(4) 抗同谋攻击

在传感器网络中，若干节点被俘获后，其所掌握的密钥信息可能会造成网络局部范围的泄密，但不应对整个网络的运行造成破坏性或损毁性的后果即密钥系统要能够抗同谋攻击。

(5) 源端认证性和新鲜性

源端认证要求发送方身份的可认证性和消息的可认证性，即任何一个网络数据包都能通过认证和追踪寻找到其发送源，且是不可否认的。新鲜性则保证合法的节点在一定的延迟许可内能收到所需要的信息。新鲜性除了和密钥管理方案紧密相关外，与传感器网络的时间同步技术和路由算法也有很大的关联。

根据这些要求，在密钥管理系统的实现方法中，人们提出了基于对称密钥系统的方法和基于非对称密钥系统的方法。在基于对称密钥的管理系统方面，从分配方式上也可分为以下三类：基于密钥分配中心方式、预分配方式和基于分组分簇方式。典型的解决方法有传感器网络安全协议、基于密钥池预分配方法、单密钥空间随机密钥预分配方法、多密钥空间随机密钥预分配方法、对称多项式随机密钥预分配方法、基于地理信息或部署信息的随机密钥预分配方法、低能耗的密钥管理方法等。与非对称密钥系统相比，对称密钥系统在计算复杂度方面具有优势，但在密钥管理和安全性方面却有不足。例如邻居节点间的认证难于实现，节点的加入和退出不够灵活等。特别是在物联网环境下，如何实现与其他网络的密钥管理系统的融合是值得探讨的问题。为此，人们将非对称密钥系统也应用于无线传感器网络。

近几年作为非对称密钥系统的基于身份标识的加密算法(Identity-Based Encryption，IBE)引起了人们的关注。该算法的主要思想是加密的公钥不需要从公钥证书中获得，而是直接使用标识用户身份的字符串。最初提出这种基于身份标识加密算法的动机是为了简化电子邮件系统中证书的管理。当给 Bob 发送邮件时，仅仅需要使用 Bob 的邮箱 bob@company.tom 作为公钥来加密邮件，从而省略了获取 Bob 公钥证书这一步骤。当 Bob 接收到加密后的邮件时，联系私钥生成中心 PKG(Private Key Generator)，同时向 PKG 验证自己的身份，然后就能够得到私钥，从而解密邮件。

然而，在 Shamir 提出 IBE 算法后的很长一段时间都没有能找到合适的实现方法。直到 2001 年，可实用的 IBE 算法由 Boneh 等提出，算法利用椭圆曲线双线性映射(Bilinear Mapping)来实现。基于身份标识加密算法具有一些特征和优势，主要体现在：①它的公钥可以是任何唯一的字符串，如 E-mail、身份证或者其他标识，不需要 PKI(Public Key Infrastructure，公钥基础设施)系统发放的证书，使用起来简单；②由于公钥是身份等标识，所以，基于身份标识的加密算法解决了密钥分配的问题；③基于身份标识的加密算法具有比对称加密算法更高的加密强度。在同等安全级别条件下，比其他公钥加密算法有更小的参数，因而具有更快的计算速度和更小的存储空间。

IBE 加密算法一般由四部分组成：系统参数建立、密钥提取、加密和解密。表 7-1 为 EPCglobal 网络的节点标识的格式，共 96 比特长度，类似于网卡的硬件地址，而传感器网络的节点一般都有身份标识，采用基于身份的密钥系统，就可以以此为公钥，实现感知信息的加密和解密，IBE 算法的复杂性主要在计算双线性对上，寻求简单适用的双线性对的计算方法是 IBE 算法能否广泛应用的关键。EPCglobal 网络标签身份长度与表示内容如表 7-1 所示。

表 7-1　EPCglobal 网络标签身份长度与表示内容

Header	Filter Value	Partition	Company Prefix	Item Reference	Serial Number
8 bits	3 bits	3 bits	20～40 bits	4～24 bits	38 bits
			Combined Length:44 bits		

7.3.2 数据处理与隐私性

物联网的数据要经过信息感知、获取、汇聚、融合、传输、存储、挖掘、决策和控制等处理流程，而末端的感知网络几乎要涉及上述信息处理的全过程，只是由于传感节点与汇聚点的资源限制，在信息的挖掘和决策方面不占据主要的位置。物联网应用不仅面临信息采集的安全性，也要考虑到信息传送的私密性，要求信息不能被篡改、不能被非授权用户使用，同时，还要考虑到网络的可靠、可信和安全。物联网能否大规模推广应用，很大程度上取决于其是否能够保障用户数据和隐私的安全。

就传感网而言，在信息的感知采集阶段就要进行相关的安全处理，如对 RFID 采集的信息进行轻量级的加密处理后，再传送到汇聚节点。这里要关注的是对光学标签的信息采集处理与安全，作为感知端的物体身份标识，光学标签显示了独特的优势，而虚拟光学的加密解密技术为基于光学标签的身份标识提供了手段，基于软件的虚拟光学密码系统由于可以在光波的多个维度进行信息的加密处理，具有比一般传统的对称加密系统更高的安全性，数学模型的建立和软件技术的发展极大地推动了该领域的研究和应用推广。

数据处理过程中涉及基于位置的服务与在信息处理过程中的隐私保护问题。ACM(美国计算机协会)于 2008 年成立了 SIGSPATIAL(Special Interest Group oil Spatial Information)，致力于空间信息理论与应用研究。基于位置的服务是物联网提供的基本功能，是定位、电子地图、基于位置的数据挖掘和发现、自适应表达等技术的融合。定位技术目前主要有 GPS 定位、基于手机的定位、无线传感网定位等。无线传感网的定位主要是射频识别、蓝牙及 ZigBee 等。基于位置的服务面临严峻的隐私保护问题，这既是安全问题，也是法律问题。欧洲通过了《隐私与电子通信法》，对隐私保护问题给出了明确的法律规定。

基于位置服务中的隐私内容涉及两个方面，一是位置隐私，二是查询隐私。位置隐私中的位置指用户过去或现在的位置，而查询隐私指敏感信息的查询与挖掘，如某用户经常查询某区域的餐馆或医院，可以分析该用户的居住位置、收入状况、生活行为、健康状况等敏感信息，造成个人隐私信息的泄漏，查询隐私就是数据处理过程中的隐私保护问题。

所以，我们面临一个困难的选择，一方面希望提供尽可能精确的位置服务，另一方面又希望个人的隐私得到保护。这就需要在技术上给以保证。目前的隐私保护方法主要有位置伪装、时空匿名、空间加密等。

7.3.3 安全路由协议

物联网的路由要跨越多类网络，有基于 IP 地址的互联网路由协议、有基于标识的移动通信网和传感网的路由算法，因此我们要至少解决两个问题，一是多网融合的路由问题，二是传感网的路由问题。对于前者我们可以考虑将身份标识映射成类似的 IP 地址，实现基于地址的统一路由体系；后者是由传感网的计算资源的局限性和易受攻击的特点决定的，因此我们要设计抗攻击的安全路由算法。

目前，国内外学者提出了多种无线传感器网络路由协议，这些路由协议最初的设计目标通常是以最小的通信、计算、存储开销完成节点间数据传输，但是这些路由协议大都没有考虑到安全问题。实际上由于无线传感器节点具有电量有限、计算能力有限、存储容量有限以及部署野外等特点，使它极易受到各类攻击。

无线传感器网络路由协议常受到的攻击主要有以下几类：虚假路由信息攻击、选择性转发攻击、污水池攻击、女巫攻击、虫洞攻击、Hello 洪泛攻击、确认攻击等。表 7-2 列出了一些针对路由的常见攻击，表 7-3 为抗击这些攻击可以采用的方法。针对无线传感器网络中数据传送的特点，目前已提出许多较为有效的路由技术。按路由算法的实现方法划分，有洪泛式路由，如 Gossiping 等；以数据为中心的路由，如 Directed Diffusion，SPIN 等；层次式路由，如 LEACH(Low Energy Adaptive Clustering Hierarchy)、TEEN(Threshold Sensitive Energy Efficient Sensor Network Protocol)等；基于位置信息的路由，如 GPSR(Greedy Perimeter Stateless Routing)、GEAR(Geographical and Energy Aware Routing)等。

表 7-2　路由协议的安全威胁

路 由 协 议	安 全 威 胁
TinyOS 信标	虚假路由信息、选择性转发、污水池、女巫、虫洞、HELLO 泛洪
定向扩散	虚拟路由信息、选择性转发、污水池、女巫、虫洞、HELLO 泛洪
地理位置路由	虚拟路由信息、选择性转发、女巫
最低成本转发	虚拟路由信息、选择性转发、污水池、女巫、虫洞、HELLO 泛洪
谣传路由	虚拟路由信息、选择性转发、污水池、女巫、虫洞
能量节约的拓扑维护 (SPAN、CAF、CEC、AFECA)	虚拟路由信息、女巫、HELLO 泛洪
聚簇路由协议 (LEACH、TEEN)	选择性转发、HELLO 泛洪

表 7-3 传感器网络攻击和解决方案

攻击类型	解决方法
外部攻击和链路层安全	链路层加密和认证
女巫攻击	身份验证
HELLO 泛洪攻击	双向链路认证
虫洞和污水池	很难防御，必须在设计路由协议时考虑，如基于地理位置路由等
选择性转发攻击	多径路由技术
认证广播和泛洪	广播认证，如 μ TESLA

7.3.4 认证与访问控制

认证指使用者采用某种方式来“证明”自己确实是自己宣称的某人，网络中的认证主要包括身份认证和消息认证。身份认证可以使通信双方确信对方的身份并交换会话密钥。保密性和及时性是认证的密钥交换中两个重要的问题。为了防止假冒和会话密钥的泄密，用户标识和会话密钥这样的重要信息必须以密文的形式传送，这就需要事先已有能用于这一目的的主密钥或公钥。因为可能存在消息重放，所以及时性非常重要，在最坏的情况下，攻击者可以利用重放攻击威胁会话密钥或者成功假冒另一方。

在消息认证中，接收方希望能够保证其接收的消息确实来自真正的发送方。有时收发双方不同时在线，例如在电子邮件系统中，电子邮件消息被发送到接收方的电子邮件中，并一直存放在邮箱中直至接收方读取为止。广播认证是一种特殊的消息认证形式，在广播认证中一方广播的消息被多方认证。

传统的认证是区分不同层次的，网络层的认证就负责网络层的身份鉴别，业务层的认证就负责业务层的身份鉴别，两者独立存在。但是在物联网中，业务应用与网络通信紧紧地绑在一起，认证有其特殊性。例如，当物联网的业务由运营商提供时，那么就可以充分利用网络层认证的结果而不需要进行业务层的认证；或者当业务是敏感业务如金融类业务时，一般业务提供者会不信任网络层的安全级别，而使用更高级别的安全保护，那么这个时候就需要做业务层的认证；而当业务是普通业务时，如气温采集业务等，业务提供者认为网络认证已经足够，那么就不再需要业务层的认证。

在物联网的认证过程中，传感网的认证机制是重要的组成部分，无线传感器网络中的认证技术主要包括基于轻量级公钥的认证技术、预共享密钥的认证技术、随机密钥预分布的认证技术、利用辅助信息的认证、基于单向散列函数的认证等。

(1) 基于轻量级公钥算法的认证技术。鉴于经典的公钥算法需要高计算量，在资源有限的无线传感器网络中不具有可操作性，当前有一些研究正致力于对公钥算法进行优化设计使其能适应于无线传感器网络，但在能耗和资源方面还存在很大的改进空间，如基于 RSA 公钥算法的 TinyPK 认证方案，以及基于身份标识的认证算法等。

(2) 基于预共享密钥的认证技术。SNEP 方案中提出两种配置方法：一是节点之间的共享密钥，二是每个节点和基站之间的共享密钥。这类方案在每对节点之间共享一个主密钥，可以在任何一对节点之间建立安全通信。缺点表现为扩展性和抗捕获能力较差，任意一节点被俘获后就会暴露密钥信息，进而导致全网络瘫痪。

(3) 基于单向散列函数的认证方法。该类方法主要用在广播认证中，由单向散列函数生成一个密钥链，利用单向散列函数的不可逆性，保证密钥不可预测。通过某种方式依次公布密钥链中的密钥，可以对消息进行认证。

访问控制是对用户合法使用资源的认证和控制，目前信息系统的访问控制主要是基于角色的访问控制机制(Role-Based Access Control，RBAC)及其扩展模型。RBAC 机制主要由 Sandhu 于 1996 年提出的基本模型 RBAC96 构成，一个用户先由系统分配一个角色，如管理员、普通用户等，登录系统后，根据用户的角色所设置的访问权限实现对资源的访问，显然，同样的角色可以访问同样的资源。RBAC 机制是基于互联网的 OA 系统、银行系统、网上商店等系统的访问控制方法，是基于用户的。对物联网而言，末端是感知网络，可能是一个感知节点或一个物体，采用用户角色的形式进行资源的控制显得不够灵活，一是本身基于角色的访问控制在分布式的网络环境中已呈现出不相适应的地方，如对具有时间约束资源的访问控制，访问控制的多层次适应性等方面需要进一步探讨；二是节点不是用户，是各类传感器或其他设备，且种类繁多，基于角色的访问控制机制中角色类型无法一一对应这些节点，因此，使 RBAC 机制难于实现；三是物联网表现的是信息的感知互动过程，包含了信息的处理、决策和控制等过程，特别是反向控制是物物互连的特征之一，资源的访问呈现动态性和多层次性，而 RBAC 机制中一旦用户被指定为某种角色，他的可访问资源就相对固定了。所以，寻求新的访问控制机制是物联网、也是互联网值得研究的问题。

基于属性的访问控制(Attribute-Based Access Control，ABAC)是近几年研究的热点，如果将角色映射成用户的属性，可以构成 ABAC 与 RBAC 的对等关系，而属性的增加相对简单，同时基于属性的加密算法可以使 ABAC 得以实现。ABAC 方法的问题是对较少的属性来说，加密解密的效率较高，但随着属性数量的增加，加密的密文长度增加，使算法的实用性受到限制。目前有两个发展方向：基于密钥策略和基于密文策略，其目标就是改善基于属性的加密算法的性能。

7.3.5 入侵检测与容侵容错技术

容侵就是指在网络中存在恶意入侵的情况下，网络仍然能够正常地运行。无线传感器网络的安全隐患在于网络部署区域的开放特性以及无线电网络的广播特性，攻击者往往利用这两个特性，通过阻碍网络中节点的正常工作，进而破坏整个传感器网络的运行，降低网络的可用性。无人值守的恶劣环境导致无线传感器网络缺少传统网络中的物理上的安全，传感器节点很容易被攻击者俘获、毁坏。

现阶段无线传感器网络的容侵技术主要集中于网络的拓扑容侵、安全路由容侵以及数据传输过程中的容侵机制。

无线传感器网络可用性的另一个要求是网络的容错性。一般意义上的容错性是指在故障存在的情况下系统不失效、仍然能够正常工作的特性。无线传感器网络的容错性指的是当部分节点或链路失效后，网络能够进行传输数据的恢复或者网络结构自愈，从而尽可能减小节点或链路失效对无线传感器网络功能的影响。由于传感器节点在能量、存储空间、计算能力和通信带宽等诸多方面都受限，而且通常工作在恶劣的环境中，网络中的传感器节点经常会出现失效的状况。因此，容错性成为无线传感器网络中一个重要的设计因素，容错技术也是无线传感器网络研究的一个重要领域。目前相关领域的研究主要集中在：

(1) 网络拓扑中的容错。通过为无线传感器网络设计合理的拓扑结构，保证网络在出现断裂的情况下，能正常进行通信。

(2) 网络覆盖中的容错。在无线传感器网络的部署阶段，主要研究在部分节点、链路失效的情况下，如何事先部署或事后移动、补充传感器节点，从而保证对监测区域的覆盖和保持网络节点之间的连通。

(3) 数据检测中的容错机制。主要研究在恶劣的网络环境中，当一些特定事件发生时，处于事件发生区域的节点如何能够正确获取到数据。

根据无线传感器网络中不同的入侵情况，可以设计出不同的容侵机制，如无线传感器网络中的拓扑容侵、路由容侵和数据传输容侵等机制。

物联网的数据是一个双向流动的信息流，一是从感知端采集物理世界的各种信息，经过数据的处理，存储在网络的数据库中；二是根据用户的需求，进行数据的挖掘、决策和控制，实现与物理世界中任何互连物体的互动。在数据采集处理中我们讨论了相关的隐私性等安全问题，而决策控制又将涉及另一个安全问题，如可靠性等。前面讨论的认证和访问控制机制可以对用户进行认证，使合法的用户才能使用相关的数据，并对系统进行控制操作，但问题是如何保证决策和控制的正确性和可靠性。

在传统的无线传感器网络中由于侧重对感知端的信息获取，对决策控制的安全考虑不多，互联网的应用也侧重信息的获取与挖掘，较少重视对第三方的控制。而物联网中对物体的控制将是重要的组成部分，需要进行更深入的研究。

物联网的安全和隐私保护是物联网服务能否大规模应用的关键，物联网的多源异构性使其安全面临巨大的挑战，就单一网络而言，互联网、移动通信网等已建立了一些行之有效的机制和方法，为我们的日常生活和工作提供了丰富的信息资源，改变了人们的生活和工作方式。相对而言，传感网的安全研究仍处于初始阶段，还没有提供一个完整的解决方案，由于传感网的资源局限性，使其安全问题的研究难度增大，因此，传感网的安全研究将是物联网安全的重要组成部分。同时如何建立有效的多网融合的安全架构，建立一个跨越多网的统一安全模型，形成有效的共同协调防御系统也是重要的研究方向之一。

目前在无线传感器网络安全方面，人们就密钥管理、安全路由、认证与访问控制、数据隐私保护、入侵检测与容错容侵以及安全决策与控制等方面进行了相关研究，密钥管理作为多个安全机制的基础一直是研究的热点，但并没有找到理想的解决方案，要么寻求更轻量级的加密算法，要么提高传感器节点的性能，目前的方法距实际应用还有一定的距离，特别是至今为止，真正的大规模的无线传感器网络的实际应用仍然太少，多跳自组织网络环境下的大规模数据处理(如路由和数据融合)使很多理论上的小规模仿真失去意义，而在这种环境下的安全问题才是传感网安全的难点所在。

课后练习

一、简答题

1. 在以下人为的恶意攻击行为中，属于主动攻击的是(　　)。

   A. 身份假冒　　B. 数据 GG　　C. 数据流分析　　D. 非法访问

2. 数据保密性指的是(　　)。

   A. 保护网络中各系统之间交换的数据，防止因数据被截获而造成泄密

   B. 提供连接实体身份的鉴别

   C. 防止非法实体对用户的主动攻击，保证数据接受方收到的信息与发送方发送的信息完全一致

   D. 确保数据是由合法实体发出的

3. 以下算法中属于非对称算法的是(　　)。

   A. Hash 算法　　B. RSA 算法　　C. IDEA　　D. 三重 DES

4. 当同一网段中两台工作站配置了相同的 IP 地址时，会导致(　　)。

   A. 先入者被后入者挤出网络而不能使用

   B. 双方都会得到警告，但先入者继续工作，而后入者不能

C. 双方可以同时正常工作，进行数据的传输

D. 双方都不能工作，都得到网址冲突的警告

5. 黑客利用 IP 地址进行攻击的方法有(　　)。

A. IP 欺骗　　B. 解密　　C. 窃取口令　　D. 发送病毒

二、简答题

1. 简述物联网安全与传统网络安全的区别。
2. 简述物联网面临的安全威胁。
3. 简述无线传感网面临的安全威胁。
4. 简述云计算面临的安全威胁。
5. 简述 IPv6 面临的安全威胁。
6. 简述物联网的安全机制。

第 8 章

物联网实验

为了使读者能加深对物联网及其关键技术的进一步了解，更深入地学习和应用物联网相关技术，我们基于广州飞瑞敖有限公司的物联网实验平台分别设计了感知层、网络层、应用层三个实验，权当抛砖引玉。如读者想更深入了解，请参阅 RFID、WSN、嵌入式开发等专业实验教材。

本章主要内容

- □ 感知层实验
- □ 网络层实验
- □ 应用层实验

8.1 感知层实验——基于 ARM9 开发板的串口通信实验

【实验目的】

1. 学习串口编程
2. 学习 ARM9 开发板如何通过串口和 PC 机通信
3. 学习使用 Telnet

【实验设备】

1. PC 机
2. UP-CUP S2440 ARM9 实验箱
3. 串口线(USB 转串口+母对母交叉线)
4. RJ45 网线
5. USB-WiFi 模块(up-WiFi，实验箱用)
6. NetCore NW336 USB 无线网卡(PC 用)
7. tftp32.exe
8. comMaster.exe
9. putty.exe

【实验步骤】

1. 实验拓扑图(如图 8-1 所示)

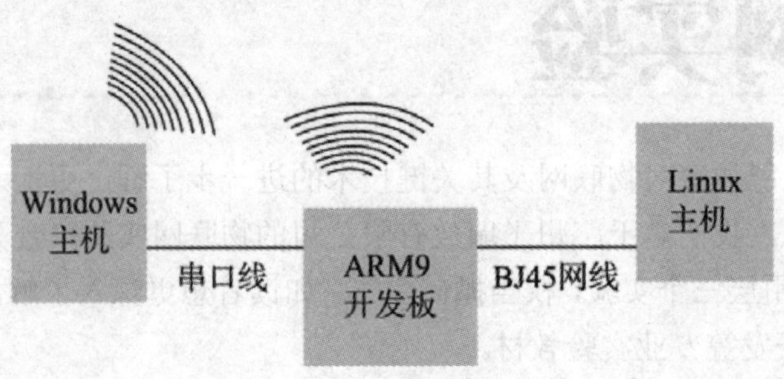

图 8-1 实验拓扑图

2. 制作新的文件系统

在新的文件系统中我们需要做以下几件事情：关闭 ARM9 开发板默认的串口登陆功能；开机启动 Telnet 的功能，开机启动无线网，并联如指定的无线网络以及分配无线网 IP 地址。

(1) 进入 Linux 宿主机的嵌入式文件系统目录

#cd/UP-CUP2440/SRC/rootfs/rootfs/rootfs_src/etc (进入嵌入式文件系统/etc 目录)

#vim inittab(修改 inittab 文件)

注释掉其中的":2345:respawn:/sbin/getty –L s3c2410_serial0 115200 vt100"语句，这样 RS232-0 串口就不会被控制台占据，串口会被释放以供他用。

(2)

#cd rc.d (进入嵌入式文件系统/etc/rc.d 目录)

#vim rc.sysinit(修改 rc.sysinit 文件)

在文件的最后，添加如图 8-2 所示命令行，注意，事先应为不同的 ARM9 实验板分配不同的无线网 IP 地址。

```
# start telnetd
/usr/sbin/telnetd
#enable the wireless connection
/sbin/ifconfig rausb0 up
/sbin/ifconfig rausb0 192.168.0.81
/sbin/iwconfig rausb0 essid "FRO_902_AP1"
```

图 8-2 开机启动 telnet 和连入无线网

完成上述两步后，制作新的文件系统并拷贝至 Windows 主机。

除此之外，因为我们要把 ARM9 开发板的有线 IP 设置到 192.168.1.***网段，在 Linux 还要对 NFS(网络文件系统)服务器的设置进行些许修改。

#vim /etc/exports

修改为/UP-CUP2440 192.168.1.0/255.255.255.0 (rw,async,no_root_squash)

#vim /etc/hosts.allow

修改为 nfsd:192.168.1.0/255.255.255.0

#service nfs restart (重新启动 NFS 服务器)

#ifconfig eth0 192.168.1.*** (将 Linux 主机的有线网设置为 192.168.1.***网段)

3. Windows 主机下的工作

将 USB-WiFi 模块插入 ARM9 开发板的 USB 接口上。

将新制作的文件系统烧写至 ARM9 开发板。

注意：在烧写文件系统的时候，需要 ARM9 开发板和 Windows 主机有线相连，此时请关闭 Windows 主机上的无线网络，在之后通过无线网 Telnet 登陆 ARM9 嵌入式 Linux 系统的时候，需要拔掉网线，也就是在同一时间内，请确保 Windows 主机上的有线网和无线网不要同时工作。

烧写完成后，启动嵌入式 Linux 系统，此时通过超级终端上的显示我们会发现，系统停在如图 8-3 所示界面，而不是出现之前的登陆界面，这是因为我们取消了该功能。与此同时出现了 usb_rtusb_open 字样，这是因为我们开机默认启动了 ARM9 上的 USB-WiFi 模块。

```
Bluetooth: HIDP (Human Interface Emulation) ver 1.2
RPC: Registered udp transport module.
RPC: Registered tcp transport module.
ieee80211: 802.11 data/management/control stack, git-1.1.13
ieee80211: Copyright (C) 2004-2005 Intel Corporation <jketreno@linux.intel.com>
s3c2410-rtc s3c2410-rtc: setting system clock to 2074-10-03 04:16:58 UTC (330576
5818)
VFS: Mounted root (cramfs filesystem) readonly.
Freeing init memory: 132K
Warning: unable to open an initial console.
yaffs: dev is 32505859 name is "mtdblock3"
yaffs: passed flags ""
yaffs: Attempting MTD mount on 31.3, "mtdblock3"
yaffs: auto selecting yaffs2
block 98 is bad
block 392 is bad
block 573 is bad
block 574 is bad
block 633 is bad
block 651 is bad
block 1258 is bad
block 1817 is bad
=> usb_rtusb_open
```

图 8-3　超级终端停止登录功能

将 Windows 主机连入“FRO_903_AP1”无线网络，在命令提示符下测试是否能够 ping 通 ARM9 的无线网 IP 地址。可以 ping 通 ARM9 开发板的无线 IP 地址如图 8-4 所示。

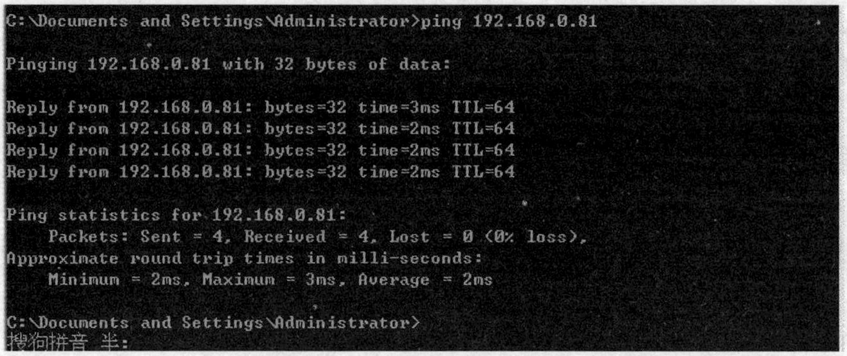
C:\Documents and Settings\Administrator>ping 192.168.0.81
Pinging 192.168.0.81 with 32 bytes of data:
Reply from 192.168.0.81: bytes=32 time=3ms TTL=64
Reply from 192.168.0.81: bytes=32 time=2ms TTL=64
Reply from 192.168.0.81: bytes=32 time=2ms TTL=64
Reply from 192.168.0.81: bytes=32 time=2ms TTL=64
Ping statistics for 192.168.0.81:
Packets: Sent = 4, Received = 4, Lost = 0 (0% loss),
Approximate round trip times in milli-seconds:
Minimum = 2ms, Maximum = 3ms, Average = 2ms
C:\Documents and Settings\Administrator>
搜狗拼音 半:

图 8-4　可以 ping 通 ARM9 开发板的无线 IP 地址

在 Windows 主机上运行 putty.exe，按照图 8-5 进行配置选择后，单击“Open”。

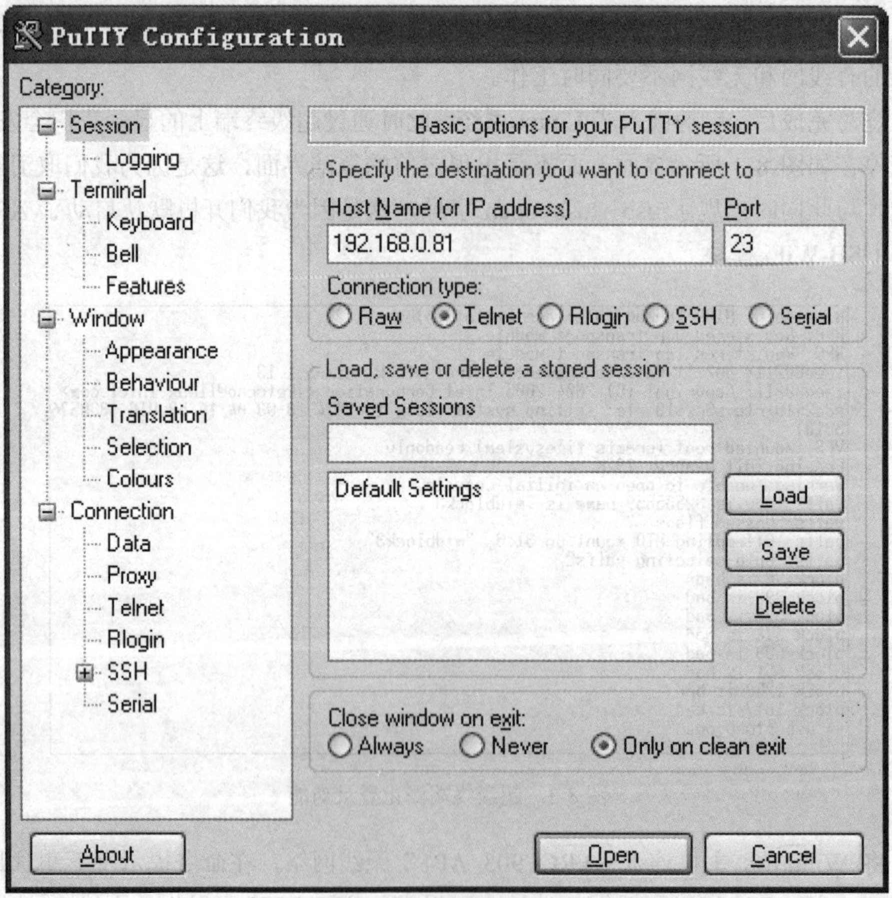
PuTTY Configuration
Category:
Session
Logging
Terminal
Keyboard
Bell
Features
Window
Appearance
Behaviour
Translation
Selection
Colours
Connection
Data
Proxy
Telnet
Rlogin
SSH
Serial
Basic options for your PuTTY session
Specify the destination you want to connect to
Host Name (or IP address)
Port
192.168.0.81
23
Connection type:
Raw
Telnet
Rlogin
SSH
Serial
Load, save or delete a stored session
Saved Sessions
Default Settings
Load
Save
Delete
Close window on exit:
Always
Never
Only on clean exit
About
Open
Cancel

图 8-5　使用 putty

此时便可以通过 Telnet 登陆嵌入式 Linux 系统，如图 8-6 所示，可以发现登陆界面和里面的内容和通过“超级终端+串口”的登陆界面是一模一样的。

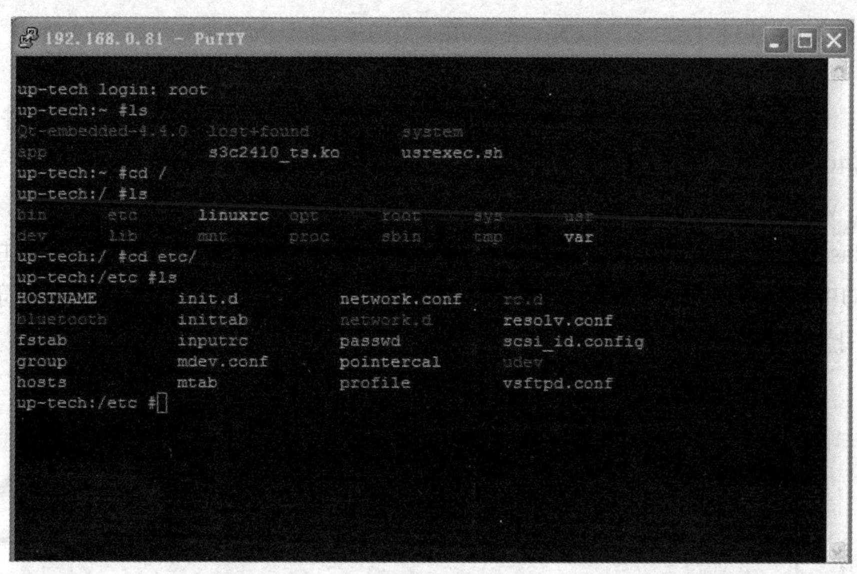

图 8-6　通过 Telnet 登陆嵌入式 Linux 系统

用 RJ45 网线将 ARM9 开发板和 Linux 主机相连，运行 #ifconfig 命令，如图 8-7，会发现此时 ARM9 开发板的有线端(eth0)和无线端(rausb0)同时启动了，并分配有不同网段的 IP 地址，其中的有线 IP 地址 192.168.1.193 为系统默认分配的，无需对其进行修改，因为此时我们要进行拦截的 NFS 服务器也处在 192.168.1.***网段。

图 8-7　ARM9 开发板下的有线无线配置

3. 测试串口程序

测试用 C 语言源代码 test_serial.c 见本实验附录。

在 Linux 主机下，交叉编译源码生成可执行文件，并将可执行文件放至/UP-2440/SRC/exp 目录下。

在 Windows 主机下利用 USB-串口线和 ARM9 开发板的 RS232-0 口相连，打开 ComMaster.exe 串口大师，在 Telnet 嵌入式 Linux 控制台下 mount Linux 主机的/UP-CUP2440 目录，并运行 test_serial 程序。此时从 ComMaster 上发送的字符串就可以在控制台上显示出来，如图 8-8、图 8-9 所示，实验成功。

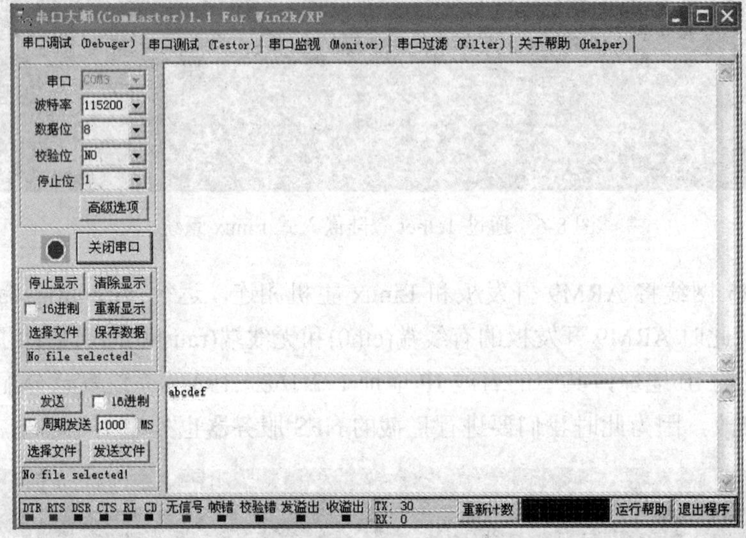

图 8-8 从 ComMaster 发送字符串 abcdef

```
192.168.0.81 - PuTTY
2 packets transmitted, 2 packets received, 0% packet loss
round-trip min/avg/max = 0.890/1.948/3.006 ms

up-tech:/etc #mount -t nfs -o nolock 192.168.1.158:/UP-CUP2440 /mnt/nfs
up-tech:/etc #cd /mnt/nfs/SRC/
up-tech:/mnt/nfs/SRC #ls
bin         exp         gui         kernel      rootfs      u-boot
up-tech:/mnt/nfs/SRC #cd exp/
up-tech:/mnt/nfs/SRC/exp #./test_serial.c
./test_serial.c: line 15: int: command not found
./test_serial.c: line 16: int: command not found
./test_serial.c: line 18: syntax error near unexpected token `('
./test_serial.c: line 18: `void set_speed(int fd,int speed)'
up-tech:/mnt/nfs/SRC/exp #ls
basic                module               test_serial.c
driver               test_serail
up-tech:/mnt/nfs/SRC/exp #cd /
up-tech:/ #umount /mnt/nfs/
up-tech:/ #mount -t nfs -o nolock 192.168.1.158:/UP-CUP2440 /mnt/nfs
up-tech:/ #cd /mnt/nfs/SRC/exp/
up-tech:/mnt/nfs/SRC/exp #./test_serial
fd is 3abcdef
abcdef
abcdef
abcdef
abcdef
```

图 8-9 在控制台下收到了字符串 abcdef

【实验报告要求】

认真完成实验，并思考实验附带的源代码只能从串口读数据的功能，请修改代码，使其具备写数据的功能。

【实验附录】

test_serial.c 源代码

```
#include <stdio.h>
#include <stdlib.h>
#include <unistd.h>
#include <sys/types.h>
#include <sys/time.h>
#include <sys/select.h>
#include <sys/stat.h>
#include <fcntl.h>
#include <termios.h>
#include <errno.h>
#define FALSE -1
#define TRUE   0

int
speed_arr[]={B115200,B57600,B38400,B19200,B9600,B4800,B2400,B1200,B300
,B115200,B57600,B38400,B19200,B9600,B4800,B2400,B1200,B300,};
int
name_arr[]={115200,57600,38400,19200,9600,4800,2400,1200,300,115200,57
600,38400,19200,9600,4800,2400,1200,300,};

void set_speed(int fd,int speed)
{
  int i;
  int status;
  struct termios opt;
  tcgetattr(fd,&opt);
  for (i=0; i<sizeof(speed_arr)/sizeof(int); i++)
    {
```

```
            if (speed==name_arr[i])
            {
            /* tcflush 函数刷清(抛弃)输入缓存(终端驱动程序已接受到，但用户程
序尚未读)或输出缓存
             *(用户程序已经写，但尚未发送)。queue 参数应是下列三个常数之一
             * TCIFLUSH 刷清输入队列
             * TCOFLUSH 刷清输出队列
             * TCIOFLUSH 刷清输入输出队列
             */
            tcflush(fd,TCIOFLUSH); //设置前 flush
            cfsetispeed(&opt,speed_arr[i]);
            cfsetospeed(&opt,speed_arr[i]);

            status=tcsetattr(fd,TCSANOW,&opt); //通过 tcsetattr 把新的
属性设置到串口上
                        //tcsetattr(串口描述，立即使用或其他标志，指向
termios 的指针)
            if(status!=0)
              {
              perror("tcsetattr fd1 error");
              return;
              }
            tcflush(fd,TCIOFLUSH);
            }
        }
    }

    int set_parity(int fd,int databits,int stopbits,int parity)
    {
      struct termios opt;
      if(tcgetattr(fd,&opt)!=0)
        {
        perror("Setup Serial 1 ");
        return (FALSE);
```

```
    }
    opt.c_cflag &=~CSIZE;
    switch(databits)
    {
      case 7:     opt.c_cflag|=CS7;
            break;
      case 8:     opt.c_cflag|=CS8;
            break;
      default: fprintf(stderr,"Unsupported data size\n");
            return (FALSE);
    }
    switch(parity)
    {
      case 'n':
      case 'N':
        opt.c_cflag &=~PARENB; //clear parity enable
        opt.c_iflag &=~INPCK;  //Enable parity checking
        break;
            case 'o':
            case 'O':
                  opt.c_cflag |=(PARODD|PARENB); //set to odd
parity
                  opt.c_iflag |=INPCK;  //disable parity checking
                  break;
      case 'e':
      case 'E':
        opt.c_cflag |=PARENB; //enable parity
        opt.c_cflag &=~PARODD; //even parity
        opt.c_iflag |=INPCK;  //disable parity checking
        break;
            case 's':
            case 'S':                      //as no parity
                  opt.c_cflag &=~PARENB;
                  opt.c_cflag &=~CSTOPB;
```

```
                break;
      default:
         fprintf(stderr,"Unsupported parity\n");
         return (FALSE);
      }
   switch(stopbits)
      {
      case 1:
                opt.c_cflag &= ~CSTOPB;
         break;
             case 2:
                opt.c_cflag |= CSTOPB;
                break;
      default:
         fprintf(stderr,"Unsupported stop bits\n");
         return (FALSE);
      }
   //set input parity option
      opt.c_iflag|=INPCK;
      opt.c_cc[VTIME]=0; //set 0 seconds overtime
      opt.c_cc[VMIN]=1;    //the minimum charcater will be received
before do the read function
      tcflush(fd,TCIFLUSH);
   if(tcsetattr(fd,TCSANOW,&opt)!=0)
      {
      perror("Setup Serial 3 error");
      return (FALSE);
      }
   return (TRUE);
  }

  int open_dev(char *Dev)
  {
```

```
  struct termios opt;

  int fd=open(Dev,O_RDWR|O_NOCTTY);
      if (fd==-1)
             {
                    perror("Can not open the serial port");
             }
  else
          tcgetattr(fd,&opt);
   opt.c_lflag=0;
     // opt.c_lflag=ICANON;
      tcsetattr(fd,TCSANOW,&opt);
      return fd;
}
int main()
{
  int fd;
  char buffw[1024]="abcdefghijklmn";
  char buffr[255];
  char *dev="/dev/s3c2410_serial0";
  int nwrite=14;
  int nread;
  int nByte;
//   FILE *f;
//   f=fopen(DATAFILE,"a");
  fd=open_dev(dev);
  printf("fd is %d",fd);
  set_speed(fd,115200);
  if(set_parity(fd,8,1,'N')==FALSE)
     {
     printf("set parity error\n");
     exit(0);
     }
//   nByte = write(fd,buffw,nwrite);
```

```
    while(1)
        {
           nread=read(fd,buffr,255);
           if(nread<0)
              {
                 printf("error in read");
                 exit(1);
              }
           printf("%s\n",buffr);
        }
  return 0;
  }
```

8.2 网络层实验——短距离无线/Wi-Fi 数据网关的设计

【实验目的】

1. 了解短距离无线/Wi-Fi 数据网关的构成
2. 了解短距离无线/Wi-Fi 数据网关的数据传输过程

【实验设备】

1. 光载无线交换机系统
2. Wi-Fi 设备服务器
3. 串口转无线模块
4. 带无线网卡的 PC 机
5. TCP&UDP 测试工具
6. 串口大师

【实验步骤】

1. 准备知识

(1) Wi-Fi 设备服务器的工作原理

将串口数据调制为符合 802.11b/g 标准的无线射频信号，即 Wi-Fi 信号，接入无线网络。

(2) 串口转无线模块的工作原理

通过 MCU(微控制单元)控制 RF(电磁频率)收发芯片 CC1100 的寄存器来实现无线数据的发送和接收。

(3) 短距离无线/Wi-Fi 数据网关的构成

短距离无线/Wi-Fi 数据网关是由短距离串口转无线模块与 Wi-Fi 设备服务器的数据口对接组成，主要作用是为短距离无线网络与 Wi-Fi 无线网络建立连接，也称为中间件。

(4) 短距离无线/Wi-Fi 数据网关组网

短距离无线/Wi-Fi 数据网关组网拓扑图如图 8-10 所示。

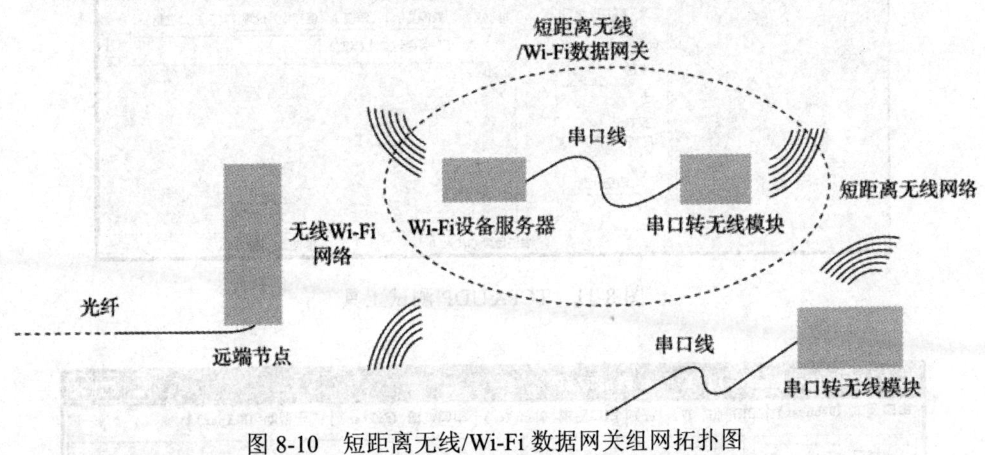

图 8-10　短距离无线/Wi-Fi 数据网关组网拓扑图

2. 具体步骤

(1) 将所有的串口转无线模块与 TTL 转 RS232 转换板连接；

(2) 用串口线连接 Wi-Fi 设备服务器与串口转无线模块的 DB9 口，用串口线连接 PC 机与串口转无线模块的 DB9 口；

(3) 所有设备上电；

(4) 配置 PC 网络参数，接入无线局域网；

(5) 打开“TCP&UDP 测试工具”，根据 Wi-Fi 设备服务器的 IP 地址和端口号建立一个客户端连接，单击“连接”；打开“串口大师”，设置波特率为 9600，数据位为 8，校验位为 NO，停止位为 1，单击“打开串口”；

(6) 在“TCP&UDP 测试工具”的发送区输入“123456”，单击“发送”，观察并记录“串口大师”的接收区是否出现同样的字符串；在“串口大师”的发送区输入“abcdef”，单击“发送”，观察并记录“TCP&UDP 测试工具”的接收区是否出现同样的字符串，如图 8-11、图 8-12。

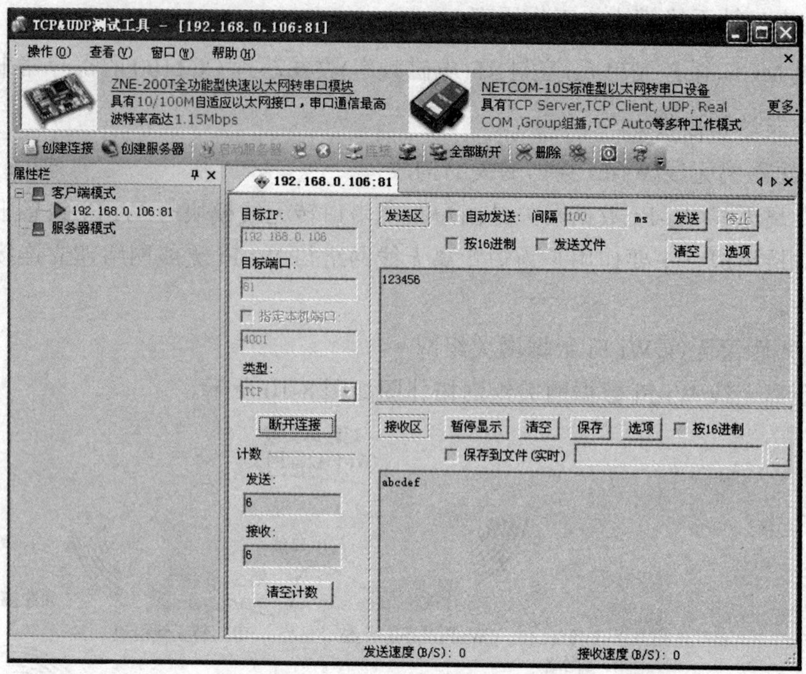

图 8-11　TCP&UDP 测试工具

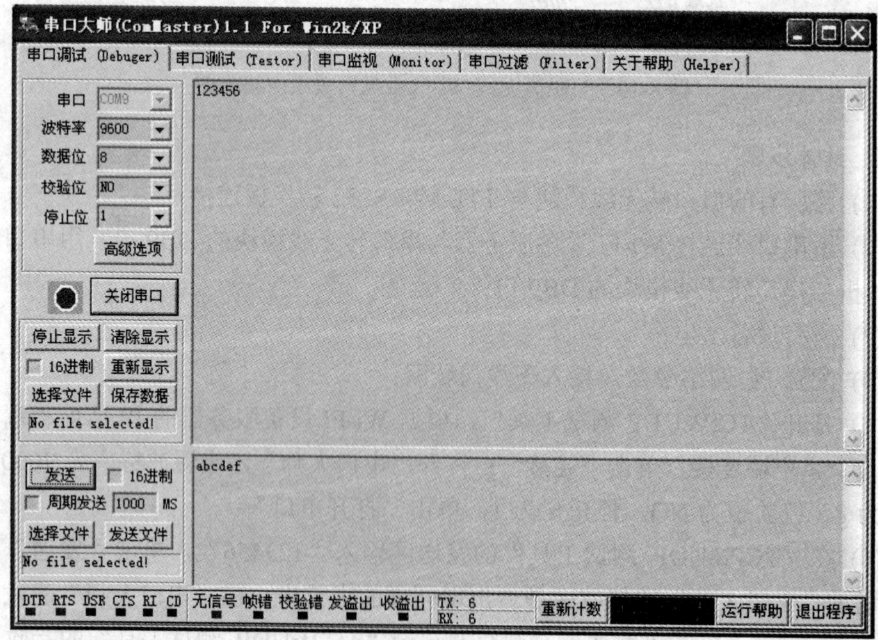

图 8-12　串口大师

【实验报告要求】

1. 记录实验结果。
2. 画出数据传输的流程图。

8.3　应用层实验——物流仓储管理平台实验

【实验目的】

1. 了解物流仓储管理整个工作流程
2. 了解物流仓储管理软件

【实验设备】

1. 光载无线交换机系统
2. PC 机
3. Wi-Fi 设备服务器
4. 读卡器
5. 射频卡
6. 仓储管理平台应用软件

【实验步骤】

1. 准备知识

仓储管理系统是由阅读器(Reader)与射频卡(也就是所谓的应答器(Transponder))及应用软件系统三个部分所组成。

图 8-13 为物流仓储管理实验平台流程框图。射频卡(物品)靠近读卡器时，射频卡感应到读卡器产生的磁场，接收解读器发出的射频信号，凭借感应电流所获得的能量发送出存储在射频卡芯片中的物品信息，信息通过 Wi-Fi 设备服务器无线传输。在 PC 机中上层应用软件(物流仓储管理软件)与 Wi-Fi 设备服务器建立连接，从而使射频卡(物品)信息被读入 PC 机中。

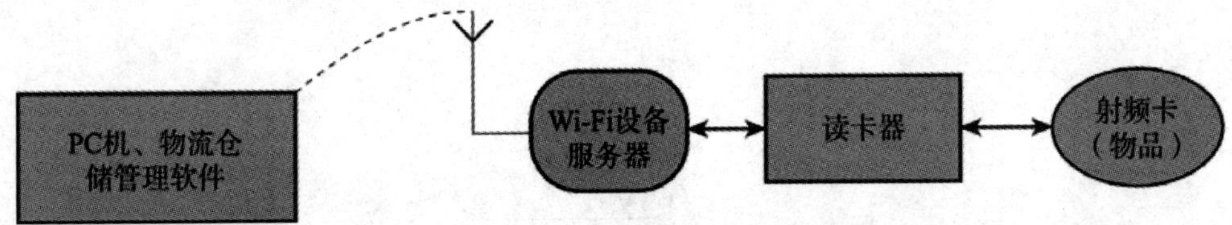

图 8-13　物流仓储管理实验平台流程框图

图 8-14 是物流仓管软件流程图，首先将射频卡(物品)信息添加到软件数据包中。开始等待射频卡(物品)信息，当有信息输入时，判断信息是否在数据包中。如果数据

包中没有刚读入的数据信息则返回等待读取其他数据信息；如果在数据包中有刚读入的数据信息，则对该信息进行处理，设定出仓、入仓状态，并存储射频卡(物品)状态。

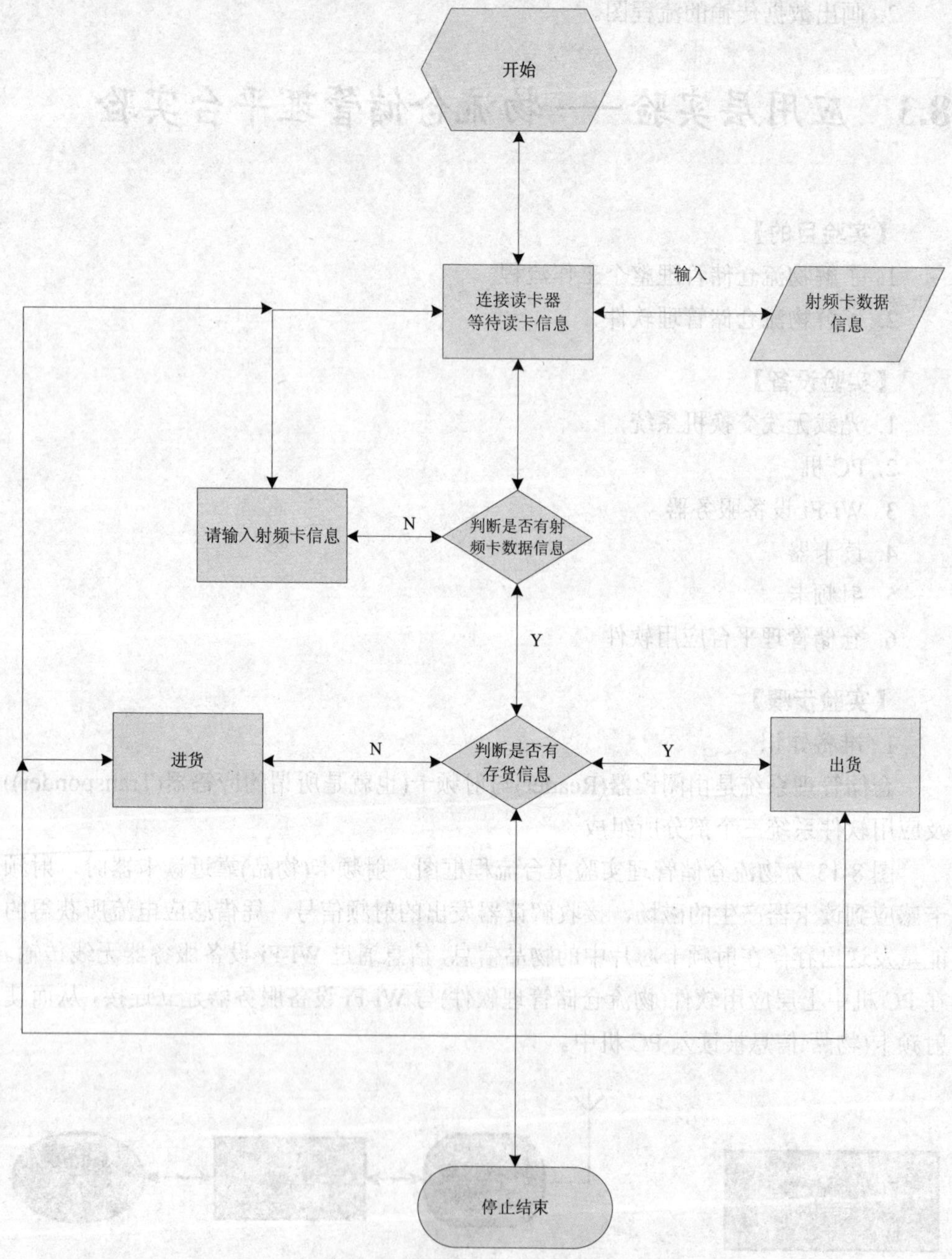

图 8-14　物流仓管软件流程图

2. 具体步骤

(1) 配置好 Wi-Fi 设备服务器；(波特率：9600、8、n、1，具体配置方法见 Wi-Fi

设备服务器配置步骤)

(2) 用公-母直连串口线将 Wi-Fi 设备服务器和读卡器相连；

(3) Wi-Fi 设备服务器(DC5V)和读卡器(DC12V)上电；

(4) 双击打开“仓储管理平台应用软件”，并在仓库 1 中输入 IP 地址、端口号，点击“启动”，所在界面会提示“连接成功”，如图 8-15、图 8-16 所示。

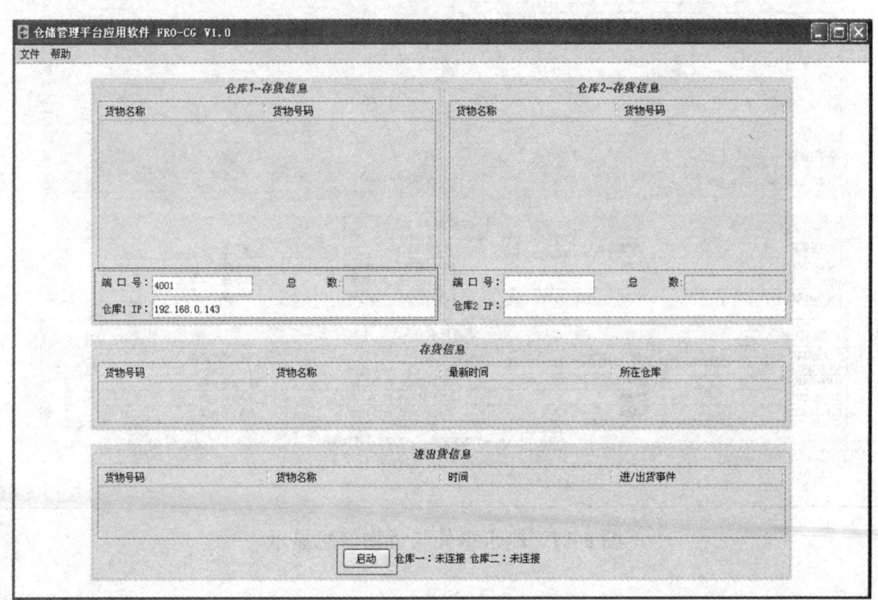

图 8-15　仓库管理界面

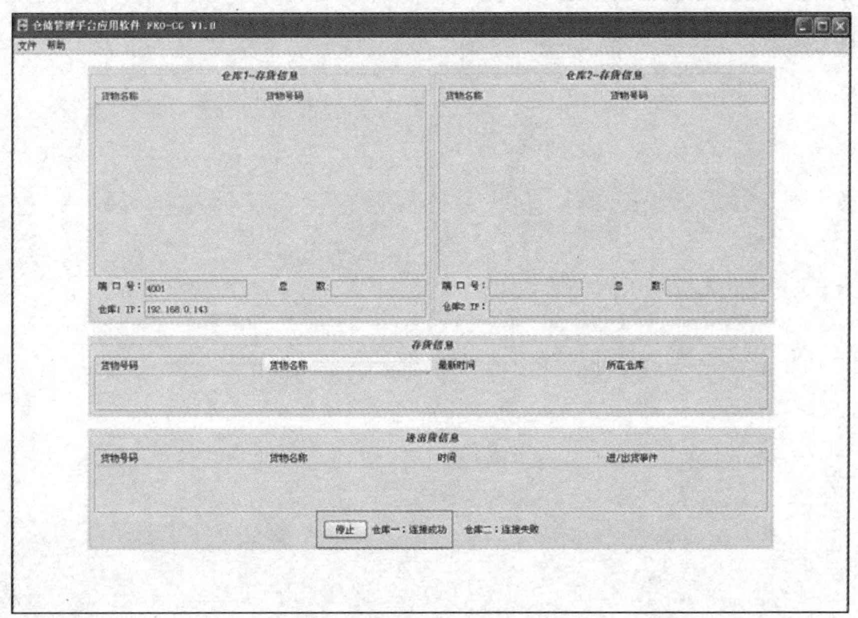

图 8-16　启动后仓库——显示“连接成功”

(5) 刷卡，观察射频卡(物品)的信息和状态，如图 8-17 所示。

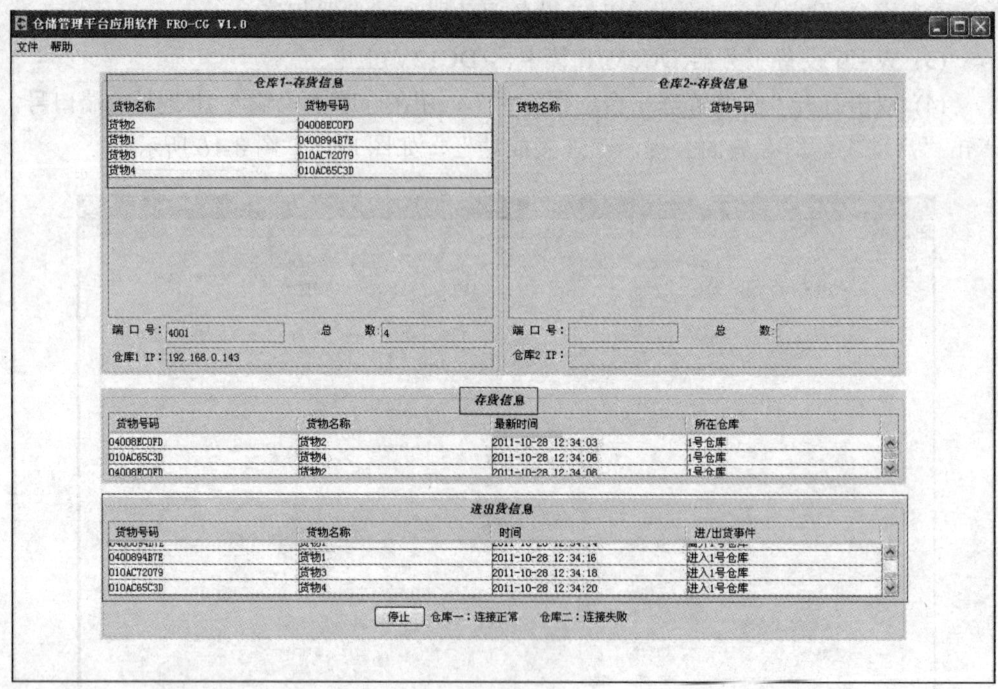

图 8-17　刷卡事件与货物信息显示

【实验报告要求】

认真记录射频卡(物品)信息和状态。

参 考 文 献

[1] 国脉物联网技术研究中心. 物联网 100 问[M]. 北京：北京邮电大学出版社，2010.

[2] 曾涛. 系统锁定网络时代的商业智慧[M]. 北京：机械工业出版社，2010.

[3] 刘化君，刘传清.物联网技术[M]. 北京：电子工业出版社，2011.

[4] 吴功宜. 智慧的物联网[M]. 北京：机械工业出版社，2010.

[5] 王志良. 物联网现在与未来[M]. 北京：机械工业出版社，2010.

[6] 刘云浩. 物联网导论[M]. 北京：科学出版社，2010.

[7] 马建. 物联网技术概论[M]. 北京：机械工业出版社，2010.

[8] 米志强. 射频识别技术与应用[M]. 北京：电子工业出版社，2010.

[9] 谢金龙. 条码技术与应用[M]. 北京：电子工业出版社，2009.

[10] 周洪波. 物联网技术、应用、标准和商业模式[M]. 北京：电子工业出版社，2010.

[11] 刘和喜. WSN RFID 物联网原理与应用[M]. 北京：电子工业出版社，2010.

[12] 王田苗. 嵌入式系统设计与实例开发[M]. 北京：清华大学出版社，2006.

[13] 赵燕. 传感器原理与应用[M]. 北京：北京大学出版社，2010.

[14] 孙戈. 短距离无线通信及组网技术[M]. 西安：西安电子科技大学出版社，2006.

[15] 薛刚，徐伟群. 欧盟物联网行动计划对我国物联网发展的启示[J]. 江苏通信，2010(1).

[16] 沈苏彬. 物联网概念模型与体系结构[J]. 南京邮电大学学报:自然科学版，2010(8).

[17] 周莹. 物联网与移动通信网的融合发展研究[J]. 邮电设计技术，2011(7).

[18] 吴德伦. ZigBee 和 6loWPan[J]. 现代电信科技，2006(4).

[19] 吴俊. 6loWPAN 技术分析[J]. 铁道通信信号，2006(12).

[20] 赵立权. 智能物流及其支撑技术[J]. 情报杂志，2005(12).

[21] 杨庚. 物联网安全特征与关键技术[J]. 南京邮电大学学报，2010(8).

[22] 周霞. 信息安全现状及发展趋势[J]. 大众科技，2006(7).

[23] 刘利民. 物联网感知层中 RFID 的信息安全对策研究[J]. 武汉理工大学学报，2010(10).

[24] 陆洋. 智能家居中的业务及关键技术[J]. 电信技术，2010(5).

[25] 陈雪明. 智能交通系统在中国的应用前景分析[J]. 城市交通，2002(3).

[26] 赵继军. 无线传感器网络数据融合体系结构综述[J]. 传感器与微系统，2009(28).

[27] 谢希仁. 计算机网络[M]. 5 版. 北京：电子工业出版社，2008.